MATHEMATICS

數　學（二）

楊維哲

學歷：國立臺灣大學數學系畢業
　　　國立臺灣大學醫科肄業
　　　普仁斯敦大學博士
經歷：國立臺灣大學數學系主任
　　　數學研究中心主任
現職：國立臺灣大學數學系名譽教授

蔡聰明

學歷：國立臺灣大學數學研究所博士
現職：國立臺灣大學數學系兼任教授

三民書局

© 數 學(二)

著 作 人	楊維哲　蔡聰明
發 行 人	劉振強
著作財產權人	三民書局股份有限公司
發 行 所	三民書局股份有限公司
	地址　臺北市復興北路386號
	電話　(02)25006600
	郵撥帳號　0009998-5
門 市 部	(復北店) 臺北市復興北路386號
	(重南店) 臺北市重慶南路一段61號
出版日期	初版一刷　中華民國八十六年八月
	三版一刷　中華民國一○六年三月
編　　號	S 312010

行政院新聞局登記證局版臺業字第○二○○號

有著作權·不准侵害

ISBN　978-957-14-2427-9　（平裝）

http://www.sanmin.com.tw　三民網路書店

編 輯 大 意

一、本教材係依四學分編寫，每週授課四小時。

二、本書力求銜接國中數學，特別注重數學的實驗的、觀察的、歸納的一面，由一些實例的求解，才引出數學概念與方法的發展。最後，再透過數學的觀念網，回頭重新觀照經驗世界的山河大地，更有效地解決問題。這種由經驗世界出發，創造出觀念與方法，再回歸到經驗世界，形成一個迴路，乃是數學或科學的求知活動之常軌。我們遵循此常軌，儘量避免為數學而數學的毛病。期望在這整個過程中可以啟發學生的分析、綜合、類推、歸納、計算、推理……諸能力。

三、本書儘可能採用數學史上有趣的名例以及日常生活的實例來講解，以符合趣味性、實用性與應用性，提高學習興趣。

四、本書的行文力求親切細膩，由淺入深，尋幽探徑，期望達到自習亦可讀的地步。學習就是儘早學會自己讀書的習慣。

五、將日常生活或大自然的現象加以量化、圖解化、關係化就產生了各種數的概念、方程式、函數、幾何圖形與微積分等等，這些題材就構成了本書的骨架。

六、本書標有＊部分，授課老師可視學生程度，斟酌授課或略去不授。

數 學（二）

目 次

第四章　圓與圓錐曲線

第五章　參數方法

第六章　向　量

第一章　直線及其方程式

　　在平面上，直線是最單純的幾何圖形。一般而言，研究任何事物應從最簡易處入手，因此，本章我們就由直線談起。

　　利用**直角坐標系**可以將**幾何圖形**與**代數方程式**互相溝通，達到數與形互相轉化的境地。從而，代數的「**演算**」與幾何的「**形相直覺**」可以結合在一起，使兩者互補互利。

　　特別地，直線可以表成二元一次方程式 $ax + by + c = 0$，反之亦然。

　　直線的方程式有各種表達方式。基本上，**兩個條件唯一決定一直線**，這兩個條件有各種給予的方式，因而就對應各種直線方程式，例如**兩點式**、**點斜式**、**截距式**、**斜截式**、**法線式**、**參數式**等等，各有其優點。

　　直線最重要的概念是**斜率**，代表直線相對於水平線（即 x 軸）的傾斜程度。

1–1　直線的斜角與斜率

甲、斜　角

　　在坐標平面上，考慮直線 L_1, L_2, L_3，我們要來比較直線的傾斜大小。今將 x 軸看成是水平線，則以 x 軸為始邊，繞交點旋轉至直線位置所成的角稱為**傾斜角**，如圖 1–1 中，θ_1 為直線 L_1 之傾斜角，θ_2 為直線 L_2 之傾斜角，θ_3 為直線 L_3 之傾斜角。顯然 $0° \le$ 傾斜角 $< 180°$。傾斜角又簡稱為**斜角**。

　　斜角可以用來衡量直線的陡峭程度。當直線平行於 x 軸時，我們定義其斜角為 $0°$，此時直線是水平的，即毫無傾斜。當直線的斜角由 $0°$ 漸增到 $90°$ 時，直線也由水平逐漸陡峭，直到垂直於水平線。當斜角由 $90°$ 漸增至 $180°$ 時，直線往左邊傾斜，而且斜度由大越來越小。

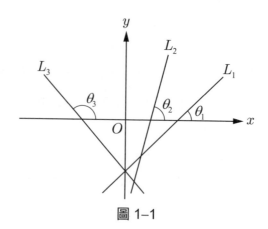

圖 1–1

　　除了斜角可以用來衡量直線的陡峭程度外，我們通常是用更方便的一種量，叫**斜率**，來衡量直線的陡峭程度。

乙、斜　率

　　所謂一直線的斜率是指此直線傾斜角之正切。即若直線 L 的斜角為 θ，則 L 的斜率 $m = \tan\theta$（見圖 1–2）。因此在圖 1–1 中，L_1 的斜率 $m_1 = \tan\theta_1$，L_2 的斜率 $m_2 = \tan\theta_2$，L_3 的斜率 $m_3 = \tan\theta_3$。注意：當 $\theta = 90°$ 時，斜率沒有定義，此時直線垂直 x 軸。

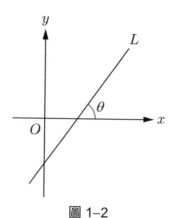

圖 1–2

因傾斜角可為第一、二象限角，由正切函數的定義知，斜率 m 可為一切實數，即 $-\infty < m < \infty$。當傾斜角由 $0°$ 漸增至 $90°$ 時，斜率由 0 漸增到 ∞；當傾斜角由 $90°$ 漸增至 $180°$ 時，斜率由 $-\infty$ 漸增到 0。因此當直線斜率的絕對值越大時，直線的傾斜度越大。同時我們也發現：

(1)當直線往右上延伸時，則其斜率為正，反之亦然；

(2)當直線往左上延伸時，則其斜率為負，反之亦然。

例 1 平行 x 軸之直線，其斜率根據定義為 $m = \tan 0° = 0$。傾斜角為 $45°$ 之直線，其斜率 $= \tan 45° = 1$。　■

例 2 試作一直線，使其通過點 $(2, 3)$，並且斜率 $m = \dfrac{1}{2}$。

解 在平面坐標上，找出 $(2, 3)$ 之點，然後由此點往右走兩個單位得到點 $(4, 3)$，再由 $(4, 3)$ 往上走一個單位得到點 $(4, 4)$，連結點 $(2, 3)$ 與 $(4, 4)$ 即得到所要求的直線（見圖 1–3）

（註：兩點唯一決定一條直線!）

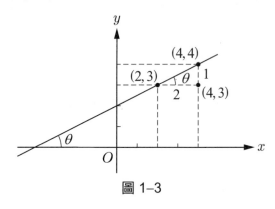

圖 1–3　　　■

例 3 試作一直線，使其通過 $(2, 1)$, $(3, 4)$，並求此直線的斜率。

解 作直線如圖 1-4，並且其斜率為 $\tan\theta = \dfrac{3}{1} = 3$

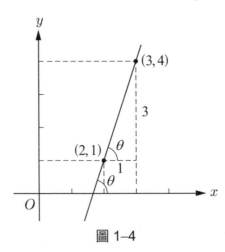

圖 1-4

隨堂練習 設直線的傾斜角如下，試求其斜率：

(1) 30°　　　(2) 60°　　　(3) 135°　　　(4) 89°

(5) 120°　　　(6) 172°　　　(7) 155°　　　(8) 15°

隨堂練習 在下列各題中，試作通過兩點的直線，並求其斜率：

(1) $(0, 0)$, $(5, 3)$　　　　　(2) $(4, -8)$, $(-8, 4)$

(3) $(2, 2)$, $(4, 4)$　　　　　(4) $(-6, 0)$, $(7, 2)$

隨堂練習 在下列各題中，試作一直線，使其通過已知點並具有已知斜率：

(1) $(0, 0)$, $m = 4$　　　　　(2) $(8, 5)$, $m = 10$

(3) $(0, 0)$, $m = -4$　　　　　(4) $(-2, -7)$, $m = -\dfrac{1}{7}$

　　兩點既然可以決定一直線，那麼如果我們知道有一直線通過兩點，則此直線的斜率當可用這兩點的坐標來表示，這就是下面定理：

定理 1

設 $P(x_1, y_1)$, $Q(x_2, y_2)$ 為坐標平面上之兩點，且 $x_1 \neq x_2$，則通過 P, Q 兩點的直線，其斜率為

$$m = \frac{y_1 - y_2}{x_1 - x_2} = \frac{y_2 - y_1}{x_2 - x_1} \tag{1}$$

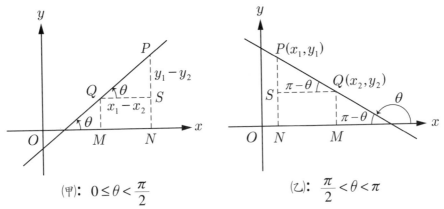

(甲): $0 \leq \theta < \dfrac{\pi}{2}$　　　　(乙): $\dfrac{\pi}{2} < \theta < \pi$

圖 1–5

證明　在圖 1–5 之(甲)圖中，$m = \tan\theta = \dfrac{\overline{PS}}{\overline{QS}}$

但是 $\overline{PS} = \overline{PN} - \overline{SN} = y_1 - y_2$

$\overline{QS} = \overline{MN} = \overline{ON} - \overline{OM} = x_1 - x_2$

$\therefore m = \dfrac{y_1 - y_2}{x_1 - x_2} = \dfrac{y_2 - y_1}{x_2 - x_1}$

在(乙)圖中，

$$m = \tan\theta = -\tan(\pi - \theta)$$

$$= -\frac{\overline{PS}}{\overline{QS}} = -\frac{y_1 - y_2}{x_2 - x_1} = \frac{y_1 - y_2}{x_1 - x_2}$$

(註：(1)這個定理對於求直線的斜率問題用得很廣；

(2)若直線平行 x 軸，則 $y_1 = y_2$，故由(1)式得斜率 $m = 0$；

(3)若直線平行 y 軸，則 $x_1 = x_2$，此時(1)式無定義。)

例 4　求通過 $A(4, 3)$, $B(7, 6)$ 之直線的斜率與傾斜角。

解　$m = \dfrac{3-6}{4-7} = \dfrac{-3}{-3} = 1$

設傾斜角為 θ，則 $\tan \theta = 1$

$\therefore \theta = 45°$

例 5　求通過 $(-5, 5)$ 與 $(7, -7)$ 之直線的斜率與傾斜角。

解　$m = \tan \theta = \dfrac{5-(-7)}{-5-7} = \dfrac{12}{-12} = -1$

$\therefore \theta = 135°$

隨堂練習　求過下列各點直線之斜率：

(1) $(4, 5)$, $(7, 8)$

(2) $(4, 7)$, $(-3, -5)$

(3) $(2.5, 3.4)$, $(-3, 5.2)$

(4) (a, b), $(c, -d)$

隨堂練習　求過下列各點直線之斜率與傾斜角：(必要時查三角函數表)

(1) $(6, 7)$, $(3, 2)$

(2) $(-3, 2)$, $(2, -3)$

(3) $(5, -7)$, $(8, 2)$

(4) $(0, 4)$, $(-5, 0)$

丙、平 行

我們知道，在平面幾何學中，若兩直線互相平行，則其同位角相等；反之若同位角相等，則兩直線互相平行。我們就要利用這個結果來證明下面的定理。

定 理 2

設兩直線 L_1 與 L_2 皆不垂直於 x 軸，則 L_1 與 L_2 互相平行 $\Leftrightarrow$ 它們的斜率相等。

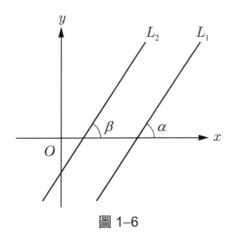

圖 1–6

證明 (1)設 L_1 與 L_2 互相平行（見圖 1–6），則 $\alpha = \beta \neq \dfrac{\pi}{2}$

故 $\tan \alpha = \tan \beta$，即它們的斜率相等

(2)設 L_1 與 L_2 的斜率相等，即 $\tan \alpha = \tan \beta$，故 $\alpha = \beta$（同位角相等），因此 L_1 與 L_2 互相平行 ∎

例6 試證下列四點可連成平行四邊形:

$$A(-4, -2),\ B(2, 0),\ C(8, 6),\ D(2, 4)$$

證明 過 A, B 之直線的斜率為

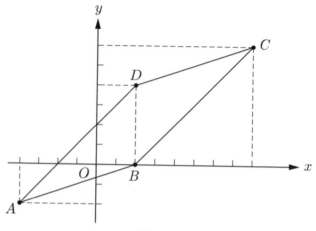

圖 1-7

$$m_1 = \frac{-2-0}{-4-2} = \frac{-2}{-6} = \frac{1}{3}$$

過 C, D 之直線的斜率為

$$m_2 = \frac{6-4}{8-2} = \frac{2}{6} = \frac{1}{3}$$

故 $m_1 = m_2$

$\therefore \overline{AB} /\!/ \overline{CD}$

同理可證 $\overline{AD} /\!/ \overline{BC}$，故 $ABCD$ 構成一平行四邊形 ■

丁、垂　直

　　垂直的概念在平面幾何中也很重要，下面的結果告訴我們，何時兩直線會互相垂直。

> **定　理 3**
>
> 設兩直線 L_1 與 L_2 皆不垂直於 x 軸，則 L_1 與 L_2 互相垂直 $\Leftrightarrow$ 它們的斜率乘積為 -1。

證明　設 L_1 與 L_2 的斜率分別為 m_1, m_2（見圖 1–8）

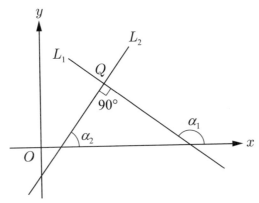

圖 1–8

①設 L_1 與 L_2 互相垂直，則 $\alpha_1 = \alpha_2 + 90°$

（三角形的外角等於不相鄰兩內角的和）

其中 α_1 與 α_2 分別為 L_1 與 L_2 之傾斜角

$\therefore \tan\alpha_1 = \tan(\alpha_2 + 90°) = -\cot\alpha_2 = -\dfrac{1}{\tan\alpha_2}$

即 $\tan\alpha_1 \cdot \tan\alpha_2 = -1$

$\therefore m_1 \cdot m_2 = -1$

②設 $m_1 \cdot m_2 = -1$，故 $m_1 = -\dfrac{1}{m_2}$

但 $m_1 = \tan \alpha_1$, $m_2 = \tan \alpha_2$，故

$$\tan \alpha_1 = -\frac{1}{\tan \alpha_2} = -\cot \alpha_2 = \tan(\alpha_2 + 90°)$$

$\therefore \alpha_1 = \alpha_2 + 90°$，因此 $\angle Q = 90°$，即 L_1 與 L_2 互相垂直 ■

例 7 以 $A(3, 4)$, $B(-2, -1)$, $C(4, 1)$ 為頂點，作一三角形。

(1)試證 $\triangle ABC$ 為一直角三角形。

(2)求各邊的斜角。

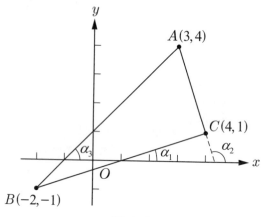

圖 1-9

證明 (1)設 m_1, m_2, m_3 分別為 $\overline{BC}$, $\overline{CA}$, $\overline{AB}$ 之斜率，則我們有

$$m_1 = \frac{-1-1}{-2-4} = \frac{-2}{-6} = \frac{1}{3}$$

$$m_2 = \frac{1-4}{4-3} = \frac{-3}{1} = -3$$

$$m_3 = \frac{4-(-1)}{3-(-2)} = \frac{5}{5} = 1$$

因 $m_1 \cdot m_2 = -1$，故 $\angle C$ 為直角

(2)上述已求得

$$\tan \alpha_1 = \frac{1}{3}, \ \tan \alpha_2 = -3, \ \tan \alpha_3 = 1$$

查三角函數表得

$$\alpha_1 = 18°26', \ \alpha_2 = 108°26', \ \alpha_3 = 45°$$　■

習 題 1-1

1.若一直線垂直於以下各組已知點的直線，試求其斜率及斜角。

　⑴ (1, 2), (−1, 3)

　⑵ (3, 7), (−2, 7)

2.下列各組三點，何組能成一直角三角形？

　⑴ (−2, 9), (10, −7), (12, −5)

　⑵ (2, 1), (3, −2), (−4, −1)

　⑶ (0, −1), (3, −4), (2, 1)

　⑷ (6, 11), (−4, −9), (11, −4)

3.試求上題中，各三角形諸邊的斜率與諸內角。

4.試證下列各點可連成一矩形：

$$(−4, −6), (2, −8), (5, 1), (−1, 3)$$

1–2 兩直線的夾角

現在我們要來處理任意兩直線的交角問題。平面上任意兩直線只有相交於一點跟平行兩種情形（重合也看作是平行），相交的兩直線構成四個角，其中對頂角兩兩相等，因此實質上只有兩個角（互補）。我們必須明確指出兩直線的交角是那一個，才不致混淆，今我們依從下面的規定：在圖 1–10 中，有 L_1 與 L_2 兩直線，如果我們說從 L_1 到 L_2 的交角，則指的是 α；如果我們說從 L_2 到 L_1 的交角，則指的是 β。

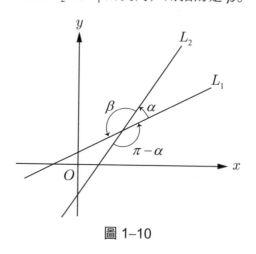

圖 1–10

定　理

設 L_1 與 L_2 為平面上相交兩直線，其斜率分別為 m_1 與 m_2，並且 θ 為從 L_1 到 L_2 之交角，則

$$\tan\theta = \frac{m_2 - m_1}{1 + m_1 m_2} \tag{1}$$

（註：(1)由這個公式，我們可以反求 θ。

(2)當 $m_1 \cdot m_2 = -1$ 時，(1)式無定義，或者 $\tan\theta = \infty$，即 $\theta = 90°$，此時 L_1 與 L_2 互相垂直。

(3)當 $m_1 = m_2$ 時，即 L_1 與 L_2 互相平行時，$\tan\theta = 0$，即 $\theta = 0°$。）

證明 ①在圖 1-11 中，$\alpha_2 > \alpha_1$

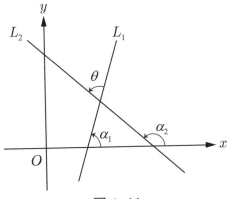

圖 1-11

$\alpha_2 = \alpha_1 + \theta$, $\therefore \theta = \alpha_2 - \alpha_1$

$$\tan \theta = \tan(\alpha_2 - \alpha_1) = \frac{\tan \alpha_2 - \tan \alpha_1}{1 + \tan \alpha_2 \tan \alpha_1}$$

但 $\tan \alpha_1 = m_1$, $\tan \alpha_2 = m_2$, $\therefore \tan \theta = \dfrac{m_2 - m_1}{1 + m_1 \cdot m_2}$

②在圖 1-12 中，$\alpha_1 > \alpha_2$

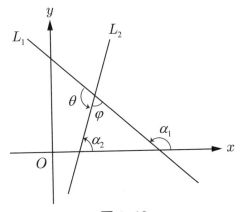

圖 1-12

$\theta + \varphi = 180°$

$\alpha_2 + \varphi = \alpha_1$

$$\theta + \alpha_1 - \alpha_2 = 180°$$

$$\therefore \theta = 180° - (\alpha_1 - \alpha_2)$$

$$\tan\theta = \tan[180° - (\alpha_1 - \alpha_2)] = \tan[180° + (\alpha_2 - \alpha_1)]$$

$$= \tan(\alpha_2 - \alpha_1) = \frac{\tan\alpha_2 - \tan\alpha_1}{1 + \tan\alpha_2 \cdot \tan\alpha_1}$$

$$= \frac{m_2 - m_1}{1 + m_1 m_2}$$

例 1 求三角形 $A(-3, 5)$, $B(3, 3)$, $C(3, -2)$ 三內角。

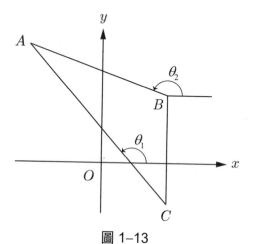

圖 1–13

解 $\overline{AB}$ 的斜率為 $\dfrac{5-3}{-3-3} = -\dfrac{1}{3}$

並且 $\overline{AC}$ 的斜率為 $-\dfrac{7}{6}$

$\because \angle A$ 為從 $\overline{AC}$ 到 $\overline{AB}$ 的夾角

$\therefore \tan A = \dfrac{\overline{AB}\ 的斜率 - \overline{AC}\ 的斜率}{1 + (\overline{AB}\ 的斜率) \cdot (\overline{AC}\ 的斜率)}$

$$= \frac{-\frac{1}{3} - (-\frac{7}{6})}{1 + (-\frac{1}{3}) \cdot (-\frac{7}{6})} = \frac{3}{5} = 0.6$$

查表得知 $\angle A = 31°$

因為 $\overline{BC}$ 垂直 x 軸，故公式⑴不能使用

今設 θ_1 及 θ_2 分別為 $\overline{AC}$ 與 $\overline{AB}$ 的傾斜角

則由圖 1–13 得到

$$\angle C = \theta_1 - 90°, \ \angle B = 270° - \theta_2$$

因為 $\tan\theta_1 = -\frac{7}{6} = -1.1667$

且　$\tan\theta_2 = -\frac{1}{3} = -0.3333$

∵查表得知 $\theta_1 = 130.6°, \ \theta_2 = 161.6°$

因此 $\angle C = 40.6°, \ \angle B = 108.4°$

驗證 $\angle A + \angle B + \angle C = 31° + 40.6° + 108.4° = 180°$

習　題　1-2

1. 試證三點 $(-3, -1), (3, 3), (-9, 8)$ 形成一個直角三角形。

2. 試證四點 $(1, 1), (11, 3), (10, 8), (0, 6)$ 形成一個長方形。

3. 下列三點是否共線?

　⑴ $(1, 1), (3, 9), (6, 21)$

　⑵ $(-1, 3), (1, 7), (4, 15)$

1–3　直線的各種方程式

　　兩個條件唯一決定一直線。這兩個條件有種種的給法，從而對應各種直線方程式，它們各有優點。

　　在坐標平面上，給定一直線 L，則 L 可能有下列三種情形：(1) L 平行 x 軸，(2) L 平行 y 軸，(3) L 均不平行兩個軸，交 x 軸於 $(a, 0)$，交 y 軸於 $(0, b)$（見圖 1–14, 1–15, 1–16）。

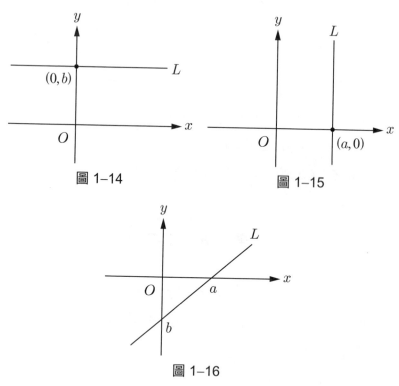

圖 1–14　　　　　　　　圖 1–15

圖 1–16

　　當 L 平行於 x 軸時，則 L 的方程式為 $y = b$；當 L 平行於 y 軸時，則 L 的方程式為 $x = a$。因此都是一次方程式。

　　對於(3)的情形，我們分成下列甲至丁四種情況來討論。

甲、兩點式

> ### 定　理1
>
> （兩點式）
>
> 過 $P = (x_1,\ y_1),\ Q = (x_2,\ y_2)$ 兩點之直線方程式為（但假設 $x_1 \neq x_2$）
>
> $$y = y_1 + \frac{y_1 - y_2}{x_1 - x_2}(x - x_1) \tag{1}$$

證明　設 $R = (x,\ y)$ 為通過 $P,\ Q$ 之直線上的任意一點，且 $R \neq P,\ R \neq Q$

則 $\overline{PQ}$ 的斜率 $= \dfrac{y_1 - y_2}{x_1 - x_2}$，$\overline{PR}$ 的斜率 $= \dfrac{y - y_1}{x - x_1}$

但 $P,\ Q,\ R$ 在同一直線上，故

$$\overline{PQ}\text{ 的斜率} = \overline{PR}\text{ 的斜率}$$

$\therefore \dfrac{y_1 - y_2}{x_1 - x_2} = \dfrac{y - y_1}{x - x_1}$，即 $y = y_1 + \dfrac{y_1 - y_2}{x_1 - x_2}(x - x_1)$

顯然，$(x_1,\ y_1)$ 與 $(x_2,\ y_2)$ 也都滿足此方程式

（註：(1)式叫做直線的**兩點式公式**。）

例 1　求過 $(5,\ -1)$ 與 $(2,\ -2)$ 兩點之直線方程式。

解　由公式(1)得所欲求的方程式為

$$\frac{y + 1}{x - 5} = \frac{-1 + 2}{5 - 2} = \frac{1}{3}$$

即

$$x - 3y - 8 = 0$$

乙、截距式

由兩點式(1)，我們立得

定 理 2

（截距式）

若一直線分別交 x 軸與 y 軸於 $(a, 0)$, $(0, b)$ 兩點，則此直線之方程式為

$$\frac{x}{a} + \frac{y}{b} = 1 \tag{2}$$

（註：(2)式叫做直線的**截距式公式**，因為 a 與 b 分別稱為 x 軸與 y 軸的**截距**。）

例 2　直線 L 的 x 軸與 y 軸之截距分別為 -2 與 3，則 L 的方程式為

$$\frac{x}{-2} + \frac{y}{3} = 1$$

或

$$3x - 2y + 6 = 0$$ ∎

丙、點斜式

定 理 3

（點斜式）

過點 $P = (x_1, y_1)$，而斜率為 m 之直線方程式是

$$y - y_1 = m(x - x_1) \tag{3}$$

證明 設 $Q = (x, y)$ 為這直線上任意的另一點，則

$$\overline{PQ} \text{ 的斜率} = m = \frac{y - y_1}{x - x_1}$$

化簡得

$$y - y_1 = m(x - x_1)$$

當然，(x_1, y_1) 也滿足此方程式 ∎

例3 求過 $(3, -2)$ 而斜率為 $-\dfrac{2}{5}$ 之直線方程式。

解 由公式(3)得所欲求的方程式為

$$y - (-2) = -\frac{2}{5}(x - 3)$$

或

$$2x + 5y + 4 = 0$$ ∎

丁、斜截式

> **定 理4**
>
> （斜截式）
>
> (i)過 $B = (0, b)$ 之點，而斜率為 m 之直線方程式為
>
> $$y = mx + b \tag{4}$$
>
> (ii)過 $A = (a, 0)$ 之點，而斜率為 m 之直線方程式為
>
> $$y = m(x - a) \tag{5}$$

證明　(i)設 $P=(x, y)$ 為直線上任意一點，則由定理 3 得

$$m = \overline{PB} \text{ 的斜率} = \frac{y-b}{x}$$

化簡得

$$y = mx + b$$

(ii)同理，由定理 3 得

$$m = \overline{PA} \text{ 的斜率} = \frac{y}{x-a}$$

化簡得　　　　　　　　　$y = m(x - a)$ ∎

例 4　直線 L 之斜率為 3，y 軸的截距為 2，

則 L 的方程式為 $y = 3x + 2$。 ∎

　　總結上述，我們知道直線的方程式一定是 x, y 的一次式。反過來，我們要看看是否 x, y 的一次式所代表的軌跡都是一直線？x, y 的一次式，其通式為 $ax + by + c = 0$，式中 a, b 不均為 0，否則就不成其為 x, y 的一次式。

定　理 5

x, y 的一次方程式 $ax + by + c = 0$ 的軌跡為一直線。

證明　①設 $b \neq 0$，則可將上式就 y 解出得

$$y = -\frac{a}{b}x - \frac{c}{b}$$

此式與(4)式比較，可知其軌跡為一直線，其中

$$m = -\frac{a}{b}, \quad y \text{ 軸截距} = -\frac{c}{b}$$

②若 $b = 0$，則 $a \neq 0$，故原方程式變成 $ax + c = 0$ 或 $x = -\frac{c}{a}$ 的形

式，而這為平行於 y 軸的一條直線

∴無論如何，$ax + by + c = 0$ 的軌跡為一直線　　■

(註：(1)因此以後我們可以說：「直線 $ax + by + c = 0$」，而不會發生錯誤。

　　(2)直線 $ax + by + c = 0$ 的斜率為 $-\frac{a}{b}$ $(b \neq 0)$。

　　(3)直線 $y = ax + b$ 的斜率為 a（跟(4)式比較）。

　　(4)因為一次方程式的軌跡為一直線，所以一次方程式又叫**線性方程式**。)

例 5　求過 $(-1, 3)$ 而垂直於直線 $5x - 2y + 3 = 0$ 之直線方程式。

解　直線 $5x - 2y + 3 = 0$ 的斜率為 $\frac{5}{2}$

　　故所欲求的直線之斜率為 $-\frac{2}{5}$。由公式(3)得此直線方程式為

$$y - 3 = -\frac{2}{5}(x + 1) \quad 或 \quad 2x + 5y - 13 = 0 \qquad ■$$

現在我們來探討直線方程式的作圖問題。因為兩點決定一直線，故我們只要找出兩點來就可以作出一直線。今舉例說明如下：

例 6　作 $y=4$ 與 $x=-2$ 的圖。

解

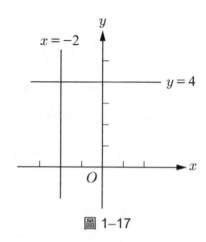

圖 1–17

例 7　作出 $3x-y+6=0$ 的軌跡，並求其斜率。

解

x	-1	-2
y	3	0

故知這直線通過 $(-1, 3), (-2, 0)$ 兩點，作圖如圖 1–18：

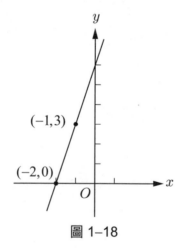

圖 1–18

我們已經知道了直線的方程式必為一次式，現在讓我們重新由方程式的觀點來看，什麼樣的一次方程式所代表的直線會互相平行或互相垂直？

定　理 6

設兩直線 L_1 與 L_2 的方程式分別為

$$a_1x + b_1y + c_1 = 0, \; a_2x + b_2y + c_2 = 0$$

則當 $\dfrac{a_1}{a_2} = \dfrac{b_1}{b_2}$ 時，兩直線互相平行；當 $\dfrac{a_1}{a_2} = \dfrac{b_1}{b_2} = \dfrac{c_1}{c_2}$ 時，兩直線重合。

其逆亦真。

證明　設 L_1 與 L_2 的斜率分別為 m_1 與 m_2，則

$$m_1 = -\frac{a_1}{b_1}, \; m_2 = -\frac{a_2}{b_2}$$

(1) 由 $\dfrac{a_1}{a_2} = \dfrac{b_1}{b_2} \Rightarrow \dfrac{a_1}{b_1} = \dfrac{a_2}{b_2} \Rightarrow -\dfrac{a_1}{b_1} = -\dfrac{a_2}{b_2} \Rightarrow m_1 = m_2$

　　$\therefore L_1$ 與 L_2 的斜率相等，因而互相平行

(2) 由 $\dfrac{a_1}{a_2} = \dfrac{b_1}{b_2} = \dfrac{c_1}{c_2} = k$

　　$\Rightarrow a_1 = a_2k, \; b_1 = b_2k, \; c_1 = c_2k$

　　$\therefore a_1x + b_1y + c_1 = 0$ 變成 $a_2kx + b_2ky + c_2k = 0$

　　$\Rightarrow k(a_2x + b_2y + c_2) = 0$

　　$\Rightarrow a_2x + b_2y + c_2 = 0$

　　$\therefore L_1$ 與 L_2 是相同的兩直線，即 L_1 與 L_2 重合　∎

定　理 7

兩直線 $a_1x + b_1y + c_1 = 0$ 與 $a_2x + b_2y + c_2 = 0$，若 $a_1a_2 + b_1b_2 = 0$，則互相垂直，其逆亦真。

證明　假設 $a_1a_2 + b_1b_2 = 0$

因為在 $ax + by + c = 0$ 中，a, b 不能同時為 0，否則就不成其為直線。我們分成三種情形討論：

①若 $b_1 = 0$，則直線 $a_1x + b_1y + c_1 = 0$ 變成 $a_1x + c_1 = 0$ $(a_1 \neq 0)$，故由假設知 $a_2 = 0$。此時直線 $a_2x + b_2y + c_2 = 0$ 變成 $b_2y + c_2 = 0$ $(b_2 \neq 0)$。這種情形，直線 $a_1x + c_1 = 0$ 與直線 $b_2y + c_2 = 0$ 互相垂直

②同理，若 $b_2 = 0$ 則 $a_1 = 0$。於是直線 $b_1y + c_1 = 0$ 與直線 $a_2x + c_2 = 0$ 互相垂直

③若 $b_1 \neq 0$ 且 $b_2 \neq 0$，則

$a_1x + b_1y + c_1 = 0$ 的斜率為 $-\dfrac{a_1}{b_1}$

$a_2x + b_2y + c_2 = 0$ 的斜率為 $-\dfrac{a_2}{b_2}$

由 $a_1a_2 + b_1b_2 = 0 \Rightarrow a_1a_2 = -b_1b_2$

$\Rightarrow \dfrac{a_1a_2}{b_1b_2} = -1$

$\Rightarrow (-\dfrac{a_1}{b_1}) \cdot (-\dfrac{a_2}{b_2}) = -1$

$\therefore$ 兩直線的斜率乘積為 -1，故兩直線互相垂直

$$\boxed{習\quad 題\quad 1\text{-}3}$$

1. 試求下列各方程式所代表諸直線的斜率與傾斜角，並作其圖形：

   (1) $2x + 3y = 5$ (2) $3x - y = 4$

   (3) $2x + y = 0$ (4) $2y - 3 = 0$

2. 已知一直線過一點並且斜率已知，求其方程式，並作圖形：

   (1) $m = -\dfrac{4}{3}$, $(0, 2)$ (2) $m = 2$, $(3, 0)$

   (3) $m = 1$, $(0, -3)$ (4) $m = -\dfrac{1}{2}$, $(5, 3)$

   (5) $m = -10$, $(2, 4)$ (6) $m = \pi$, $(0, -2)$

3. 求下列各直線的方程式：

   (1)平行於 $2x - y - 5 = 0$，並通過原點 $(0, 0)$。

   (2)平行於 $2x + y + 7 = 0$，並通過點 $(0, -4)$。

4. 求下列各直線之方程式：

   (1)垂直於 $6x + 5y = 2$，並通過 $(0, 4)$ 之點。

   (2)垂直於 $y - 3x = 2$，並通過 $(0, -7)$ 之點。

   (3)斜率 $m = \dfrac{3}{2}$，並通過 $2x - y - 2 = 0$ 與 $5y - 5x + 11 = 0$ 之交點。

5. 試求作下列直線的圖形，並問那些直線互相平行，互相垂直？

   (1) $3x + 2y = 0$ (2) $2x - 3y = 7$

   (3) $4x + 6y = 5$ (4) $6x = -4y$

   (5) $3x + 7y = 6$ (6) $15x + 35y = 31$

   (7) $x = 5$ (8) $x = k$

   (9) $y = -3$ (10) $7y + 21 = 0$

   (11) $7x = 3y$ (12) $4x - 6y = 0$

6. 求通過 $x+y+1=0$ 與 $2x+y=-3$ 之交點，而與 $x+2y=3$ 垂直之直線方程式。

7. 求通過 $x+2y-3=0$ 與 $3x+y+1=0$ 之交點，而與 $3x-2y=0$ 平行之直線方程式。

1–4　法線式與點到直線的距離

如何求一點到一直線的距離？

在平面上，設 P 為一點，L 為一直線，所謂 P 到 L 的距離是指 P 到 L 的最近距離，亦即圖 1–19 中的 $\overline{PQ}$ 之長。

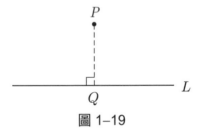

圖 1–19

為了解決上述問題，我們要來介紹直線的另一種很有用的表達式，叫做直線的**法線式**。

設 L 為一直線，過原點 O，作 $\overline{ON}$ 垂直於 L，並且交於 P。令 $\overline{OP}$ $=\rho$，$\overline{ON}$ 與正 x 軸的交角為 ω，見圖 1–20，則

$$a=\overline{OA}=\frac{\rho}{\cos\omega},\ b=\overline{OB}=\frac{\rho}{\sin\omega} \tag{1}$$

故 L 之方程式為（由截距式）

$$\frac{x}{\dfrac{\rho}{\cos\omega}}+\frac{y}{\dfrac{\rho}{\sin\omega}}=1$$

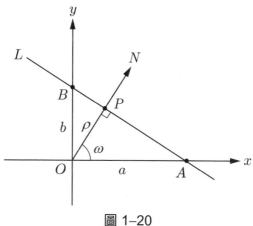

圖 1–20

即 $x\cos\omega + y\sin\omega = \rho \ (\geq 0)$ (2)

(2)式叫直線的**法線式**，此式的 ρ 就是原點至直線的**距離**。

　　顯然直線由 ρ 與 ω 完全決定。因此，當 ρ 與 ω 給定後，我們就可作出對應的直線。

（註：$\overline{ON}$ 叫做直線 L 的法線。）

例 1　　$x\cos 30° + y\sin 30° - 4 = 0$ 代表 $\overline{OP} = 4$, $\omega = 30°$ 之直線。　　■

例 2　　設 $\omega = 45°$, $\rho = 1$，求直線方程式並作圖。

解　　　①直線方程式為

$$x\cos 45° + y\sin 45° - 1 = 0$$

　　　　即 $x \cdot \dfrac{\sqrt{2}}{2} + y \cdot \dfrac{\sqrt{2}}{2} - 1 = 0$

　　　　或 $x + y - \sqrt{2} = 0$

②作圖

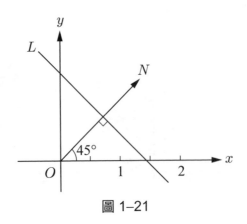

圖 1–21

法線式既然可以方便看出原點到直線的距離，那麼很自然地，我們要問：如何將一般的直線方程式

$$ax + by + c = 0 \qquad (3)$$

化為法線式？假設 a, b 不同時為 0，否則不成為直線。

我們令(3)式的法線式為

$$x\cos\omega + y\sin\omega - \rho = 0 \qquad (4)$$

則(3), (4)式表同一直線，因此此兩直線方程式的相應係數之間有如下的關係：

$$\cos\omega = ka, \ \sin\omega = kb, \ -\rho = kc \qquad (5)$$

其中 k 為一常數。將上面(5)式之前兩式平方而相加，則得

$$\sin^2\omega + \cos^2\omega = k^2(a^2 + b^2) = 1$$

$$\therefore k = \frac{1}{\pm\sqrt{a^2 + b^2}}$$

以 k 的值代入(5)式得

$$\cos\omega = \frac{a}{\pm\sqrt{a^2+b^2}},\ \sin\omega = \frac{b}{\pm\sqrt{a^2+b^2}},\ -\rho = \frac{c}{\pm\sqrt{a^2+b^2}}$$

以此代入(4)式，則得直線的法線式為

$$\frac{a}{\pm\sqrt{a^2+b^2}}x + \frac{b}{\pm\sqrt{a^2+b^2}}y + \frac{c}{\pm\sqrt{a^2+b^2}} = 0 \tag{6}$$

其中根式前的正負號，按下面的規則決定：

　　(1)若 $c\neq 0$，則直線必不通過原點，因此 ρ 必為正，故由 $-\rho = kc$ 的關係，可知 k 與 c 異號。即 $c>0$ 時，k 取負號，$c<0$ 時，k 取正號。

　　(2)若 $c=0$，則直線必通過原點，因此 $\rho=0$，這時，通常取 $\omega<180°$，故 $\sin\omega$ 恆為正，按 $\sin\omega = kb$ 的關係，知 k 必與 b 同號。

例3　　化 $3x+y+10=0$ 為法線式。

解　　因 $a=3$, $b=1$, 而 $c=10$ 為正，故取

$k=-\sqrt{a^2+b^2}=-\sqrt{10}$，使得法線式為

$$-\frac{3}{\sqrt{10}}x - \frac{1}{\sqrt{10}}y - \sqrt{10} = 0$$

在此，原點至直線的距離為 $\sqrt{10}$　　　　　　　　■

例4　　化 $3x+4y-10=0$ 為法線式，並求原點至直線的距離。

解　　$a=3$, $b=4$ 而 $c=-10$ 為負，故取 $k=\sqrt{a^2+b^2}=\sqrt{25}=5$，使得法線式為

$$\frac{3}{5}x + \frac{4}{5}y - \frac{10}{5} = 0$$

$$\therefore \rho = \frac{10}{5} = 2$$ ■

例 5 化 $3x + y = 0$ 為法線式。

解 因 $c = 0$，而 $b = 1$ 為正，故取 $k = \sqrt{a^2 + b^2} = \sqrt{10}$ 便得法線式為

$$\frac{3}{\sqrt{10}}x + \frac{1}{\sqrt{10}}y = 0$$ ■

現在我們來探究一般的點 $Q = (x_1, y_1)$ 至直線 $ax + by + c = 0$ 之距離。所謂點至直線的距離，是指點至直線的垂直距離。

我們先考慮點 $Q = (x_1, y_1)$ 至法線式 $L : x\cos\omega + y\sin\omega - \rho = 0$ 之距離 d（見圖 1–22）。通過 $Q = (x_1, y_1)$ 而與 $x\cos\omega + y\sin\omega - \rho = 0$ 平行之直線 L' 的方程式為 $x\cos\omega + y\sin\omega - \rho' = 0$。

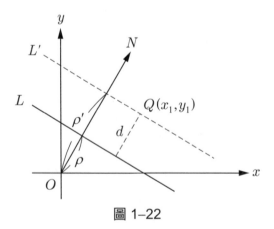

圖 1–22

因為 $Q = (x_1, y_1)$ 在直線 L' 上，故 $x_1\cos\omega + y_1\sin\omega - \rho' = 0$

$$\therefore d = |\rho' - \rho|$$
$$= |x_1 \cos \omega + y_1 \sin \omega - \rho|$$

因此，一點至法線式的距離，正好是將該點的坐標代入法線式左邊，然後取絕對值。故欲求點 $Q = (x_1, y_1)$ 至一般直線 $ax + by + c = 0$ 的距離，只要將 $ax + by + c = 0$ 化為法線式，然後將 Q 點的坐標代入，再取絕對值即得。

因為 $ax + by + c = 0$ 的法線式為

$$\frac{ax + by + c}{\pm \sqrt{a^2 + b^2}} = 0$$

$$\therefore d = \frac{|ax_1 + by_1 + c|}{\sqrt{a^2 + b^2}} \tag{7}$$

上式就是點與直線的**距離公式**。

例6　求點 $(0, 1)$ 與點 $(-4, -3)$ 至直線 $3x + 2y - 2 = 0$ 之距離。

解　①點 $(0, 1)$ 至直線 $3x + 2y - 2 = 0$ 之距離為

$$d = \frac{|3 \times 0 + 2 \times 1 - 2|}{\sqrt{9 + 4}} = \frac{0}{\sqrt{13}} = 0$$

（∵點 $(0, 1)$ 在直線上，故距離為 0）

②點 $(-4, -3)$ 至直線 $3x + 2y - 2 = 0$ 之距離為

$$d = \frac{|3 \times (-4) + 2 \times (-3) - 2|}{\sqrt{9 + 4}}$$

$$= \frac{|-20|}{\sqrt{13}} = \frac{20}{\sqrt{13}}$$

習　題　1-4

1. 試作下列方程式的圖形：

   (1) $x \cos 60° + y \sin 60° - 3 = 0$

   (2) $x \cos 120° + y \sin 120° - 5 = 0$

   (3) $\omega = \dfrac{\pi}{3},\ \rho = 5$

   (4) $\omega = 150°,\ \rho = 2$

2. 求下列直線與原點的距離：

   (1) $4x - 3y - 15 = 0$

   (2) $2x - 3y + 6 = 0$

3. 求點 $(5, 3)$ 至 $3x + 2y = 6$ 之距離。

4. 求點 $(-2, -1)$ 至 $2x - y = 4$ 之距離。

5. 求接連兩點 $(-2, -1)$ 與 $(4, 3)$ 之直線至點 $(3, -2)$ 之距離。

6. 求下列兩平行線的距離（垂直距離）：

   (1) $2x - 3y = 5,\ 4x - 6y = -7$

   (2) $x = 4,\ x = -7$

   (3) $y = 4x - 7,\ y = 4x + 17$

   (4) $y = 17,\ y = -18$

   (5) $x = 4 - 5y,\ x = 9 - 5y$

7. 三頂點為 $(1, 2), (-2, 0), (6, -1)$ 之三角形，試求其三個高的長度。

第二章　不等式

一個式子含有不等號：$>$（大於），$\geq$（大於等於），$<$（小於），$\leq$（小於等於），就叫做不等式。例如 $3 > 1$, $x - 2 \geq 5$, $x^2 - x + 1 < 0$, $x - 3y \leq 2$, $\dfrac{a+b}{2} \geq \sqrt{ab}$ … 等都是不等式。本章我們要來探討不等式的基本性質、解法，並且證明一些不等式恆成立。

因為複數不能比較大小，故本章我們僅限於在實數系中討論。

2–1　不等式的基本性質

實數系 $\mathbb{R}$ 可以分成**正實數** (>0)、**零**與**負實數** (<0)。我們可以從正實數的概念出發來談不等式。

定　義

設 $a, b \in \mathbb{R}$

(1)如果 $a - b > 0$，則稱 a 大於 b，記為 $a > b$。

(2)如果 $a - b = 0$，則稱 a 等於 b，記為 $a = b$。

(3)如果 $a - b < 0$，則稱 a 小於 b，記為 $a < b$。

(4)如果 $a > b$ 或 $a = b$，則稱 a 大於等於 b，記為 $a \geq b$。

(5)如果 $a < b$ 或 $a = b$，則稱 a 小於等於 b，記為 $a \leq b$。

甲、正實數的基本性質

---

(1)設 $a \in \mathbb{R}$，則下列三種情形有一種且僅有一種成立：

　　a 為正實數，　$a = 0$，　$-a$ 為正實數。

(2)設 a, b 為兩個正實數，則和 $a + b$ 與積 $a \cdot b$ 也都是正實數。

利用這兩個基本性質，我們就可以推導出更進一步的不等式之基本性質。

乙、實數大小的基本性質

> ### 定 理 1
>
> 設 $a, b, c \in \mathbb{R}$，則
>
> (1)三一律：$a > b$, $a = b$, $a < b$ 三種情形有一種且僅有一種成立
>
> (2)遞移律：$a > b$ 且 $b > c \Rightarrow a > c$
>
> (3) $a > b \Rightarrow a + c > b + c$
>
> (4) $a > b$ 且 $c > 0 \Rightarrow ac > bc$

＊ **證明** (1)由正實數的基本性質(1)知，下列三種情形有一種且僅有一種成立：

$$a - b > 0, \ a - b = 0, \ a - b < 0$$

再由定義知，這分別就是

$$a > b, \ a = b, \ a < b$$

(2) $a > b$, $b > c$ 表示 $a - b$ 與 $b - c$ 皆為正實數，由正實數的基本性質(2)知，和 $(a - b) + (b - c) = a - c$ 亦為正實數，即 $a - c > 0$，所以 $a > c$

(3) $a > b$ 表示 $a - b > 0$。今因

$$(a + c) - (b + c) = a - b$$

所以 $(a + c) - (b + c) > 0$，從而 $a + c > b + c$

(4)假設 $a>b$ 且 $c>0$，則 $a-b$ 與 c 皆為正實數。由正實數的基本性質(2)知，積 $(a-b)c=ac-bc$ 亦為正實數，所以 $ac>bc$ ■

定 理 2

設 $a,\ b,\ c\in\mathbb{R}$，則

(1) $a>b+c\Leftrightarrow a-b>c$

(2) $a<0\Leftrightarrow -a>0$

(3) $-a>-b\Leftrightarrow a<b$

(4) $a>b$ 且 $c<0\Rightarrow ac<bc$

(5) $a>0$ 且 $b<0\Rightarrow ab<0$

(6) $a<0$ 且 $b>0\Rightarrow ab<0$

(7) $a<0$ 且 $b<0\Rightarrow ab>0$

證明 我們只證明(7)，其餘的留作習題。假設 $a<0$ 且 $b<0$。將 $0>a$ 的兩邊同乘以 b，並且利用(5)得到

$$0=0\cdot b<a\cdot b$$ ■

由正實數的基本性質(1)、(2)及(7)，可知對於任意實數 a，恆有

$$a^2\geq 0$$

這是許多不等式的發源地！

若 $a\neq 0$，則恆有 $a^2>0$。因為 $1=1^2$，所以 $1>0$。我們費這麼多的力氣，推導出這麼顯然的一個結論！事實上，這個結論恰是證明下面 8 個式子的關鍵。

定　理 3

設 $a, b, c \in \mathbb{R}$，則

(8) $a > 0 \Rightarrow \dfrac{1}{a} > 0$

(9) $a < 0 \Rightarrow \dfrac{1}{a} < 0$

(10) $a > 0,\ b > 0 \Rightarrow \dfrac{a}{b} > 0$

(11) $a > 0,\ b < 0 \Rightarrow \dfrac{a}{b} < 0$

(12) $a < 0,\ b > 0 \Rightarrow \dfrac{a}{b} < 0$

(13) $a < 0,\ b < 0 \Rightarrow \dfrac{a}{b} > 0$

(14) $a > b,\ c > 0 \Rightarrow \dfrac{a}{c} > \dfrac{b}{c}$

(15) $a > b,\ c < 0 \Rightarrow \dfrac{a}{c} < \dfrac{b}{c}$

證明　(8)設 $a > 0$，若 $\dfrac{1}{a} < 0$，則由定理 2 之(5)式知

$$a \cdot \dfrac{1}{a} = 1 < 0$$

這就跟 $1 > 0$ 矛盾。因此，只好 $\dfrac{1}{a} > 0$。其餘的留作習題 ∎

定　理 4

複數不能比較大小。

＊ **證明** 　我們採用歸謬證法。假設複數可以比較大小，使得滿足定理 1 的

四個基本性質

因為 $i \neq 0$，所以由三一律知

$$i > 0 \quad 或 \quad i < 0$$

①當 $i > 0$ 時，由定理 1 的⑷知

$$i^2 = -1 > 0$$

再由定理 1 的⑶，兩邊同加 1，得到

$$0 > 1 \quad 但 \quad 1 > 0$$

因此，我們得到 $0 > 1$ 且 $1 > 0$，這就違背了三一律

所以，由 $i > 0$，導致矛盾

②當 $i < 0$ 時，同理，也導致矛盾

結論是：複數不能定義大小，使得滿足定理 1 ■

習 題 2-1

1. 證明定理 2 的⑴至⑹式。

2. 證明下列各式：

(1) $a > b, c > d \Rightarrow a + c > b + d$

(2) $a > b > 0, c > d > 0 \Rightarrow ac > bd$

(3) $a > b > 0 \Rightarrow \dfrac{1}{a} < \dfrac{1}{b}$

(4) $a \geq b, c \geq d \Rightarrow a + c \geq b + d$

3.設 $a, b \in \mathbb{R}$，試證

(1) $a^2 + b^2 \geq 0$

(2) $a^2 + b^2 = 0 \Leftrightarrow a = b = 0$

4.證明定理 3 的(9)至(15)式。

2–2　一次不等式

考慮含有文字符號 x 的不等式，例如

$$2x - 3 > 5 \tag{1}$$

在這個不等式中的 x

以 5 代入，則左項之值為 $2 \times 5 - 3 = 7$

以 10 代入，則左項之值為 $2 \times 10 - 3 = 17$

此時不等式(1)成立。但是，若 x

以 3 代入，則左項之值為 $2 \times 3 - 3 = 3$

以 -2 代入，則左項之值為 $2 \times (-2) - 3 = -7$

此時不等式(1)不成立。

因此，(1)式之不等式，並非對 x 代入任何實數值都成立的，而是 x 必須代入某個範圍之實數值方能成立。

一般而言，給一個含有文字 x 的不等式，求出 x 所在的範圍，使不等式成立，就叫做**解不等式**。這個 x 的範圍，就叫做不等式之**解**或**解集合** (solution set)。

例如，對於(1)式，我們利用不等式的基本性質，求解如下：

$$2x - 3 > 5$$
$$\Rightarrow 2x > 8$$
$$\Rightarrow x > 4$$

圖解如下：

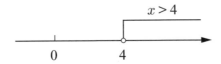

$$x > 4$$

（註：端點 $x=4$ 不包括在內，我們用空心圓圈表示。）

甲、一元一次不等式

例 1　求解不等式 $\dfrac{1}{2}x + 4 > \dfrac{4}{3}x - 1$。

解　兩邊同乘以 6 得到

$3x + 24 > 8x - 6$

$\Rightarrow 3x - 8x > -6 - 24$

$\Rightarrow -5x > -30$

$\Rightarrow x < 6$

因此解集合為開區間 $(-\infty, 6)$，圖解如圖 2-1：

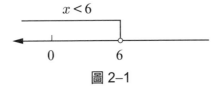

$$x < 6$$

圖 2-1

例 2　解下列不等式：

$$\frac{3x-1}{5} - \frac{13-x}{2} \geq \frac{7x}{3} - \frac{11(x+3)}{6}$$

解　原式的兩邊，乘以分母的最小公倍數 30，不等號方向不必改變，故

$$6(3x-1)-15(13-x) \geq 70x-55(x+3)$$

去掉括號，將含 x 的項集於左邊，不含 x 的項集於右邊，則得

$18x \geq 36$，$\therefore x \geq 2$，解集合為 $[2, \infty)$

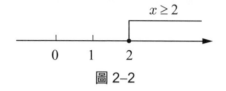

圖 2-2

例 3　解 $-3 < 1 - 2x < 4$。

解　各項加上 -1 得

$$-4 < -2x < 3$$

各項乘以 $-\dfrac{1}{2}$（負數），不等號方向改變，因此得

$$2 > x > -\dfrac{3}{2}$$

故解集合為開區間 $(-\dfrac{3}{2}, 2)$，圖解如圖 2-3：

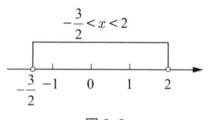

圖 2-3

例 4 解 $\begin{cases} 3x - 2 \ge 0 \cdots\cdots ① \\ 5x - 9 \le 0 \cdots\cdots ② \end{cases}$，即求同時滿足①，②的 x 值。

解 解①得 $x \ge \dfrac{2}{3} \cdots\cdots ③$

解②得 $x \le \dfrac{9}{5} \cdots\cdots ④$

同時滿足③，④的 x 就是 $\dfrac{2}{3} \le x \le \dfrac{9}{5}$，即解集合為閉區間

$[\dfrac{2}{3}, \dfrac{9}{5}]$

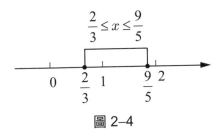

圖 2-4

乙、二元一次不等式

二元一次不等式的標準形式有下列幾種情形：

(1) $ax + by < c$ (2) $ax + by \le c$

(3) $ax + by > c$ (4) $ax + by \ge c$

其中 a, b 均不為 0，且 a, b, c 均為實數。

今我們舉例來說明，譬如說我們要求 $ax + by < c$ 的所有解答。移項得

$$by < c - ax$$

當 $b > 0$ 時，則

$$y < \frac{c}{b} - \frac{a}{b}x \qquad\qquad (2)$$

當 $b < 0$ 時，則

$$y > \frac{c}{b} - \frac{a}{b}x \qquad\qquad (3)$$

(2)式的解集合是所有滿足 $y < \dfrac{c}{b} - \dfrac{a}{b}x$ 的數對 (x, y)，(3)式的解集合是所有滿足 $y > \dfrac{c}{b} - \dfrac{a}{b}x$ 的數對 (x, y)。

例 5 解不等式 $2x + 4y < 8$。

解 $2x + 4y < 8$

$\Rightarrow 4y < 8 - 2x$

$\Rightarrow y < 2 - \dfrac{x}{2}$

故解集合為 $\{(x, y) \mid y < 2 - \dfrac{x}{2}\}$ ■

　　二元一次不等式的解集合是數對構成的，因此可以在平面坐標系中畫出其圖形來。譬如說在例 5 中，$y < 2 - \dfrac{x}{2}$ 的圖形就跟 $y = 2 - \dfrac{x}{2}$ 的圖形很有關係。

　　圖 2–5 的直線就是 $y = 2 - \dfrac{x}{2}$ 的圖形，今對於任意實數 a，點 $(a, 2 - \dfrac{a}{2})$ 位於直線上，而點 (a, b) 在 $y < 2 - \dfrac{x}{2}$ 的圖形上 $\Leftrightarrow b < 2 - \dfrac{a}{2}$，亦即點 (a, b) 在點 $(a, 2 - \dfrac{a}{2})$ 的下方，一般而言，任何一點在 $y < 2 - \dfrac{x}{2}$ 的圖形上 $\Leftrightarrow$ 此點在 $y = 2 - \dfrac{x}{2}$ 的下方。因此 $y < 2 - \dfrac{x}{2}$ 之解集合為圖 2–5 中所示之陰影部分，但直線 $y = 2 - \dfrac{x}{2}$ 不包含在內。

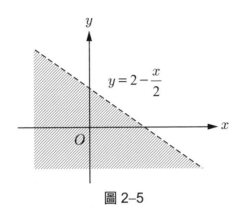

圖 2–5

一般而言，二元一次不等式的圖解步驟如下：

⑴將不等式改成等式，然後作出此二元一次方程式的圖形（為一直線），此直線將平面分割成兩半部，其中有一半部是「大於號」成立的情形，另一半部是「小於號」成立的情形。

⑵在某一半部任取一點（當然是取最容易驗證的點），代入該二元一次方程式，看看是「大於號」或「小於號」成立，由此就可決定那一半部才是合乎所求。

例 6 求解不等式 $2x - y < -4$。

解 $2x - y < -4 \Rightarrow y > 2x + 4$

∴解集合為 $\{(x, y) \mid y > 2x + 4\}$，圖解如圖 2–6：

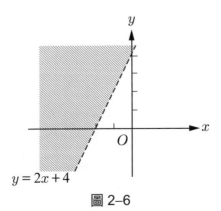

圖 2–6

例 7　圖解不等式 $\begin{cases} 2x - y \le -4 \\ x + y \ge -1 \end{cases}$。

解　先作出直線 $2x - y = -4$，將平面分割成兩半，而 $2x - y \le -4$ 位在左半。同理，作出直線 $x + y = -1$，而 $x + y \ge -1$ 位在右半。兩者重疊的部分如圖 2–7 之陰影領域

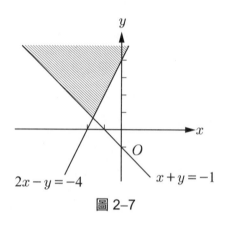

$2x - y = -4$　　　$x + y = -1$

圖 2–7

習　題　2-2

1.試解下列各不等式，並作出解集合的圖形：

(1) $3x + 7 > x + 11$

(2) $4x + 9 > 5x + 6$

(3) $-x + 1 < \dfrac{x}{2} - 4$

(4) $\dfrac{1}{-x + 1} \ge 0$

(5) $2x + 3 \ge 0$

(6) $4 + \dfrac{15}{x} < 7$

(7) $\dfrac{x}{2} - \dfrac{x}{3} + 7 > \dfrac{5x}{6} - 5$

(8) $\dfrac{x + 2}{5} \le \dfrac{x - 1}{2}$

(9) $3(x + 5) - 1 \le 31$

(10) $\dfrac{3}{x} > 4$

2.試解下列各聯立不等式，並作出其解集合的圖形：

(1) $\begin{cases} x+4<-x+3 \\ x>3 \\ x-1<0 \end{cases}$

(2) $\begin{cases} \dfrac{x+1}{x+2+1}>\dfrac{2}{3} \\ |x-5|<2 \end{cases}$

(3) $\begin{cases} x+1<2x-4 \\ 3x-2>1 \end{cases}$

(4) $\begin{cases} 2(1+2x)<3(3+x) \\ \dfrac{1}{3}(x+2)>\dfrac{1}{2}x+\dfrac{2}{3} \end{cases}$

3.圖解下列不等式：

(1) $2x-3y\leq-6$

(2) $3x+2y\geq6$

(3) $5x+y\leq-10$

(4) $x\geq0,\ y\geq0$

4.圖解下列聯立不等式：

(1) $\begin{cases} x\geq0 \\ y\geq0 \\ x+2y\geq5 \\ 5x+y\geq16 \end{cases}$

(2) $\begin{cases} x\geq0 \\ y\geq0 \\ x+y\geq2 \\ 2x+3y\leq6 \end{cases}$

(3) $\begin{cases} x\geq0 \\ y\geq0 \\ 4x+y\geq8 \\ 2x+5y\geq18 \\ 2x+3y\geq14 \end{cases}$

(4) $\begin{cases} x\geq0 \\ y\geq0 \\ 1\leq x+2y \\ x+2y\leq10 \end{cases}$

2-3 二次不等式

設 $P(x) = ax^2 + bx + c$ 為二次式，所謂 x 的二次不等式是指

$$P(x) > 0,\ P(x) \geq 0,\ P(x) < 0,\ P(x) \leq 0$$

求解二次不等式就是要找出使得不等式成立的 x 之所在範圍，或解集合。它所根據的**規則**是

$$a \cdot b > 0 \Leftrightarrow a,\ b\ \text{同為正數或同為負數}$$
$$a \cdot b < 0 \Leftrightarrow a,\ b\ \text{一正一負}$$

例 1　求解不等式：

(1) $x^2 + x - 6 > 0$

(2) $x^2 + x - 6 < 0$

解　因式分解 $x^2 + x - 6 = (x + 3)(x - 2)$，其次討論 $x + 3$ 與 $x - 2$ 的正負號：

$x + 3$ 的符號	$x - 2$ 的符號
(1) 當 $x < -3$ 時，$x + 3 < 0$	當 $x < 2$ 時，$x - 2 < 0$
(2) 當 $x = -3$ 時，$x + 3 = 0$	當 $x = 2$ 時，$x - 2 = 0$
(3) 當 $x > -3$ 時，$x + 3 > 0$	當 $x > 2$ 時，$x - 2 > 0$

由此可知，$x + 3$ 的符號變更是以方程式 $x + 3 = 0$ 的根 $x = -3$ 為「分水嶺」；而 $x - 2$ 的符號變更是以方程式 $x - 2 = 0$ 的根 $x = 2$ 為「分水嶺」。如圖 2-8 所示：

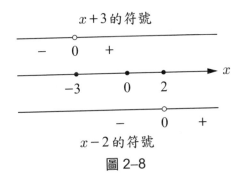

圖 2-8

從而，$(x+3)(x-2)$ 的符號如下表所示:

x	$x<-3$	-3	$-3<x<2$	2	$2<x$
$x+3$	$-$	0	$+$	$+$	$+$
$x-2$	$-$	$-$	$-$	0	$+$
$(x+3)(x-2)$	$+$	0	$-$	0	$+$

根據此表可知，⑴的解為

$$x<-3 \quad 或 \quad x>2$$

解集合為

$$\{x\,|\,x<-3\}\cup\{x\,|\,x>2\}$$

而⑵的解為

$$-3<x<2$$

解集合為

$$\{x\,|\,-3<x<2\}$$

圖解如圖 2-9:

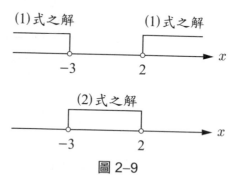

圖 2-9

　　綜合上述，解二次不等式時，如果左邊的二次式可以分解為因式，則設其各因式為 0，而解所得方程式之根，將其根按大小次序在實數軸上排列，以定其各界限內各因式的符號，再判斷原二次不等式的正負。

例 2　解 $x^2 - 7x + 12 > 0$。

解　先將左邊的二次式分解為因式，則得

$(x-3)(x-4) > 0$ …… ①

設各因式為 0，而求得方程式的根為 3 與 4，故在

$$x > 4,\ 4 > x > 3,\ x < 3$$

的界限內檢驗①式中各因式的正負，得知

⑴當 $x > 4$ 時，$x-3$ 為正，$x-4$ 為正，故

$$(x-3)(x-4) > 0$$

⑵當 $4 > x > 3$ 時，$x-3$ 為正，$x-4$ 為負，故

$$(x-3)(x-4) < 0$$

⑶當 $x < 3$ 時，$x-3$ 為負，$x-4$ 亦為負，故

$$(x-3)(x-4)>0$$

故此不等式的解集合是

$$\{x|x<3\}\cup\{x|x>4\}=(-\infty,\ 3)\cup(4,\ \infty)$$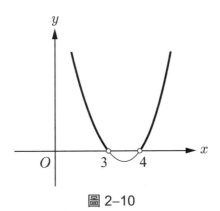

從幾何觀點來看，我們可以作出函數 $y=x^2-7x+12$ 的圖形，很快就可以看出，x 在何範圍能使 $y>0$。

顯然對於 $x>4$ 與 $x<3$ 的情形，函數圖形均在 x 軸的上方，即 $y=x^2-7x+12>0$。

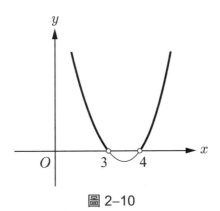

圖 2-10

對於一般的二次式 $P(x)=ax^2+bx+c$，我們要求解相應的二次不等式，從頭不妨就假設 $a>0$。因為，例如

$$-2x^2+7x+15>0$$

我們可以兩邊同乘以 -1 得到

$$2x^2-7x-15<0$$

以下就設 $a>0$，考慮一元二次方程式

$$ax^2 + bx + c = 0$$

令其判別式為 $\Delta = b^2 - 4ac$，考慮下列三種情形：

(1) $\Delta > 0$ 的情形

此時二次方程式 $P(x) = 0$ 有兩個相異實根，令其為 α, β，則

$$P(x) = a(x - \alpha)(x - \beta)$$

今因 $a > 0$，故 $P(x)$ 的正負號完全由

$$(x - \alpha)(x - \beta)$$

的正負號決定。不妨假設 $\alpha < \beta$。

我們列出下表：

x	$x < \alpha$	α	$\alpha < x < \beta$	β	$\beta < x$
$x - \alpha$	$-$	0	$+$	$+$	$+$
$x - \beta$	$-$	$-$	$-$	0	$+$
$(x - \alpha)(x - \beta)$	$+$	0	$-$	0	$+$

因此，$(x - \alpha)(x - \beta)$ 的正負號，由圖 2–11 表示：

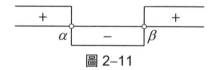

圖 2–11

於是我們得到下面的結論：

$\Delta > 0$ 的情形

$a > 0, \alpha < \beta$ 時，二次不等式

$a(x - \alpha)(x - \beta) > 0$ 之解為 $x < \alpha, \beta < x$

$a(x - \alpha)(x - \beta) \geq 0$ 之解為 $x \leq \alpha, \beta \leq x$

$a(x - \alpha)(x - \beta) < 0$ 之解為 $\alpha < x < \beta$

$a(x - \alpha)(x - \beta) \leq 0$ 之解為 $\alpha \leq x \leq \beta$

(2) $\Delta = 0$ 的情形

此時二次方程式 $P(x) = 0$ 有相等實根 α，即

$$P(x) = a(x - \alpha)^2$$

因為 $a > 0$ 且 $(x - \alpha)^2 \geq 0$，故

$$P(x) \geq 0, \ \forall x \in \mathbb{R}$$

並且等號成立 $\Leftrightarrow x = \alpha$。

因此我們得到下面的結論：

> $\Delta = 0$ 的情形
>
> $a > 0$ 時，二次不等式
>
> $a(x - \alpha)^2 > 0$ 之解為 $\mathbb{R} \backslash \{\alpha\}$
>
> $a(x - \alpha)^2 \geq 0$ 之解為 $\mathbb{R}$，即實數全體
>
> $a(x - \alpha)^2 < 0$ 之解為空集（即無解）
>
> $a(x - \alpha)^2 \leq 0$ 之解為 $x = \alpha$

(3) $\Delta < 0$ 的情形

此時 $P(x) = 0$ 沒有實數解。由配方法知

$$
\begin{aligned}
P(x) &= ax^2 + bx + c \\
&= a(x^2 + \frac{b}{a}x) + c \\
&= a(x^2 + \frac{b}{a}x + \frac{b^2}{4a^2}) - \frac{b^2}{4a} + c \\
&= a(x + \frac{b}{2a})^2 - \frac{b^2 - 4ac}{4a} \\
&= a(x + \frac{b}{2a})^2 - \frac{\Delta}{4a}
\end{aligned}
$$

因為 $a > 0$，所以 $a(x + \dfrac{b}{2a})^2 \geq 0$。又 $\Delta < 0$，故 $-\dfrac{\Delta}{4a} > 0$。

於是

$$P(x) = a(x + \frac{b}{2a})^2 - \frac{\Delta}{4a} > 0, \ \forall x \in \mathbb{R}$$

因此我們得到下面的結論：

$\Delta < 0$ 的情形

$a > 0$ 時，二次不等式

$ax^2 + bx + c > 0$ 之解為實數全體

$ax^2 + bx + c \geq 0$ 之解為實數全體

$ax^2 + bx + c < 0$ 之解為空集

$ax^2 + bx + c \leq 0$ 之解為空集

例 3 求解下列二次不等式：

(1) $x^2 - 5x + 6 > 0$　　　　　(2) $x^2 - 2x - 1 \leq 0$

(3) $15 + 7x - 2x^2 > 0$　　　　(4) $4x^2 + 12x + 9 > 0$

(5) $x^2 + 2x + 2 > 0$　　　　　(6) $x^2 + 2x + 2 \leq 0$

解 (1) $x^2 - 5x + 6 = 0$ 之兩相異實根為 $x = 2, 3$

∴ $x^2 - 5x + 6 > 0$ 之解為 $x < 2,\ 3 < x$

(2) $x^2 - 2x - 1 = 0$ 之解為 $x = 1 \pm \sqrt{2}$，並且 $1 - \sqrt{2} < 1 + \sqrt{2}$

故 $x^2 - 2x - 1 \leq 0$ 之解為 $1 - \sqrt{2} \leq x \leq 1 + \sqrt{2}$

(3) $15 + 7x - 2x^2 > 0$ 之兩邊同乘 -1 得 $2x^2 - 7x - 15 < 0$

方程式 $2x^2 - 7x - 15 = 0$ 之解為 $x = -\dfrac{3}{2},\ 5$

故 $2x^2 - 7x - 15 < 0$ 之解為 $-\dfrac{3}{2} < x < 5$

(4) $4x^2 + 12x + 9 = 0$ 有重根 $x = -\dfrac{3}{2}$，故 $4x^2 + 12x + 9 > 0$ 之解集

合為 $\mathbb{R} \backslash \{ -\dfrac{3}{2} \}$

(5) $x^2 + 2x + 2 = 0$ 無實解，故 $x^2 + 2x + 2 > 0$ 之解為實數全體

(6) $x^2 + 2x + 2 \le 0$ 無解

例 4 求解聯立不等式：

$$x^2 + 6x + 5 > 0, \; 2x^2 - 3x - 20 \le 0$$

解 方程式 $x^2 + 6x + 5 = 0$ 之解為 $x = -1, -5$

故不等式 $x^2 + 6x + 5 > 0$ 之解為

$x < -5, \; -1 < x$ ……①

又方程式 $2x^2 - 3x - 20 = 0$ 之解為 $x = -\dfrac{5}{2}, 4$

故不等式 $2x^2 - 3x - 20 \le 0$ 之解為

$-\dfrac{5}{2} \le x \le 4$ ……②

同時滿足①與②的 x 之範圍為

$$-1 < x \le 4$$

這就是聯立不等式之解，圖解如圖 2-12：

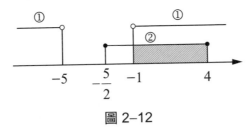

圖 2-12

例 5 若二次方程式 $x^2 - 2kx + (3 - 2k) = 0$ 有兩個相異實根，試求 k 之範圍。

解 判別式 Δ 滿足

$$\frac{\Delta}{4} = k^2 - (3 - 2k) = k^2 + 2k - 3$$

由題設知 $\Delta > 0$，即

$$k^2 + 2k - 3 > 0, \ (k - 1)(k + 3) > 0$$

$$\therefore k < -3, \ 1 < k \qquad \blacksquare$$

習 題 2-3

1. 求解下列二次不等式：

(1) $(x - 2)(2x + 3) > 0$

(2) $(4 + x)(5 - 2x) \leq 0$

(3) $x^2 - 7x + 12 < 0$

(4) $x^2 - 2x - 24 \leq 0$

(5) $x^2 - 4x + 2 \geq 0$

(6) $10 + x - 2x^2 > 0$

(7) $x^2 + 8x + 16 > 0$

(8) $-2x^2 \geq 0$

(9) $x^2 - x + 1 > 0$

(10) $4x^2 + 5 < 6x$

(11) $5x - 10x^2 < 2$

(12) $2x^2 + 3x - 4 \leq x^2 + x$

2. 求解聯立不等式：

(1) $x^2 - x - 6 > 0, \ 2x^2 + 3x - 5 < 0$

(2) $x^2 > 1, \ x^2 - 2x - 8 \leq 0$

(3) $x^2 - 7x + 10 \geq 0, \ 2x^2 - 5x - 3 > 0$

(4) $3x^2 + 4x - 4 < 0, \ 2x^2 + 9x - 5 \leq 0$

(5) $x^2 + 2x - 35 \geq 0, \ |x - 2| < 10$

3.求解滿足下列聯立不等式 x 之整數值：

$$x^2 - 3x - 10 \geq 0, \ x^2 - 2x - 40 < 0$$

4.求 k 所在的範圍：

(1)二次方程式 $x^2 + (k+3)x + 1 = 0$ 有相異兩實根。

(2)二次方程式 $x^2 - 2(k-1)x + 4k = 0$ 有實根。

(3)二次方程式 $x^2 + 2(2k+1)x - (k^2 - 1) = 0$ 有複數根。

2–4　不等式之證明

本節我們要在給定條件下，證明一些不等式恆成立。我們常用的三個基本性質是：

(1) a 不為 0 時，a^2 必為正。換句話說 a^2 決不為負。因此 $(a-b)^2 \geq 0$，只有當 $a = b$ 時才會等於 0。

(2) a 不為 0 時，$-a^2$ 必為負。換句話說 $-a^2$ 決不為正。因此 $-(a-b)^2 \leq 0$，只有當 $a = b$ 時才會等於 0。

(3) a, b 不均為 0 時，$a^2 + b^2$ 必為正，換句話說 $a^2 + b^2$ 決不為負。又 a, b, c 不均為 0 時，$a^2 + b^2 + c^2$ 必為正，換句話說 $a^2 + b^2 + c^2$ 決不為負，其他依此類推。

例如由 $a^2 \geq 0, \ \forall a \in \mathbb{R}$，得知

$$(x-y)^2 \geq 0, \ \forall x, y \in \mathbb{R}$$
$$\Rightarrow x^2 - 2xy + y^2 \geq 0$$
$$\Rightarrow x^2 + y^2 \geq 2xy$$
$$\Rightarrow \frac{x^2 + y^2}{2} \geq xy \qquad\qquad (1)$$

特別地，對於 $a,\, b>0$，取 $x=\sqrt{a},\, y=\sqrt{b}$ 代入(1)式就得到

定 理 1

（算術平均大於等於幾何平均不等式）

對於任意正的實數 $a,\, b$，恆有

$$\frac{a+b}{2} \geq \sqrt{ab} \tag{2}$$

（註：(1) $\dfrac{a+b}{2}$ 叫做 $a,\, b$ 的算術平均，$\sqrt{ab}$ 叫做幾何平均。

(2)(2)式的等號成立 $\Leftrightarrow a=b$。）

* **例 1**　若 $a,\, b>0$，則 $(a+b)(\dfrac{1}{a}+\dfrac{1}{b}) \geq 4$。

證明　因算術平均大於等於幾何平均，即

$$\frac{a+b}{2} \geq \sqrt{ab} \quad \text{並且} \quad \frac{1}{2}(\frac{1}{a}+\frac{1}{b}) \geq \sqrt{\frac{1}{a}\cdot\frac{1}{b}}$$

上面兩式相乘得

$$\frac{1}{4}(a+b)(\frac{1}{a}+\frac{1}{b}) \geq \sqrt{ab}\cdot\sqrt{\frac{1}{a}\cdot\frac{1}{b}} = 1$$

$$\therefore (a+b)(\frac{1}{a}+\frac{1}{b}) \geq 4$$

* **例 2**　若 $a,\, b,\, c>0$，則 $(a+b)(b+c)(c+a) \geq 8abc$。

證明　$\dfrac{a+b}{2} \geq \sqrt{ab}$ ⋯⋯ ①

$\dfrac{b+c}{2} \geq \sqrt{bc}$ ⋯⋯ ②

$$\frac{c+a}{2} \geq \sqrt{ca} \ \cdots\cdots \ ③$$

①×②×③得

$$\frac{(a+b)(b+c)(c+a)}{8} \geq \sqrt{a^2b^2c^2} = abc$$

即 $(a+b)(b+c)(c+a) \geq 8abc$ ∎

上述定理 1 還可以作推廣：

定　理 2

設 $a_1, a_2, \cdots, a_n$ 為任意正數，則我們有

$$\frac{a_1 + \cdots + a_n}{n} \geq \sqrt[n]{a_1 a_2 \cdots a_n}$$

證明　留待第八章 ∎

* **例 3**　若 $a_1, a_2, \cdots, a_n > 0$，試證：

$$\frac{a_1}{a_2} + \frac{a_2}{a_3} + \frac{a_3}{a_4} + \cdots + \frac{a_{n-1}}{a_n} + \frac{a_n}{a_1} \geq n$$

證明

$$\frac{1}{n}(\frac{a_1}{a_2} + \frac{a_2}{a_3} + \frac{a_3}{a_4} + \cdots + \frac{a_{n-1}}{a_n} + \frac{a_n}{a_1}) \geq \sqrt[n]{\frac{a_1}{a_2} \cdot \frac{a_2}{a_3} \cdot \frac{a_3}{a_4} \cdots \frac{a_{n-1}}{a_n} \cdot \frac{a_n}{a_1}} = 1$$

$$\therefore \frac{a_1}{a_2} + \frac{a_2}{a_3} + \frac{a_3}{a_4} + \cdots + \frac{a_{n-1}}{a_n} + \frac{a_n}{a_1} \geq n$$ ∎

* **例 4**　若 $a, b, c > 0$，則 $(a+b+c)^3 \geq 27abc$。

證明　$\dfrac{a+b+c}{3} \geq \sqrt[3]{abc}$

$$\Rightarrow a + b + c \geq 3\sqrt[3]{abc}$$

$$\Rightarrow (a + b + c)^3 \geq 27abc$$

∎

* **例 5** 求證 $a^2 + b^2 + c^2 \geq ab + bc + ca$。

證明 求兩邊的差

$$a^2 + b^2 + c^2 - ab - bc - ca$$

$$= \frac{1}{2}(2a^2 + 2b^2 + 2c^2 - 2ab - 2bc - 2ca)$$

$$= \frac{1}{2}\{(a - b)^2 + (b - c)^2 + (c - a)^2\} \geq 0$$

$$\therefore a^2 + b^2 + c^2 \geq ab + bc + ca$$

∎

例 6 要使等式 $(a + b + c)^2 = 3(bc + ca + ab)$ 成立，則 a, b, c 應有怎樣的關係?

解 將等式兩邊集在一起化簡，則得

$$a^2 + b^2 + c^2 - ab - bc - ca = 0$$

兩倍兩邊且化作平方和的形式，則

$$(a - b)^2 + (b - c)^2 + (c - a)^2 = 0$$

$$\Rightarrow a = b, \; b = c, \; c = a \Rightarrow a = b = c$$

∎

習 題 2-4

1.試證下列不等式： 設 $a > 0,\ b > 0,\ c > 0,\ d > 0$。

(1) $(a + b)(\dfrac{4}{a} + \dfrac{9}{b}) \geq 25$

(2) $(\dfrac{a}{b} + \dfrac{c}{d})(\dfrac{b}{a} + \dfrac{d}{c}) \geq 4$

(3) $\sqrt{ab} \geq \dfrac{2ab}{a + b}$

(4) $a^3 + b^3 \geq a^2 b + ab^2$

2.周界長為定值的長方形中，試證正方形的面積為最大。

3.面積為定值的長方形中，試證正方形的周界長為最小。

4.設 $a > 0,\ b > 0$，試比較 $\sqrt{a} + \sqrt{b}$ 與 $\sqrt{a + b}$ 之大小。

5.試證下列的不等式：

(1) $(a^2 + b^2)(x^2 + y^2) \geq (ax + by)^2$

(2) $a^4 + b^4 \geq a^3 b + ab^3$

(3) $a^2 + b^2 + c^2 + 3 \geq 2(a + b + c)$

第三章　指數函數與對數函數

3–1　指數與對數的定義

給一個底數 2，那麼 2 的三次方就是 8，即 $2^3 = 8$，這是簡單的乘法計算，2^3 是**指數形**的數。反過來，已知 8，我們要問：它是 2 的幾次方？換句話說，我們要你填空：$2^\square = 8$。答案你很清楚，是 3。這跟指數的運算 $(2^3 = 8)$ 恰好反其道而行，我們就叫它為**對數**運算，並且用記號 $\log_2 8$ 來表示運算所得的結果，即 $3 = \log_2 8$。我們稱 $\log_2 8$ 為以 2 為底，8 的對數。換句話說，$2^3 = 8$ 跟 $3 = \log_2 8$ 表示著同一回事，也就是說，有一個指數式就對應有一個對數式，反之亦然。

隨堂練習　試填空下列各題：

(1) $2^\square = 1024$　　　　　(2) $5^\square = 625$

(3) $3^\square = 243$　　　　　(4) $10^\square = 10000$

說得更明白一點，給一個底數 2，那麼對於 3 與 8 我們有兩種看法：從指數觀點看來，8 是 2^3；從對數觀點看來，3 是 $\log_2 8$。前者由 3 求出 8，後者由 8 求出 3，正好是互逆的演算過程。這不過是宇宙間許多互逆演變的例子而已。

（註：我們要先固定了底數如 2 才能討論！）

為了作更進一步的計算。讓我們來定義較複雜一點的**指數**，例如 $16^{\frac{3}{4}}$, $27^{-\frac{1}{3}}$，從而得到它們相應的對數之計算。

我們知道，對任意實數 a 及自然數 n，**指數** a^n 都有明確的意義：

$$a^n = \underbrace{a \cdot a \cdots a}_{n \text{ 個}}$$

並且滿足**指數定律：**

$$a^m \cdot a^n = a^{m+n}$$
$$a^m \div a^n = a^{m-n}$$
$$(a^m)^n = a^{mn}$$

進一步，再定義

$$a^{-n} = \frac{1}{a^n},\ n \in \mathbb{N}$$

現在我們要問：$a^{\frac{n}{m}}$ 代表什麼意思？

因為指數定律太重要了，在做指數推廣的時候，一定要保留它們。

例如我們由 $(a^n)^m = a^{nm}$ 得到 $(5^{\frac{1}{3}})^3 = 5^{\frac{1}{3} \times 3} = 5$，故 $5^{\frac{1}{3}}$ 的 3 次方等於 5，於是 $5^{\frac{1}{3}}$ 應該定義為 5 的開 3 次方根，亦即 $5^{\frac{1}{3}} \equiv \sqrt[3]{5}$。至於像 $5^{\frac{3}{4}}$ 等於多少呢？又由指數定律 $(a^n)^m = a^{n \cdot m}$ 得到 $(5^{\frac{3}{4}})^4 = 5^{\frac{3}{4} \times 4} = 5^3$，所以 $5^{\frac{3}{4}}$ 的 4 次方等於 5^3，故 $5^{\frac{3}{4}}$ 應該定義為 5^3 的開 4 次方根，亦即 $5^{\frac{3}{4}} \equiv \sqrt[4]{5^3}$。再由 $a^{-n} = \frac{1}{a^n}$ 得知 $5^{-\frac{3}{4}} = \frac{1}{5^{\frac{3}{4}}} = \frac{1}{\sqrt[4]{5^3}}$。

總之，我們有如下的定義：若 $a > 0$，

$$
\begin{cases}
a^{\frac{1}{n}} \equiv \sqrt[n]{a} \\
a^{\frac{m}{n}} \equiv \sqrt[n]{a^m} \equiv (\sqrt[n]{a})^m \\
a^{-\frac{m}{n}} \equiv 1 \div a^{\frac{m}{n}} \equiv 1 \div \sqrt[n]{a^m}
\end{cases}
$$

換句話說，對於任意有理數 r，a^r 都有意義了。現在剩下的困難就是，當 x 為無理數時，a^x 代表什麼數呢？ 例如 $2^{\sqrt{2}}$, 5^{π} 等。這個問題雖然比較深一點，但是一定有辦法做到，此地我們就不去探究，留待將來再討論。你只須知道：對於任意實數 x 及正實數 a，我們都有辦法定義 a^x，並且使它們滿足指數定律！（為何要限定 $a>0$？）

例 1　　$16^{\frac{3}{4}} = \sqrt[4]{16^3} = (\sqrt[4]{16})^3 = 2^3 = 8$。

例 2　　$8^{-\frac{2}{3}} = 1 \div 8^{\frac{2}{3}} = 1 \div (\sqrt[3]{8})^2 = 1 \div 2^2 = \frac{1}{4}$。

隨堂練習　　求下列各值：

(1) $16^{\frac{1}{4}}$　　　　　(2) 5^{-2}　　　　　(3) $49^{-\frac{1}{2}}$

(4) $(\frac{2}{3})^{-3}$　　　　(5) $(\frac{1}{32})^{\frac{1}{5}}$　　　(6) $(0.16)^{-\frac{1}{2}}$

回到對數的問題，對數是由指數定義出來的，因此有一個指數式就對應一個對數式。例如，由例 1 知 $16^{\frac{3}{4}} = 8$，所以 $\frac{3}{4} = \log_{16} 8$。事實上，$16^{\frac{3}{4}} = 8$ 與 $\frac{3}{4} = \log_{16} 8$ 表示著一體的兩面，因此我們稱它們是等價的。讓我們再舉更多的例子：

例 3　　$3^2 = 9$ 等價於 $\log_3 9 = 2$。

　　　　　$5^3 = 125$ 等價於 $\log_5 125 = 3$。

　　　　　$4^{-1} = \frac{1}{4}$ 等價於 $\log_4(\frac{1}{4}) = -1$。

$5^{-2} = \dfrac{1}{25}$ 等價於 $\log_5(\dfrac{1}{25}) = -2$。

$49^{\frac{1}{2}} = 7$ 等價於 $\log_{49} 7 = \dfrac{1}{2}$。

$15^0 = 1$ 等價於 $\log_{15} 1 = 0$。　■

隨堂練習　試將下列各指數表式改成對數表式：

(1) $3^6 = 729$ 　　　　　　　　(2) $2^5 = 32$

(3) $3^{-4} = \dfrac{1}{81}$ 　　　　　　(4) $4^{\frac{1}{2}} = 2$

(5) $125^{\frac{2}{3}} = 25$ 　　　　　(6) $27^{-\frac{1}{3}} = \dfrac{1}{3}$

(7) $7^0 = 1$ 　　　　　　　　(8) $10^{-2} = 0.01$

(9) $(\dfrac{1}{5})^{-2} = 25$ 　　　　(10) $27^{\frac{2}{3}} = 9$

例 4　$\log_{10} 100 = 2$，這是因為 $10^2 = 100$

$\log_2 64 = 6$，這是因為 $2^6 = 64$

$\log_4 \sqrt{2} = \dfrac{1}{4}$，這是因為 $4^{\frac{1}{4}} = \sqrt{2}$

$\log_3(\dfrac{1}{9}) = -2$，這是因為 $3^{-2} = \dfrac{1}{9}$

$\log_8(\dfrac{1}{2}) = -\dfrac{1}{3}$，這是因為 $8^{-\frac{1}{3}} = \dfrac{1}{2}$

$\log_{10}(0.00001) = -5$，這是因為 $10^{-5} = 0.00001$

$\log_a a = 1$，這是因為 $a^1 = a$

$\log_a 1 = 0$，這是因為 $a^0 = 1$。　■

（註：這些例子告訴我們，只要你會計算指數，你就順理成章會計算對數！）

隨堂練習　試求下列的對數值：

(1) $\log_5 25$, $\log_2 8$, $\log_3 81$

(2) $\log_4 8$, $\log_8 16$, $\log_{16} 8$

(3) $\log_9 27$, $\log_{27} 81$, $\log_{125} 25$

(4) $\log_7 \sqrt{7}$, $\log_{12} 1$, $\log_3(\frac{1}{3})$

(5) $\log_2(\frac{1}{8})$, $\log_{10}(0.001)$, $\log_4(\frac{1}{32})$

(6) $\log_{125} 5$, $\log_{16} 4$, $\log_{16} \sqrt{4}$

有時我們必須由 $\log_5 x = 3$ 決定出 x 的值，由於這個式子等價於 $5^3 = x$，因此 $x = 125$。另外，由 $\log_a 16 = 4$ 也可以決定出 a 的值：因為 $a^4 = 16 = 2^4$，所以 $a = 2$。

隨堂練習　求下列各式中的 x：

(1) $\log_2 x = 3$, $\log_3 x = 4$, $\log_6 x = -1$

(2) $\log_8 x = \frac{4}{3}$, $\log_{10} x = 2$, $\log_8 x = -\frac{2}{3}$

隨堂練習　求下列各式中的底數 a：

(1) $\log_a 9 = 2$, $\log_a 3 = \frac{1}{2}$, $\log_a(\frac{1}{4}) = -2$

(2) $\log_a 1000 = \frac{3}{2}$, $\log_a(0.001) = 2$, $\log_a(\frac{1}{25}) = -\frac{2}{3}$

隨堂練習　為什麼對數的底數不可以是 1？

(註：底數可以是任意不為 1 的正實數。)

本節提要

$a^x = b \Leftrightarrow x = \log_a b$

$\left.\begin{array}{l} a^x \cdot a^y = a^{x+y} \\ a^x \div a^y = a^{x-y} \\ (a^x)^y = a^{xy} \end{array}\right\}$ 指數定律

其中 $a,\ b$ 為正實數，且 $a \neq 1$；$x,\ y$ 為任意實數。

習 題 3-1

1. 設 $a > 1$，則 n 越大時 a^n 變大或變小？當 $0 < a < 1$ 時，又如何？

2. 求下列各數之值：

(1) $16^{\frac{1}{4}}$ (2) $8^{\frac{2}{3}}$ (3) $32^{0.2}$

(4) $(0.027)^{-\frac{2}{3}}$ (5) $(64^4)^{-\frac{1}{3}}$ (6) $8^{\frac{3}{2}} \times 8^{-\frac{1}{3}} \times 8^{-\frac{1}{2}}$

(7) $(25^{\frac{2}{3}})^{-\frac{9}{4}}$

3. 利用指數定律化簡下列各式：

(1) $\dfrac{10ab^3}{15(ab)^3}$ (2) $\dfrac{(xy^2)^n}{(x^n y)^2}$ (3) $\dfrac{3^{4m}}{9^{2m}}$

(4) $\dfrac{4^4 + 4^4 + 4^4 + 4^4}{2^4}$ (5) $\dfrac{(ab^2 c^3)^3}{(a^n b^n c^n)^2}$ (6) $2^n + 2^n + 2^n + 2^n$

4. 試求你第 30 代前的祖先共有多少人？

3–2　對數的性質及計算

既然對數與指數的關係那麼密切，所以由指數定律當可得到相應的
對數定律:

定 理 1

(1) $\log_a M \cdot N = \log_a M + \log_a N$

(2) $\log_a \dfrac{M}{N} = \log_a M - \log_a N$

(3) $\log_a M^x = x \log_a M$

證明　(1)令 $A = \log_a M$, $B = \log_a N$，則 $M = a^A$, $N = a^B$

$\therefore M \cdot N = a^A \cdot a^B = a^{A+B}$

因此 $A + B = \log_a M \cdot N$，於是

$$\log_a M \cdot N = A + B = \log_a M + \log_a N$$

(2)令 A, B 仍如(1)，則

$$\frac{M}{N} = a^A \div a^B = a^{A-B}$$

$\therefore A - B = \log_a (\dfrac{M}{N})$，於是

$$\log_a (\frac{M}{N}) = A - B = \log_a M - \log_a N$$

(3)令 $A = \log_a M$，則 $M = a^A$

$\therefore M^x = (a^A)^x = a^{Ax}$

於是 $Ax = \log_a M^x$，從而 $\log_a M^x = xA = x \cdot \log_a M$ ■

（註：在上面的證明中，(1)用到了 $a^m \cdot a^n = a^{m+n}$；(2)用到了 $a^m \div a^n = a^{m-n}$；(3)用到了 $(a^m)^n = a^{mn}$。換句話說，上述三個對數定律分別對應到這三個指數定律。對數定律歸結了對數的所有性質和計算上的各種規則，所以是非常重要的。）

取底數為 10 的對數，即 $\log_{10} M$ 之形的數，叫做**常用對數**。對於各種不同的正數 M，將 $\log_{10} M$ 的數值編列成表格，就叫做**常用對數表**。例如，對 1 到 10 的自然數，其常用對數表如下：

n	$\log_{10} n$
1	0.0000
2	0.3010
3	0.4771
4	0.6021
5	0.6990
6	0.7782
7	0.8451
8	0.9031
9	0.9542
10	1.0000

（註：上表中，$\log_{10} 1 = 0$ 及 $\log_{10} 10 = 1$，可由定義看出，但是像 $\log_{10} 3 = 0.4771$，是怎樣算得的呢？這要等到講微積分後才能說清楚，目前你只要會使用對數定律和會查對數表，就可以解決所有的對數計算工作了。）

下面讓我們舉一些例子，來說明對數定律和查表的應用：

例 1　試求 $\log_{10} 8$, $\log_{10} 54$, $\log_{10} \sqrt{3}$, $\log_{10}(\frac{1}{4})$ 的值。

解　　$\log_{10} 8 = \log_{10} 2^3 = 3 \log_{10} 2 = 3 \times 0.3010 = 0.9030$

$\log_{10} 54 = \log_{10}(2 \times 3^3) = \log_{10} 2 + \log_{10} 3^3$

$\qquad = \log_{10} 2 + 3 \log_{10} 3 = 0.3010 + 3 \times (0.4771)$

$\qquad = 1.7323$

$\log_{10} \sqrt{3} = \log_{10} 3^{\frac{1}{2}} = \frac{1}{2} \log_{10} 3 = \frac{1}{2} \times 0.4771 = 0.2386$

$\log_{10}(\frac{1}{4}) = \log_{10} 2^{-2} = -2 \log_{10} 2 = -2 \times (0.3010) = -0.6020$ ■

（註：常用對數的底往往都不寫出來。）

例 2　求 $\log_{10} 2^{\frac{1}{5}}$, $\log_{10}(\frac{1}{32})$, $\log_{10} 24$ 的值。

解　　$\log_{10} 2^{\frac{1}{5}} = \frac{1}{5} \cdot \log_{10} 2 = \frac{1}{5} \times (0.3010) = 0.0602$

$\log_{10}(\frac{1}{32}) = \log_{10}(32)^{-1} = -1 \cdot \log_{10} 2^5 = -5 \log_{10} 2$

$\qquad = -5 \times (0.3010) = 1.5050$

$\log_{10} 24 = \log_{10} 3 \times 8 = \log_{10} 3 + \log_{10} 8$

$\qquad = 0.4771 + 0.9030 = 1.3801$ ■

例 3　如果告訴了我們從 1 到 10 的整數的常用對數，求 $\log 216$, $\log 84$ 的值。

解　　$\log 216 = \log(2^3 \cdot 3^3) = \log 2^3 + \log 3^3$

$\qquad = 3 \log 2 + 3 \log 3$

$\qquad = (3 \times 0.3010) + (3 \times 0.4771)$

$\qquad = 0.9030 + 1.4313$

$\qquad = 2.3343$

$$\log 84 = \log 2^2 \times 21 = \log 2^2 + \log 21$$
$$= 2\log 2 + \log(3 \times 7)$$
$$= 2\log 2 + \log 3 + \log 7$$
$$= 2 \times (0.3010) + 0.4771 + 0.8451$$
$$= 1.9242$$

（註：顯然，要點在於因數分解！而我們只需要知道 $\log 2$, $\log 3$ 及 $\log 7$ 的值。）

在實際計算中，可能會碰到底數不是 10 的情形，例如 $\log_7 4$ 等於多少呢？對付的方法是把它變形成底數為 10，然後再查表：

令 $M = \log_7 4$，則 $4 = 7^M$。兩邊取 10 為底的對數得

$$\log_{10} 4 = \log_{10} 7^M = M \log_{10} 7$$

$$\therefore M = \frac{1}{\log_{10} 7} \cdot \log_{10} 4$$

亦即 $\log_7 4 = \frac{(\log_{10} 4)}{(\log_{10} 7)} = \frac{(0.6021)}{0.8451} \approx 0.7125$

隨堂練習 求 $\log_2 8$, $\log_2 10$, $\log_4 7$, $\log_5 4$ 的值。

上面的換底辦法，對於一般的情形也成立。

定 理 2

（對數換底公式）

若 a, c 是不為 1 的正實數，則

$$\log_a b = \frac{\log_c b}{\log_c a}$$

也就是說，將對數 $\log_a b$ 換成以 c 為底的對數，我們的目的是，希望經過這樣的變形後，問題容易算。由於有這個公式的關係，我們只須編製某一底數的對數表即可，通常我們所編製的是底數為 10 的常用對數表。

例 4　試證 $(\log_a b) \times (\log_b c) \times (\log_c a) = 1$（$a$, b, c 均為正實數且不等於 1）。

證明　左式 $= \dfrac{\log b}{\log a} \cdot \dfrac{\log c}{\log b} \cdot \dfrac{\log a}{\log c} = 1$　∎

例 5　$\log_2 7 = \dfrac{\log_{10} 7}{\log_{10} 2} \approx \dfrac{0.8451}{0.3010} \approx 2.807$　∎

本節提要

(1)對數定律

$$\log ab = \underline{\qquad\qquad}$$

$$\log(\frac{a}{b}) = \underline{\qquad\qquad}$$

$$\log a^u = \underline{\qquad\qquad}$$

(2)換底公式

$$\log_a b = \underline{\qquad\qquad}$$

(3)每個對數式均與一個指數式對應，

$$a^x = b \quad 表示 \quad \log_a b = x$$

3–3 指數函數及其圖形

對任意 $a > 0$ 及實數 x，在上一節裡，我們已經定義了 a^x，於是我們若令

$$y = f(x) = a^x \tag{1}$$

這就定義了一個函數 $f : \mathbb{R} \to \mathbb{R}$，它將任一實數 x 對應到 a^x，我們稱這個函數為以 a 為底之**指數函數**。自然界有一些現象，兩變量之間的關係可以用指數函數來描寫，尤其是消長現象，如人口、菌口的繁殖現象。

（註：當 $a = 1$ 時，$a^x \equiv 1$，此時指數函數變成常函數，沒什麼好討論的。故今後一提到指數函數 $f(x) = a^x$，都假設 $a > 0$，且 $a \neq 1$。）

例 1 在(1)式中取 $a = 2$, $x = 0, 1, 2, \cdots, 63$ 得到 $f(0) = 2^0 = 1$, $f(1) = 2^1$, $f(2) = 2^2, \cdots, f(63) = 2^{63}$。　■

例 2 （菌口的生長）

假設培養盆裡有 100 個細菌，已知每經過一小時後數量加倍，故一小時後變成 200 個，二小時後變成 400 個，……等等。令 N 表 t 小時後細菌的個數，則有

$$N = 100 \cdot 2^t$$

這是一個指數函數（差個 100 之因子），N 是 t 的函數。　■

例3　（利息問題）

本金 1 大元（即一萬元），年利率 100%，求各年末之本利和。

若每年複利 2 次，3 次，乃至 *n* 次，各又如何?

解　我們把答案列成下表:

每年複利次數 ＼ 年末	1	2	3	4	⋯	
1	$1+1$	$(1+1)^2$	$(1+1)^3$	$(1+1)^4$	⋯	……(3)
2	$(1+\frac{1}{2})^2$	$(1+\frac{1}{2})^4$	$(1+\frac{1}{2})^6$	$(1+\frac{1}{2})^8$	⋯	……(4)
3	$(1+\frac{1}{3})^3$	$(1+\frac{1}{3})^6$	$(1+\frac{1}{3})^9$	$(1+\frac{1}{3})^{12}$	⋯	……(5)
⋯	⋯	⋯	⋯	⋯	⋯	
n	$(1+\frac{1}{n})^n$	$(1+\frac{1}{n})^{2n}$	$(1+\frac{1}{n})^{3n}$	$(1+\frac{1}{n})^{4n}$	⋯	……(6)

在 $f(x)=a^x$ 中取 $a=2$, $x=1, 2, 3, \cdots$ 就得到(3)式

取 $a=1+\frac{1}{2}$, $x=2, 4, 6, 8, \cdots$ 就得到(4)式

取 $a=1+\frac{1}{3}$, $x=3, 6, 9, 12, \cdots$ 就得到(5)式

取 $a=1+\frac{1}{n}$, $x=n, 2n, 3n, 4n, \cdots$ 就得到(6)式

換言之，本金 1 大元，年利率 100%，一年複利 *n* 次，則一年末的本利和為 $(1+\frac{1}{n})^n$ 元。現在想像，讓 *n* 越來越大，乃至趨近於無窮大（記成 $n \to \infty$），一年末的本利和就是極限值

$$\lim_{n \to \infty}(1+\frac{1}{n})^n = e = 2.71828 \cdots$$

這表示連續複利（即無時無刻不複利），一年末的本利和大約是 2.71828 元，還不到 3 大元。*e* 是一個無理數，它涉及到許多美妙的數學。等到以後講述微積分時，我們再細談 ∎

以 e 為底數之指數函數

$$y = f(x) = e^x, \ x \in \mathbb{R}$$

叫做**自然指數**函數；以 e 為底數的對數函數

$$y = g(x) = \log_e x, \ x > 0$$

叫做**自然對數**函數，通常我們簡記成

$$y = g(x) = \ln x, \ x > 0$$

所謂「自然」是指，對於微積分的演算而言，很簡潔之意。

例 4　馬爾薩斯 (T. R. Malthus) 說，人口成長呈幾何數列，糧食的成長呈算術數列。表成式子為

人口：$\alpha, \ \alpha r, \ \alpha r^2, \ \alpha r^3, \ \cdots, \ \alpha r^n, \ \cdots \ (\alpha > 0, \ r > 1)$

糧食：$\beta, \ \beta + d, \ \beta + 2d, \ \beta + 3d, \ \cdots, \ \beta + nd, \ \cdots \ (\beta > 0, \ d > 0)$

馬爾薩斯的論點是，只要 n 夠大，不論 $\beta, \ d$ 多大，αr^n 終究要超過 $\beta + nd$（以後再證明），即指數型成長終究要趕過算術型成長。故人類終究要鬧饑荒，這是馬爾薩斯對人類悲觀的理由。

（註：臺灣人口每年的增加率約為 2%，故 $r = 1.02$。）

現在來考察指數函數的圖形。先考慮簡單的例子

$$y = 2^x$$

列出下表：

x	-3	-2	$-\dfrac{3}{2}$	-1	$-\dfrac{1}{2}$	0	1	$\dfrac{3}{2}$	2	$\dfrac{5}{2}$	3	$\cdots$
y	$\dfrac{1}{8}$	$\dfrac{1}{4}$	$\dfrac{1}{2\sqrt{2}}$	$\dfrac{1}{2}$	$\dfrac{1}{\sqrt{2}}$	1	2	$2\sqrt{2}$	4	$4\sqrt{2}$	8	$\cdots$

將這些點在平面直角坐標系上畫出，再連成平滑曲線，就得到 $y=2^x$ 的圖形，如圖 3–1：

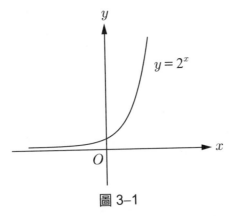

圖 3–1

同樣，當 $a>1$ 時，$y=a^x$ 的圖形形貌亦如上形：當 x 越大時，y 也越大，當 x 越小時，y 越趨近於 0。我們對不同的 a 作出 $y=a^x$ 的幾個圖形供讀者參考，如圖 3–2：

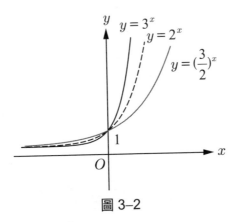

圖 3–2

其次，當 $0 < a < 1$ 時，由於 x 越大時，a^x 越小，而 x 越小時，a^x 越大，故 $y = a^x$ 的圖形如圖 3–3：

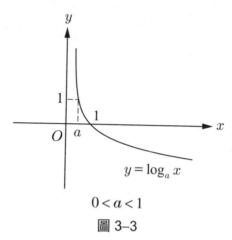

$0 < a < 1$

圖 3–3

我們把指數函數的一些基本性質綜述成如下的定理，這些性質都是很簡明易懂的，故我們省略掉證明。

定　理

設 $a > 0$ 且 $a \neq 1$，則指數函數 $f(x) = a^x$ 具有下列性質：

(1) f 的定義域為 $\mathbb{R}$，值域為 $\mathbb{R}_+ = (0, \infty)$。

(2) 對任意 $b > 0$，必存在唯一的 x 使得 $a^x = b$。

(3) 當 $a > 1$ 時，$x > y \Rightarrow f(x) > f(y)$。

(4) 當 $0 < a < 1$ 時，$x > y \Rightarrow f(x) < f(y)$。

> ### 定　義
>
> 對於任一個函數 g，若滿足
>
> $$x > y \Rightarrow f(x) \ge f(y)$$
>
> 則稱 g 為**遞增**的。若滿足
>
> $$x > y \Rightarrow f(x) \le f(y)$$
>
> 則稱 g 為**遞減**的。把上述兩個條件中的等號去掉，就分別稱 g 為**絕對遞增**與**絕對遞減**。

　　根據定理的(3)與(4)，我們看出指數函數 $y = a^x$，當 $a > 1$ 時，為一個絕對遞增函數；當 $0 < a < 1$ 時，為一個絕對遞減函數。

例 5　解方程式 $9^x = 3^x + 72$。

解　$9^x = (3^2)^x = (3^x)^2$，令 $3^x = A$，則原方程式變成

$$A^2 = A + 72$$

即 $A^2 - A - 72 = 0$，$\therefore (A - 9)(A + 8) = 0$，得 $A = 9$ 或 $A = -8$

今因 $A = 3^x > 0$，故 $3^x = 9 = 3^2$，從而 $x = 2$　∎

例 6　解不等式 $2^{2x-1} > 64$。

解　$$2^{2x-1} > 2^6$$

今因 $2 > 1$，以 2 為底的指數函數是絕對遞增的，

故 $2x - 1 > 6$，於是 $x > \dfrac{7}{2}$　∎

本節提要

(1)指數函數：

$$y = f(x) = a^x,\ a > 0,\ a \neq 1,\ x \in \mathbb{R}$$

(2)指數函數的圖形形貌？討論 $a > 1$ 與 $0 < a < 1$ 兩種情形。

(3)何謂一個函數的（絕對）遞增（減）？

(4)有那些現象可用指數函數來描述？

習　題　3-3

1. 設 $f(x) = a^x + a^{-x}$，試證

$$f(x+y)f(x-y) = f(2x) + f(2y)$$

2. 解方程式：

(1) $2^{x+1} = 64$

(2) $9^x - 28 \times 3^x + 27 = 0$

(3) $(\frac{1}{2})^{2x} < (\frac{1}{2})^{x^2}$

(4) $4^x + 2^x > 2$

3. 設 $a^{2x} = 5$，試求 $\dfrac{a^{3x} + a^{-3x}}{a^x + a^{-x}}$ 之值。

4. 下面那些函數是遞增的？遞減的？絕對遞增的？絕對遞減的？

(1) $y = f(x) = x^3$

(2) $y = f(x) = x^2$

(3) $y = f(x) = x + 2$

(4) $y = f(x) = -x + 1$

3–4 對數函數及其圖形

甲、對數函數及其性質

在第三節裡我們已經學過，對於一個不等於 1 的正實數 a，我們可以定義指數函數

$$y = f(x) = a^x \tag{1}$$

其定義域為 $\mathbb{R}$，值域為 $\mathbb{R}_+ = (0, \infty)$。另外，在上一節我們也介紹過 $y = a^x$ 與 $x = \log_a y$ 是等價的，亦即

$$x = \log_a y \Leftrightarrow y = a^x$$

我們稱

$$x = \log_a y \tag{2}$$

為以 a 為底之**對數函數**。

一般的記號習慣是用 x 當獨立變數，y 當應變數，故我們將(2)式改寫成

$$y = \log_a x \tag{3}$$

此式才是道地的對數函數，它跟 $a^y = x$ 是等價的。換句話說，指數函數將 $y \in \mathbb{R}$ 對應到 $a^y = x \in \mathbb{R}_+$，而對數函數將 $x = a^y \in \mathbb{R}_+$ 對應到 $\log_a x = y \in \mathbb{R}$。兩者恰好是一來一往的對應關係。具有這種關係的兩個函數，叫做互為**反函數**。換言之，指數函數是對數函數的反函數，而對數函數亦為指數函數的反函數。當然，這是在底數相同的情況下而言的。

由第三節定理，指數函數的性質，可以得到對數函數的性質：

定 理

設 a 為不等於 1 之正實數，則以 a 為底之對數函數

$$y = f(x) = \log_a x$$

具有下列性質：

(1)定義域為 $\mathbb{R}_+ = (0, \infty)$，值域為 $\mathbb{R}$。

(2) $f(1) = 0, f(a) = 1$。

(3)當 $a > 1$ 時，f 為絕對遞增函數；

　當 $0 < a < 1$ 時，f 為絕對遞減函數。

乙、對數函數的圖形

我們可用描點的辦法把對數函數的圖形列於圖 3–4：

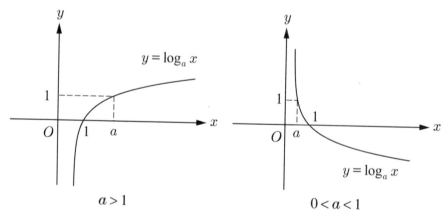

圖 3–4

隨堂練習　作 $y = \log_2 x$ 及 $y = \log_{\frac{1}{2}} x$ 之圖形。

3–5　常用對數表及內插法

　　常用對數表顧名思義就是對各正數 N，把 $\log_{10} N$ 的數值編列成表格，以便查閱的一種設計。顯然，我們無法列出所有數的對數表，因為數有無窮多，我們沒有那麼大的表格，而且也不必要！實際上，我們只須列出一個相當細密的對數表，那麼對於表上查不到的數值再用對數定律和內插法來補救，這樣在一般實用計算上就已經很夠用了。本節我們要詳細的介紹對數表的構成以及內插法的意義，希望讀者知道它們的使用方法。這在實際計算上非常有用，讀者務必要弄明白！

　　我們編製任何表格當然都希望它既精簡又實用。現在我們就來研究，如何利用對數的性質編製一個精簡而實用的對數表。先看一些例子：我們知道，利用科學記號可以將 1, 10, 100, 1000 及 0.1, 0.01, 0.001 表成

$$
\begin{aligned}
1 &= 10^{0} & 0.1 &= 10^{-1} \\
10 &= 10^{1} & 0.01 &= 10^{-2} \\
100 &= 10^{2} & 0.001 &= 10^{-3} \\
1000 &= 10^{3} &
\end{aligned}
$$

再將這些用指數表式的數，用常用對數列出，得到

$$
\begin{aligned}
\log 1 &= 0 & \log 0.1 &= -1 \\
\log 10 &= 1 & \log 0.01 &= -2 \\
\log 100 &= 2 & \log 0.001 &= -3 \\
\log 1000 &= 3 &
\end{aligned}
$$

編製對數表需要用到下面的特性，即常用對數 $\log x$ 是遞增函數：

> **定 理**
>
> 正數 x 越大，則 $\log x$ 也越大，也就是說當 $x > y > 0$ 時，$\log x > \log y$。

證明 設 $M = \log x$, $N = \log y$，則 $x = 10^M$, $y = 10^N$。今由假設 $x > y$，得知 $10^M > 10^N$，從而得 $M > N$，亦即 $\log x > \log y$。這個結果告訴我們，越大的數取常用對數，其值也越大。換言之，$\log x$ 會隨著 x 的增大而增大 ■

因為 $\log 1 = 0$, $\log 10 = 1$，故介於 1 與 10 之間的數，取常用對數，所得的值必介於 0 與 1 之間。同理，介於 10 與 100 之間的數，取常用對數，所得的值必介於 1 與 2 之間，等等。

顯然，取一個數的常用對數所得的值，一般說來往往不是一個整數。例如，我們知道 $10^{0.734} = 5.42$，故 $\log 5.42 = 0.734$，於是

$$\log 54.2 = \log(10 \times 5.42) = \log 10 + \log 5.42$$
$$= 1 + 0.734 = 1.734$$
$$\log 542 = \log(100 \times 5.42) = \log 100 + \log 5.42$$
$$= 2 + 0.734 = 2.734$$
$$\log 0.542 = \log(10^{-1} \times 5.42) = -1 + 0.734 = -0.266$$

隨堂練習 求 $\log 5420$, $\log 5.42$, $\log 0.0542$, $\log 0.00542$ 的值。

（註：在對數計算時，我們通常寫 $\log 0.542 = -1 + 0.734$ 而不是 -0.266。）

上面的例子告訴我們，每個正數的對數值含有兩部分：整數部分與小數部分，整數部分可以是負的，而小數部分總在 0 與 1 之間。我們稱

整數部分為對數的**首數**，小數部分為**尾數**。例如 $\log 542 = 2.734$，所以 2 為 $\log 542$ 的首數，0.734 為 $\log 542$ 的尾數。$\log 0.00542$ 的首數為 -3，尾數為 0.734。

我們採用常用對數的理由，就是因為我們慣用十進位法：由上面 $\log 5.42, \log 54.2, \log 542 \cdots$ 等例子，我們看出下面的重要結論：對於任意整數 n（可正可負）形如 5.42×10^n 的數，取其常用對數，所得的首數為 n，而尾數都相同！

隨堂練習 對於其他的底數，這個結論對不對？

今因 5.42×10^n, $n = \cdots -2, -1, 0, 1, 2 \cdots$ 的有效數字都是 5, 4, 2，而且順序也相同！故一個對數的尾數，由它的有效數字及其順序完全確定。換句話說：

對於具有相同有效數字的任意正數，取其常用對數，所得的尾數都相同。

例 1 (1) $\log 1 = 0.0000, \log 10 = 1.0000, \log 10000 = 4.0000$。

(2) $\log 2 = 0.3010, \log 20 = 1.3010, \log 2000000 = 6.3010$。

(3) $\log 6.75 = 0.8293, \log 675 = 2.8293, \log 675000 = 5.8293$。

我們都知道，任意正數都可以用科學記號表成一個介於 $1.000 \cdots$ 到 $9.999 \cdots$ 之間的數乘以 10 的某一乘冪。因此，若 m 為一正數，那麼 m 可以寫成 $m = d \times 10^n$，其中 $1 \le d < 10$，並且 n 為一整數。再由對數定律得

$$\log m = \log(d \times 10^n)$$
$$= \log 10^n + \log d$$
$$= n + \log d$$

因為 d 介乎 1 到 10 之間，故 $0 \le \log d < 1$，所以 n 為首數，而 $\log d$ 為尾數。由此可知，某一正數的對數，其首數可用視察法很快看出：**將該數用科學記號表出，那麼其指數就是首數**。因此，首數不必列在對數表上，只須列出尾數 $\log d$ 來就好了。也就是說，只須列出 1 到 10 之間的數之常用對數表即可，所以以後要求某數的對數時，第一步是先用視察法確定該對數的首數，第二步再由對數表查出尾數，相加起來就是答案了。總之，對數表實際上只是一個尾數表而已。

另外，由於具有相同有效數字的正數，取常用對數所得的尾數都相同，而跟該正數的小數點無關！所以我們連小數點都不用考慮，而只須對有效數字所組成的數作出尾數表就好了。還是用實例來說明：我們不必列 $\log 542$，或者 $\log 0.0542$，只須列出 $\log 5.42$，可是對數表上連 5.42 的小數點都不寫。

總結上述：我們原先的目的是想編製所有正數的常用對數表，但是這可化約成只編製 1 到 10 之間的數之對數表就好了。然而，1 到 10 之間的數有無窮多，我們無法全部列出它們的對數來。我們在書末的附表採用 0.001 的間隔來列表，也就是說，我們要把 1.000, 1.001, 1.002, …, 3.000, 3.001, …, 9.999, 10.000 的常用對數編成表格。這樣做出的表格，我們就說它的細密度為 0.001。更進一步，連小數都不用考慮，我們只須作出 1000, 1001, 1002, …, 3000, 3001, …, 9999, 10000 的常用對數之尾數表就好了。

現在讓我們取出表中的一小段來說明它的用法：

表 3-1　log N 表（取到小數點以下五位）

N	L	0	1	2	3	4	5	6	7	8	9
310	49	136	150	164	178	192	206	220	234	248	262
311		276	290	304	318	332	346	360	374	388	402
312		415	429	443	457	471	485	499	513	527	541
313		554	568	582	596	610	624	638	651	665	679
314		693	707	721	734	748	762	776	790	803	817
315		831	845	859	872	886	900	914	927	941	955
316		969	982	996	*010	*024	*037	*051	*065	*079	*092
317	50	106	120	133	147	161	174	188	202	215	229
318		243	256	270	284	297	311	325	338	352	365
319		379	393	406	420	433	447	461	474	488	501
320		515	529	542	556	569	583	596	610	623	637

（註：我們把四位數之前三位列在 N 下方的縱欄，而最後的個位數字列在 N 右方的橫欄。其次，我們所列的是五位對數表，其中前面兩位有許多都相同，我們就把它提放在 L 下方的縱欄。）

　　例如，我們要求 $\log 3124$ 的尾數，我們就在上表 N 的下方找到 312 所在的橫欄，其次找個位數字 4 所在的縱欄，於是看出縱橫兩欄的交會處的數值為 471，再湊上前兩位 49，因此，得到 $\log 3124$ 的尾數為 0.49471，由視察法立即看出 $\log 3124$ 的首數為 3，所以 $\log 3124 = 3.49471$，這就是我們所要的答案！再舉個例子：

例 2　求 $\log 3.190$ 的值。

解　　我們說過，小數點並不影響對數的尾數！因此我們暫時不用理會小數點，先查出 $\log 3190$ 的尾數，得到 0.50379，但是 $\log 3.190$ 的首數為 0，故 $\log 3.190 = 0.50379$ ■

　　讓我們再來解釋表 3-1 中所出現的星號「＊」，這完全是為了節省空間而設計的。例如，我們要求 log 3168，查表我們發現 316 所在的橫欄跟 8 所在的縱欄之交會處是 ＊079，這表示我們已將尾數的頭兩位數字從 049… 移至 0.50…，因此 log 3168 的尾數為 0.50079。其次再由視察法看出其首數為 3，所以 log 3168 = 3.50079。今後你看對數表，就應該像看到火車或汽車時刻表一樣的自在！

例 3　求 log 32 及 log 31300 的值。

解　(1)查 log 3200 的尾數為 0.50515，但 log 32 的首數為 1

　　　　所以 log 32 = 1.50515

　　　(2)查 log 3130 的尾數為 0.49554，但 log 31300 的首數為 4

　　　　所以 log 31300 = 4.49554　　　　　　　　　　　■

隨堂練習　試求下列各數的對數值：

　　　　　(1) 3103　　　　　(2) 313.6　　　　　(3) 310

　　　　　(4) 31160　　　　(5) 318200　　　　(6) 3167

　　　　　(7) 31.63　　　　(8) 31　　　　　　(9) 3.1

例 4　求 log(0.003148) 的值。

解　查 log 3148 的尾數為 0.49803，但 log(0.003148) 的首數為 −3

　　　所以 log(0.003148) = −3 + 0.49803 = −2.50197　　　　　■

隨堂練習　試求下列各數的對數值：

　　　　　(1) 0.003122　　　(2) 0.03196　　　(3) 0.3144

　　　　　(4) 0.03167　　　　(5) 0.3171　　　　(6) 0.003185

　　　　　(7) 0.00000319　　(8) 0.03105　　　(9) 0.003162

對數表除了供給我們查對數值之外，另外一個很重要的用途是已知某數的對數值，反求出該數來（這叫做**反對數**）。例如，已知某數 N 的對數為 $\log N = 1.49178$，我們要求出 N，方法是先由尾數 49178 查出 N 的有效數字為 3103，再由首數 1 來決定小數點的位置，得到 $N = 31.03$。

例 5　求 $\dfrac{75.282\pi}{[(6.754) \times (0.38949) \times (0.01217)]} = N$ 的值。

解　設 $M = $ 分子，$D = $ 分母。查表得

$$\begin{aligned}
\log 75.282 &= 1.87669 \\
+) \ \log 3.1416 &= 0.49715 \\
\hline
\log M &= 2.37384
\end{aligned}$$

$$\begin{aligned}
\log 6.754 &= 0.82956 \\
\log 0.38949 &= 0.59050 - 1 \\
+) \ \log 0.01217 &= 0.08529 - 2 \\
\hline
\log D &= 1.50535 - 3
\end{aligned}$$

$$\begin{aligned}
\therefore \quad \log M &= 2.37384 \\
-) \ \log D &= 1.50535 - 3 \\
\hline
\log N &= 0.86849 + 3 \\
&= 3.86849
\end{aligned}$$

$$\therefore N = 7387.3$$

隨堂練習　求下列各式的值：

(1) $\dfrac{576.43 \times 976.52 \times 1.4962}{3.7425 \times 0.0096520 \times 0.017360}$

(2) $\dfrac{57.040 \times 25.936 \times 0.48352}{764.32 \times 97.630 \times 0.0079860}$

最後，我們談一下內插法。任何數值表都有一定的細密度，因此你註定會遇到表上查不到的「漏網之魚」！例如，我們要求 $\log 25.813$，我們在對數表上只能查到 25810 及 25820 的對數之尾數，分別為 41179 與 41196，故 $\log 25.810 = 1.41179$，$\log 25.820 = 1.41196$，而它們的差額為 $1.41196 - 1.41179 = 0.00017$，且 25.820 與 25.810 的差額為 0.01。但是 25.813 比 25.810 大一點，比 25.820 小一點，故 $\log 25.813$ 的值應該介乎 1.41179 與 1.41196 之間，而大約等於多少呢？我們用比例插值的辦法來估算：

$$0.01 \left[\; 0.003 \left[\begin{array}{cc} 25.810 & 1.41179 \\[2ex] 25.813 \longrightarrow & ? \\[1ex] 25.820 & 1.41196 \end{array}\right. \Delta \;\right] 0.00017$$

$$0.003 : 0.01 = \Delta : 0.00017$$

$$\therefore \Delta = \frac{0.003 \times 0.00017}{0.01} = 0.000051 \tag{1}$$

因此 25.813 所對應的對數為 $1.41179 + 0.000051 = 1.41184$（捨去 0.000001），亦即 $\log 25.813 = 1.41184$。這就是我們所要的答案。

上面的辦法，叫做**線性內插法**，簡稱為**內插法**。它有很直覺的幾何意思，今說明如下：

利用平面坐標系，把方程式 $y = \log x$ 的圖形作出，其方法如下，先列出 x, y 相應的值：

x	$\cdots$	$\dfrac{1}{100}$	$\dfrac{1}{10}$	1	2	3	4
y	$\cdots$	-2	-1	0	0.3010	0.4771	0.6020

x	5	6	7	8	9
y	0.6989	0.7781	0.8451	0.9030	0.9542

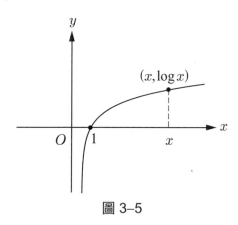

圖 3–5

其次概略把 (x, y) 的點在坐標平面點出，然後連成一平滑的曲線，就得到如圖 3–5 的圖形。

常用對數表對應的列著 x（間隔為 0.001）與 $\log x$ 的值（差個首數），就圖 3–5 看來，就是列著圖形上各點的縱坐標（差個首數）。

現在我們以上面所舉的例子，來說明內插法的幾何意義。我們把圖形放大一點，作出 $y = \log x$ 在 $25.810 \leq x \leq 25.820$ 這一段上的圖形，如圖 3–6。由對數表我們只能求出 $\log 25.810 = 1.41179$ 及 $\log 25.820 = 1.41196$ 的值，即下圖的 $\overline{AF}$ 及 $\overline{CH}$，但現在我們要求 $\log 25.813$ 的值，即求 $\overline{BG}$ 的長度。今因

$$\overline{BG} = \overline{BD} + \overline{DG}$$

並且 $\overline{AF} = 1.41179 = \overline{DG}$，所以

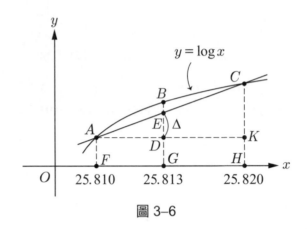

圖 3–6

$$\overline{BG} = \overline{BD} + 1.41179$$

因此我們只要能夠求得 $\overline{BD}$ 即可。但是在一個非常小的範圍內（25.810 到 25.820 之間），$\overline{BD}$ 跟 $\overline{DE}$ 差不了多少，即 $\overline{BD} \approx \overline{DE}$

$$\therefore \overline{BG} \approx \overline{DE} + 1.41179$$

這樣作近似的目的，就是要將不容易算的 $\overline{BD}$ 替換成容易算的 $\overline{DE}$。我們犧牲一點準確性，而換取計算上的方便，這是數學中常用的手段。現在我們計算 $\overline{DE}$ 的長度如下，利用相似三角形的原理。

$$\because \triangle ADE \sim \triangle AKC$$

$$\therefore \frac{\overline{AD}}{\overline{AK}} = \frac{\overline{DE}}{\overline{CK}}$$

但是

$$\overline{AK} = 25.820 - 25.810 = 0.01$$

$$\overline{AD} = 25.813 - 25.810 = 0.003$$

$$\overline{CK} = \overline{CH} - \overline{AF} = 1.41196 - 1.41179 = 0.00017$$

於是

$$\overline{DE} = \frac{\overline{AD} \cdot \overline{CK}}{\overline{AK}} = \frac{0.003 \times 0.00017}{0.01} = 0.000051$$

這就是(1)式。所以 $\log 25.813 = \overline{BG} \approx \overline{DE} + 1.41179 = 1.41184$。

　　總之，內插法的原理是：在一個很小範圍內，x 的微差跟 y 的微差近似地成比例！而用幾何來說就是：在一個很小範圍內，我們用直線取代曲線，不會差到那裡去！這種精神在高等數學中到處可見，希望讀者留意。

　　我們可以說：「內插法是讀數值表兩行之間未標出的數值的藝術」。

　　由於我們都在很小範圍內使用內插法，因此所遇到的對數的首數都相同，故只須考慮尾數的插值就好了。關於此點還是以 $\log 25.813$ 為例來說明，在對數表上我們查得 25810 及 25820 的對數之尾數分別為 41179 與 41196，它們的差額為 $41196 - 41179 = 17$，而 25820 與 25810 的差額為 10。但是 25813 比 25810 大一點，比 25820 小一點，故 $\log 25.813$ 之尾數應該介於 41179 與 41196 之間，大約等於多少呢？由內插法，我們有

$$10 \left[3 \begin{bmatrix} 25810 & & 41179 \\ & & \\ 25813 & & ? \\ 25820 & & 41196 \end{bmatrix} \Delta \right] 17$$

$$3 : 10 = \Delta : 17$$

$$\therefore \Delta = \frac{3 \times 17}{10} = 5.1$$

因此 $\log 25.813$ 的尾數為 $41179 + 5.1 = 41184$ （捨去 0.1）。而今因 $\log 25.813$ 的首數為 1，故 $\log 25.813 = 1.41184$，答案一樣。

今後我們都用尾數作內插法就可以了。

一般的對數表，都附有內插法的比例表。例如對於上例來說，我們就是欲求在尾數相差 17 中，10 份中占 3 份的比例有多少？這只要查對數表中，在比例部分那一欄，找到

$$
\begin{array}{c|c}
 & 17 \\
\hline
1 & 1.7 \\
2 & 3.4 \\
3 & 5.1 \\
4 & 6.8 \\
5 & 8.5 \\
6 & 10.2 \\
7 & 11.9 \\
8 & 13.6 \\
9 & 15.3 \\
\end{array}
$$

就馬上看出 10 份中占 3 份有 5.1，這就是上面我們所求得的 Δ。

例 6 求 $\log 232.464973$ 的值。

解 對一個有效數字多於 5 位以上的數，我們必須先作修整的工作，使其變成 6 位有效數字，再查表及使用內插法。今將 232.464973 修整成 232.465，查表得到：

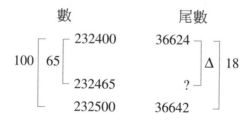

$$\therefore \frac{65}{100} = \frac{\Delta}{18}$$

$$\Rightarrow \Delta = 11.7$$

因此 232465 的尾數為 36624 + 11.7 = 36636。又因 log 232.465 的首數為 2，故 log 232.465 = 2.36636

例 7　求 log 0.012148 的值。

解

36 中 10 份占 2 份有 7.2（因占一份是 3.6，故占 2 份為 7.2），用這種視察法往往算得更快。

因此 log 12148 的尾數為 8458 − 7.2 = 8451。

今因 log 0.012148 的首數為 −2，故 log 0.012148 = 0.8451 − 2

內插法也可以應用到：「已知對數值而反求原數」的情形，也就是求反對數：

例 8　已知 log N = 3.54859，試求 N 的值。

解　在尾數表中，我們找不到 54859，但是我們可以查到 54851 與 54864，相應的數分別為 35360 與 35370。

$$\therefore \frac{\Delta}{10} = \frac{8}{13} \Rightarrow \Delta = 6.2$$

所以尾數 54859 所對應的原數為 $35360 + 6.2 = 35366$（0.2 捨去！）

今因 $\log N$ 的首數為 3，故 $N = 3536.6$ ∎

隨堂練習 求下列各數的對數值：

(1)(a) 268.18   (b) 0.0043356   (c) 21.355

(2)(a) 68.173   (b) 8585.4   (c) 0.13309

(3)(a) 11958   (b) 37.596   (c) 2090.2

隨堂練習 已知 $\log N$ 的值如下，求 N：

(1)(a) 3.20756   (b) $0.29577 - 1$ (c) 1.79652

(2)(a) $0.00309 - 3$ (b) 2.59460   (c) $0.01997 - 4$

本節提要

對於一數 x，可用科學記法寫成

$$x = 10^n \cdot d \quad (1 \le d < 10,\ n \text{ 為整數})$$

或

$$\log x = \log(10^n \cdot d) = n + \log d$$

n 為 $\log x$ 之首數，$\log d$ 為 $\log x$ 之尾數，而對數表只列出其尾數。

對數表有一定的細密度，超過這程度，這需要用內插法。求反對數時，通常也要用內插法。

3-6 指數與對數方程式

這一節我們要來討論，一個方程式中，含有對數或指數的解法，今舉例說明如下：

例 1 試解 $\log(x-1) - [\log(x^2 - 5x + 4)] + 1 = 0$。

解 由對數定律知，原式可以改寫成

$$\log(\frac{x-1}{x^2 - 5x + 4}) = -1$$

亦即 $\frac{x-1}{x^2 - 5x + 4} = 10^{-1} = \frac{1}{10}$

化簡得 $x^2 - 15x + 14 = 0$

$\Rightarrow (x-1)(x-14) = 0$

$\therefore x = 1$ 或 $x = 14$

但是 $x = 1$ 會使 $\log(x-1)$ 沒有意義，故 $x = 1$ 不合，應捨棄。當 $x = 14$ 時，代入原式驗證，適合，故解答為 $x = 14$ ∎

隨堂練習 求解 $\log \sqrt{3x+4} + \frac{1}{2}\log(5x+1) = 1 + \log 3$。

隨堂練習 某數 x 的常用對數的 2 倍，比 $(x + \frac{11}{10})$ 的常用對數大 1，試求 x 的值。

例 2 試解聯立方程式 $\begin{cases} x + y = 29 \cdots\cdots ① \\ \log x + \log y = 2 \cdots\cdots ② \end{cases}$。

解 去掉②式的對數得 $\begin{cases} x + y = 29 \cdots\cdots ③ \\ x \cdot y = 100 \cdots\cdots ④ \end{cases}$

解 1　消去法：為消去 y 而將③式改成

$y = 29 - x \cdots\cdots$ ⑤

再將⑤代入④即可消去 y，得到

$x(29 - x) = 100$

$x^2 - 29x + 100 = 0$

$(x - 25)(x - 4) = 0$

$\therefore x = 25$ 或 $x = 4$

最後由⑤得對應的 $y = 4$ 或 $y = 25$

解 2　由一元二次方程式根與係數的關係知，x, y 正好是下面方程式的兩個根：

$x^2 - 29x + 100 = 0$

$(x - 25)(x - 4) = 0$

$\therefore x = 25$ 或 $x = 4$

驗算知，$x = 25, y = 4$ 或 $x = 4, y = 25$ 都適合原式　∎

隨堂練習　解 $\begin{cases} \log x + \log y = 2 + \log 3 \\ 2x + 3y = 85 \end{cases}$。

例 3　試解 $2^x = 3$。

解　兩邊取對數得

$x \log 2 = \log 3$

$\therefore x = \dfrac{\log 3}{\log 2} = \dfrac{0.4771}{0.3010} = 1.585$　∎

隨堂練習　試解下列方程式：

(1) $5^{2x} = 8$　　(2) $5^{x+1} = 3^{x^2 - 1}$　　(3) $(a^2 - b^2)^x = (\dfrac{a - b}{a + b})^{2x - 1}$

例4 解 $x^{\log x} = 1000x^2$。

解 兩邊取對數得

$(\log x)(\log x) = \log 1000 + 2\log x$

$\therefore (\log x)^2 - 2[\log x] - 3 = 0$

$(\log x - 3)(\log x + 1) = 0$

$\therefore \log x = 3$ 或 $\log x = -1$

$x = 1000$ 或 $x = 0.1$（均適合原式）

隨堂練習 解 $x^{\log x} = 10000$。

習 題 3-6

求解下列方程式：

1. $9^x + 3^x = 12$

2. $2^{x+1} + 4^x = 80$

3. $4^x - 3 \times 2^{x+2} + 32 = 0$

4. $(\log x)^2 = \log x^2$

5. $\log_2 x = \log_x 2$

6. $(\log_3 x)^3 = \log_3 x^4$

第四章　圓與圓錐曲線

　　歐氏幾何（即平面幾何）研究由直尺與圓規所建構出的直線形（如三角形、平行四邊形、多邊形等）與圓的世界。這些圖形雖然簡單，但已含有許多美妙的規律，充滿著妙趣。

　　再複雜一點的圖形就是**圓錐曲線** (conic sections)，最典型的代表是**拋物線、橢圓**與**雙曲線**。這些曲線在大自然中都有實際現象遵循它們，例如：向空中拋石，石頭飛過的軌跡就是拋物線；行星繞太陽運行的軌道為橢圓；用 α 粒子向原子發射，則 α 粒子運行的軌道為雙曲線。

　　事實上，圓與直線屬於同一家族：當圓的半徑趨近於無窮大時，圓就變成直線。圓也屬於圓錐曲線的家族，因為圓的壓扁就是橢圓，亦即圓是橢圓的特例。

4–1　圓及其方程式

　　平面上所有跟一定點 O 等距離的點所成的軌跡，叫做**圓**（見圖 4–1）。定點叫做**圓心**，該距離 r 叫做**半徑**。通常我們是用圓規來作圓的圖形。

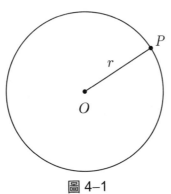

圖 4–1

　　圓的面積為 $A = \pi r^2$，圓周長為 $L = 2\pi r$，其中 π 表示圓周率，大約等於 3.14。這些都是我們在小學時就已很熟悉的。

　　人類文明可以說是大量利用「圓」的文明，車輪子、機器的齒輪……等等都是圓形的，圓可以說是最完美、最對稱的圖形，古希臘人甚至認為天體運動都呈圓形。當克卜勒 (Kepler) 要利用一大堆的天文觀測數據湊出行星繞太陽運動的軌跡時，起先總是擺脫不了圓形的根深蒂固的束縛，最終才發現是橢圓，即圓的壓扁（克卜勒第一定律）（見圖 4–2）。

圖 4–2

　　到目前為止，我們已經很清楚：當我們在平面上建立直角坐標系之後，就可以將某些圖形用方程式表出，反之方程式也有相對應的幾何圖形（或叫軌跡）。例如，一次方程式 $ax + by = c$ 代表平面上一條直線，反之平面上任何一條直線一定是一次方程式。

　　現在我們要問：在平面直角坐標系中，圓的方程式為何？以及什麼樣的方程式之圖形是一個圓？

　　假設圓 Γ 的圓心為 $C = (h, k)$，半徑為 r，點 $P = (x, y)$ 在 Γ 上（見圖 4–3），那麼

$$P \text{ 點與 } C \text{ 點的距離等於 } r$$
$$\Leftrightarrow \sqrt{(x - h)^2 + (y - k)^2} = r \qquad \text{（兩點距離公式）}$$
$$\Leftrightarrow (x - h)^2 + (y - k)^2 = r^2$$

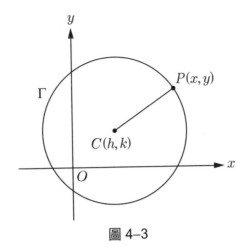

圖 4–3

以 $C = (h, k)$ 為圓心，r 為半徑之圓，其方程式為

$$(x - h)^2 + (y - k)^2 = r^2 \qquad (1)$$

反過來，形如(1)式之方程式，其圖形為一個圓。

推　論

以原點 $(0, 0)$ 為圓心，r 為半徑之圓，其方程式為

$$x^2 + y^2 = r^2 \qquad (2)$$

例 1　求圓心為 $(-3, 4)$，半徑為 6 之圓的方程式。

解　以 $h = -3$, $k = 4$, $r = 6$ 代入(1)式得

$$(x + 3)^2 + (y - 4)^2 = 36$$

展開來得 $x^2 + y^2 + 6x - 8y - 11 = 0$

例 2 以連結兩點 $(2, 4)$ 與 $(4, -1)$ 之線段為直徑作圓，求此圓的方程式。

解 圓心為線段之中點，故其坐標 (h, k) 為

$$h = \frac{2+4}{2} = 3$$

$$k = \frac{4-1}{2} = \frac{3}{2}$$

由兩點距離公式知，圓的半徑 r 為

$$r = \frac{1}{2}\sqrt{(2-4)^2 + (4+1)^2} = \frac{1}{2}\sqrt{29}$$

因此圓的方程式為

$$(x-3)^2 + (y - \frac{3}{2})^2 = \frac{29}{4}$$

作圖如圖 4-4：

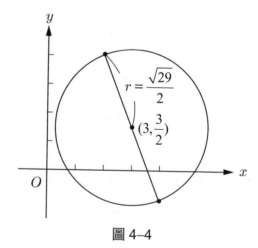

圖 4-4

例 3　有一圓圓心為 $(-1, -2)$ 並且通過點 $(-2, 2)$，求其方程式。

解　由兩點距離公式知，圓的半徑

$$r = \sqrt{(-2+1)^2 + (2+2)^2} = \sqrt{17}$$

故圓的方程式為

$$(x+1)^2 + (y+2)^2 = 17$$ ∎

例 4　有一圓，其圓心為 $(-2, 3)$，並且切於 x 軸，求其方程式。

解　圓的半徑 $r = 3$，故圓的方程式為

$$(x+2)^2 + (y-3)^2 = 9$$ ∎

　　現在我們問：什麼樣的方程式，其圖形為一個圓？先看一個例子，順便複習一下配方法：

例 5　$x^2 + y^2 - 4x + 7y - 8 = 0$ 的圖形是什麼？

解　將原式寫成

$$(x^2 - 4x + \square) + (y^2 + 7y + \square) = 8$$

我們留下適當的空格，在等號兩邊填上 x 項及 y 項的係數的一半之平方得

$$(x^2 - 4x + 4) + (y^2 + 7y + \frac{49}{4}) = 8 + 4 + \frac{49}{4}$$

配成平方

$$(x-2)^2 + (y+\frac{7}{2})^2 = \frac{97}{4}$$

此方程式與圓的標準式比較，可知其圖形為一個圓，以點

$(2, -\frac{7}{2})$ 為圓心，$\frac{1}{2}\sqrt{97}$ 為半徑

根據定理 1 知，只有

$$(x-h)^2 + (y-k)^2 = r^2$$

之形的方程式，其圖形是圓，我們來分析這個式子。將它展開，並且將各項全部移到左邊得到

$$x^2 + y^2 - 2hx - 2ky + h^2 + k^2 - r^2 = 0 \tag{3}$$

這是一個二次方程式。換句話說，圓的方程式必為形如(3)式之二次方程式。但是並非所有的二次方程式之圖形都是圓，例如 $y = x^2$ 是一個二次方程式，但其圖形為一拋物線。

我們注意到(3)式不含 xy 項，且 x^2 與 y^2 項的係數相等（皆為 1），故(3)式可以寫成

$$x^2 + y^2 + Dx + Ey + F = 0 \tag{4}$$

反過來，形如(4)式之二次方程式，必可經由配方法變形成圓的標準式。

將(4)式重排成

$$(x^2 + Dx + \square) + (y^2 + Ey + \square) = -F$$

配方成

$$(x^2 + Dx + \frac{1}{4}D^2) + (y^2 + Ey + \frac{1}{4}E^2) = \frac{1}{4}D^2 + \frac{1}{4}E^2 - F$$

$$(x + \frac{1}{2}D)^2 + (y + \frac{1}{2}E)^2 = \frac{1}{4}(D^2 + E^2 - 4F) \tag{5}$$

因此我們有如下的結果：

定　理 2

(1) 若 $D^2 + E^2 - 4F > 0$，則(4)式的圖形為以 $(-\frac{1}{2}D, -\frac{1}{2}E)$ 為圓心，

$\frac{1}{2}\sqrt{D^2 + E^2 - 4F}$ 為半徑的一個圓。

(2) 若 $D^2 + E^2 - 4F = 0$，則滿足(5)式的點只有 $x = -\frac{1}{2}D, y = -\frac{1}{2}E$。故

(4)式的圖形只有 $(-\frac{1}{2}D, -\frac{1}{2}E)$ 一點，叫做點圓，這是圓的半徑縮

小為 0 的退化情形。

(3) 若 $D^2 + E^2 - 4F < 0$，則沒有 (x, y) 能滿足(5)式，故(4)式無圖形，這

種情形我們稱(4)式的圖形為虛圓。

例 6　試證方程式 $x^2 + y^2 - 4x + 8y - 5 = 0$ 的圖形為一圓。

證明　將原方程式改寫成

$$(x^2 - 4x) + (y^2 + 8y) = 5$$

再配方得

$$(x^2 - 4x + 4) + (y^2 + 8y + 16) = 25$$

即

$$(x-2)^2 + (y+4)^2 = 25$$

將此式與(1)式比較，得知其圖形為一圓，圓心為 $(2, -4)$，半徑為 5（請你作出其圖形）

總結上述，我們得知：圓的方程式必形如(4)式；反之，當 $D^2 + E^2 - 4F > 0$ 時，(4)式的圖形為一圓。

由 $D^2 + E^2 - 4F$ 可判別(4)式所代表的是實圓，點圓或虛圓，故我們稱此式為**圓方程式的判別式**。

由平面幾何知，平面上不共線的相異三點可以唯一決定一圓。事實上，我們只要將這三點連結成一三角形，以這三角形的外心（三邊垂直平分線的交點）為圓心，以外心到一頂點的距離為半徑，就可以作出通過這三點的圓（見圖 4-5）。

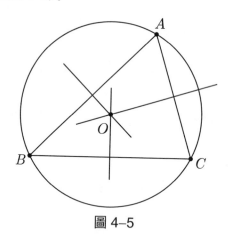

圖 4-5

（註：⑴相異兩點就可以唯一決定一直線；

　　⑵三角形的外心正好是外接圓的圓心，因以名之。）

例7　求過 $A(0, 1)$, $B(0, 6)$, $C(3, 0)$ 三點的圓的方程式。

解　由上面的論述，我們可以假設所求的圓之方程式為

$$x^2 + y^2 + Dx + Ey + F = 0$$

今 A, B, C 三點既然都在圓上，其坐標必能滿足上式。將 A, B, C 的坐標分別代入上式得到聯立方程式：

$$\begin{cases} 1 + E + F = 0 \cdots\cdots ① \\ 36 + 6E + F = 0 \cdots\cdots ② \\ 9 + 3D + F = 0 \cdots\cdots ③ \end{cases}$$

我們在國中已學過二元一次聯立方程式的解法是消去法(包括代入消去法或加減消去法，統稱為高斯算則)。今由②減去①得

$$5E + 35 = 0$$

解得 $E = -7$，代入①得

$$1 - 7 + F = 0$$

故 $F = 6$，代入③得

$$9 + 3D + 6 = 0$$

解得

$$D = -5$$

故所求之圓的方程式為

$$x^2 + y^2 - 5x - 7y + 6 = 0$$

其圓心為 $(\frac{5}{2}, \frac{7}{2})$

半徑 $r = \frac{5}{2}\sqrt{2}$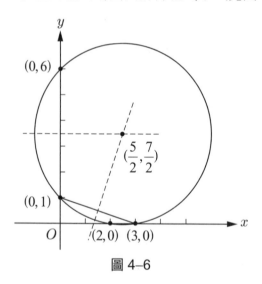

（註：解這個問題，一開始我們也可以假設圓的方程式為 $(x-h)^2 + (y-k)^2 = r^2$，

然後再決定 h, k, r。）

　　另外，上例也可以用如下的解析幾何步驟來做：

⑴求連結 (0, 1) 與 (0, 6) 的線段之垂直平分線，

⑵對連結 (0, 1) 與 (3, 0) 的線段作同樣的事情，

⑶求上述兩垂直平分線的交點，這就是圓心為 $(\frac{5}{2}, \frac{7}{2})$，

⑷求圓心到三點中任一點的距離，得半徑為 $\frac{5}{2}\sqrt{2}$，

⑸有了圓心與半徑，立即就可寫出圓的方程式了（見圖 4–6）。

圖 4–6

隨堂練習　試求通過三點 $(-3, 4)$, $(4, 5)$, $(1, -4)$ 的圓之方程式。

例 8　一圓通過 $A = (0, -3)$ 與 $B = (4, 0)$ 兩點，並且圓心在直線 $x + 2y = 0$ 上，試求其方程式。

解　本題利用例 7 的辦法來做亦可，不過現在我們要假設圓的方程式為

$$(x - h)^2 + (y - k)^2 = r^2$$

而下手來做這個問題。因 A, B 均在圓上，故其坐標必滿足上式，即

$$\begin{cases} h^2 + (-3 - k)^2 = r^2 \\ (4 - h)^2 + k^2 = r^2 \end{cases}$$

又圓心 (h, k) 在 $x + 2y = 0$ 上，故 $h + 2k = 0$

解上面三式的聯立方程式得

$$h = \frac{7}{5}, \ k = -\frac{7}{10}, \ r = \frac{\sqrt{29}}{2}$$

因此所求之圓的方程式為

$$x^2 + y^2 - \frac{14}{5}x + \frac{7}{5}y - \frac{24}{5} = 0$$

或

$$5x^2 + 5y^2 - 14x + 7y - 24 = 0$$

例 9　用解析幾何的辦法證明內接於一個半圓的角必是直角。

解　取半徑為 r，圓心在原點，直徑自點 $A = (-r, 0)$ 到 $B = (r, 0)$，點 $P(x, y)$ 在圓上，則 $\angle APB = ?$

$\overline{PA}$ 之斜率為

$$\frac{(0-y)}{(-r-x)} = \frac{+y}{x+r}$$

$\overline{PB}$ 之斜率為

$$\frac{(0-y)}{(r-x)} = \frac{-y}{r-x}$$

此兩斜率相乘得

$$\frac{y}{x+r} \cdot \frac{-y}{r-x} = \frac{y^2}{(x^2-r^2)}$$

今因點 $P(x, y)$ 在圓上，即 $x^2 + y^2 = r^2$，故得

$$\frac{y^2}{x^2-r^2} = \frac{r^2-x^2}{x^2-r^2} = -1$$

換句話說，$\overline{PA}$ 與 $\overline{PB}$ 的斜率相乘積為 -1，因此它們互相垂直（見圖 4–7）

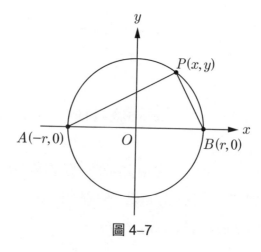

圖 4–7

習 題 4-1

1. 求下列各圓的方程式：

　(1)圓心為 $(2, -1)$，半徑為 3。

　(2)圓心為 $(-3, -4)$，半徑為 5。

2. 求下列各方程式的圖形，並作圖：

　(1) $x^2 + y^2 - 2x + 2y + 2 = 0$

　(2) $2x^2 + 2y^2 + 4x - 5y + 2 = 0$

3. 求由下列各條件所定圓的方程式：

　(1)經過 $(-5, 2), (-3, 4), (1, 2)$ 三點。

　(2)以 $x + 3y + 7 = 0$, $3x - 2y - 12 = 0$ 二直線的交點為圓心，且經過 $(-1, 1)$ 一點。

　(3)以 $(-2, 3), (4, -1)$ 兩點的連線段為直徑。

　(4)經過頂點為 $(a, 0), (b, 0), (0, c)$ 的三角形各邊的中點。

4. 證明下列各動點之點集（圖形）為圓，並求圓心和半徑：

　(1)一動點與 $(3, 0)$ 和 $(-3, 0)$ 二距離的平方和，恆為 68。

　(2)一動點與 $3x + 4y - 1 = 0$ 的距離，常等於與 $(2, 3)$ 的距離平方的一半。

　(3)一動點與 $x + y = 6$ 的距離平方，常等於兩坐標軸與由動點至軸二垂線所成矩形的面積。

　(4)一動點至 $x - 2y = 7$ 與 $2x + y = 3$ 二直線的距離平方和常為 7。

5. 一動點與兩定點的距離平方和為一常數，求證其圖形為圓。

6. 二圓 $x^2 + y^2 - 4x - 2y - 5 = 0$, $x^2 + y^2 - 6x - y - 9 = 0$ 的交點為 A, B，則 $\overline{AB}$ 的長度為何？

7. 直線 $x + y = 3$ 截圓 $(x-1)^2 + (y-1)^2 = 1$ 於兩點，求線段 $\overline{AB}$ 之長。

4-2 圓與直線

由觀察得知，平面上一個圓與一直線的關係位置，不外下面三種情形：(1)直線與圓相離，(2)直線與圓只交於一點，(3)直線與圓交於兩點（見圖 4-8）。

對於第二種情形，即直線與圓只交於一點，我們稱直線與圓相切，並稱直線為該圓的切線。例如圖 4-8 中之 L_3，即為圓的切線。

假設圓的半徑為 r，圓心至直線的距離為 d，則當 $d > r$ 時，直線與圓相離，當 $d = r$ 時，直線與圓相切，當 $d < r$ 時，直線與圓相交於兩點。

將上述的概念用解析幾何的語言來表達：

設 $\Gamma : (x-h)^2 + (y-k)^2 = r^2$ 為一圓，$L : ax + by + c = 0$ 為一直線，則由點線距公式知圓心 $A(h, k)$ 至直線 L 的距離為

$$d(A, L) = \frac{|ah + bk + c|}{\sqrt{a^2 + b^2}}$$

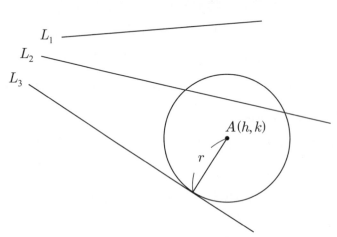

圖 4-8　直線與圓之關係

因此，我們就得到下面的結論：

> **定　理**
>
> (1)當 $d(A, L) > r$ 時，則 Γ 與 L 相離。
>
> (2)當 $d(A, L) = r$ 時，則 Γ 與 L 相切。
>
> (3)當 $d(A, L) < r$ 時，則 Γ 與 L 相交。

例 1　圓 $x^2 + y^2 = 25$ 與直線 $3x - 4y = 20$ 是否相交？

解　將直線 $3x - 4y = 20$ 改成法線式得

$$\frac{3}{5}x - \frac{4}{5}y = 4$$

故圓心 $(0, 0)$ 到直線的距離為 4，今圓的半徑為 5，大於 4，因此直線與圓有兩交點，而且容易求出來。今用 $x = \dfrac{(20 + 4y)}{3}$ 代入圓的方程式得

$$\frac{(400 + 16y^2 + 160y)}{9} + y^2 = 25$$

$$\Rightarrow 25y^2 + 160y + 175 = 0 \Rightarrow 5y^2 + 32y + 35 = 0$$

$$\Rightarrow (y + 5)(5y + 7) = 0 \Rightarrow y = -5 \text{ 或 } y = \frac{-7}{5}$$

從而 $x = 0$ 或者 $\dfrac{24}{5}$，因此兩交點為 $(0, -5)$ 及 $(\dfrac{24}{5}, -\dfrac{7}{5})$　∎

例 2　求與直線 $3x - 2y - 12 = 0$ 相切且圓心為 $(2, -1)$ 之圓的方程式。

解　圓心 $(2, -1)$ 至直線的距離為

$$r = \frac{\left| 3 \times 2 - 2 \times (-1) - 12 \right|}{\sqrt{9 + 4}} = \frac{4}{\sqrt{13}}$$

因此所求圓的方程式為

$$(x-2)^2 + (y+1)^2 = \frac{16}{13}$$

即

$$13x^2 + 13y^2 - 52x + 26y + 49 = 0 \qquad \blacksquare$$

例 3 已知圓 Γ 的方程式為 $x^2 + y^2 - 6x - 8y - 11 = 0$，試求切於圓 Γ 而斜率為 2 的切線方程式。

解 1 將圓 Γ 的方程式配方得 $(x-3)^2 + (y-4)^2 - 36 = 0$，故圓心為 $A(3, 4)$，半徑為 6。今切線 L 的斜率為 2，故可設 L 的方程式為

$$y = 2x + k \quad \text{或} \quad 2x - y + k = 0$$

又 L 與圓 Γ 相切的條件為

$$d(A, L) = \frac{|2 \cdot 3 - 1 \cdot 4 + k|}{\sqrt{2^2 + (-1)^2}} = 6$$

$$\Rightarrow 2 + k = \pm 6\sqrt{5}$$

$$\Rightarrow k = \pm 6\sqrt{5} - 2$$

故切線 L 的方程式為

$$y = 2x \pm 6\sqrt{5} - 2$$

解 2 將 L 的方程式 $y = 2x + k$ 直接代入圓 Γ 的方程式，得

$$x^2 + (2x + k)^2 - 6x - 8(2x - k) - 11 = 0$$

$$\Rightarrow 5x^2 + (4k - 22)x + (k^2 - 8k - 11) = 0$$

因 L 與 Γ 只交於一點（相切），上式有兩相等實根

故判別式為 0, 即

$(4k - 22)^2 - 4 \times 5(k^2 - 8k - 11) = 0$

$\Rightarrow k^2 + 4k - 176 = 0$

$\Rightarrow k = -2 \pm 6\sqrt{5}$

故切線方程式為

$$y = 2x \pm 6\sqrt{5} - 2$$

例 4　設圓 Γ 的方程式為 $x^2 + y^2 + Dx + Ey + F = 0$, 求過一已知切點 $P_0(x_0, y_0)$ 之切線方程式。

解　設圓心為 A。我們可設切線方程式為

$$L : y - y_0 = m(x - x_0) \qquad \text{(點斜式)}$$

其中斜率 m 未定。因 L 垂直於 $\overline{AP_0}$, 而 $\overline{AP_0}$ 的斜率為

$$\dfrac{y_0 + \dfrac{1}{2}E}{x_0 + \dfrac{1}{2}D}$$

故知 L 的斜率

$$m = -\dfrac{x_0 + \dfrac{1}{2}D}{y_0 + \dfrac{1}{2}E}$$

代入 L 的方程式得

$$(y - y_0)(y_0 + \frac{1}{2}E) + (x - x_0)(x_0 + \frac{1}{2}D) = 0 \qquad (1)$$

今因 (x_0, y_0) 在圓 Γ 上，故

$$x_0^2 + y_0^2 + Dx_0 + Ey_0 + F = 0 \qquad (2)$$

將(1)式展開，並利用(2)式的結果化簡得切線方程式為

$$x_0 x + y_0 y + D \cdot \frac{x + x_0}{2} + E \cdot \frac{y + y_0}{2} + F = 0 \qquad \blacksquare$$

例 5 設圓 Γ 的方程式為 $(x - 1)^2 + y^2 = 25$，$P_0 = (-2, 4)$ 為圓上一點，求過 P_0 的切線方程式。

解 仿照例 4，由圖 4–9 知 $\overline{AP_0}$ 的斜率為

$$\frac{4 - 0}{-2 - 1} = -\frac{4}{3}$$

故知切線 L 之斜率為

$$m = \frac{3}{4}$$

由點斜式知切線 L 的方程式為

$$y - 4 = \frac{3}{4}(x + 2)$$

即

$$3x - 4y + 22 = 0$$

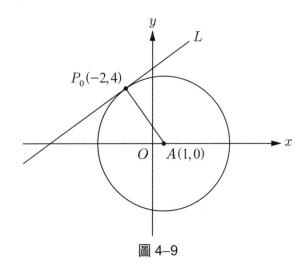

圖 4-9

隨堂練習 已知圓的方程式為 $x^2 + y^2 + 2x + 3y - 13 = 0$，求通過圓上一點 $(1, 2)$ 的切線方程式。

例 6 求圓外一點 $P = (-2, 1)$ 至圓 $\Gamma : x^2 - 10x + y^2 = 0$ 之切線方程式。

解 圓 Γ 可以化成 $(x - 5)^2 + y^2 = 5^2$

即圓心 A 為 $(5, 0)$，半徑為 5

解 1 若 T 為切點，則 $\overline{AT} \perp \overline{PT}$，因此 $\triangle APT$ 為一直角三角形，斜邊為 $\overline{AP}$。因為斜邊中點距直角三角形三頂點等遠，故以

$$B = (\frac{-2 + 5}{2}, \frac{1}{2}) = (\frac{3}{2}, \frac{1}{2})$$

為圓心，以

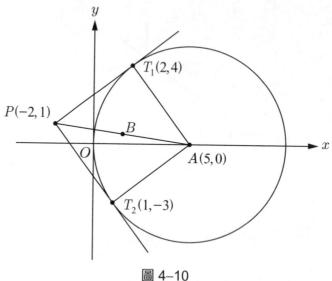

圖 4-10

$$\frac{\sqrt{(-2-5)^2+(1-0)^2}}{2}=\frac{\sqrt{50}}{2}=\frac{5\sqrt{2}}{2}$$

為半徑之圓必通過 T 點，並且此圓的方程式為

$$(x-\frac{3}{2})^2+(y-\frac{1}{2})^2=(\frac{5\sqrt{2}}{2})^2$$

即

$$x^2+y^2-3x-y-10=0$$

解聯立方程式

$$\begin{cases} x^2-10x+y^2=0 \\ x^2+y^2-3x-y-10=0 \end{cases}$$

得

$$x = 2, \ y = 4; \ x = 1, \ y = -3$$

故兩個切點為 $T_1 = (2, 4)$ 及 $T_2 = (1, -3)$

今一條切線通過 $(-2, 1), (2, 4)$

另一條切線通過 $(-2, 1), (1, -3)$

故由兩點式知切線方程式分別為

$$4y - 3x = 10 \quad 及 \quad 3y + 4x = -5$$

解 2　我們可以假設切線方程式為

$$y - 1 = m(x + 2) \qquad\qquad （點斜式）$$

然後再決定 m 的值。將上式變形成

$$mx - y + (2m + 1) = 0$$

由點線距公式得知

$$\frac{|m \times 5 - 1 \times 0 + 2m + 1|}{\sqrt{m^2 + 1}} = 5$$

$$\Rightarrow 12m^2 + 7m - 12 = 0$$

$$\Rightarrow m = \frac{3}{4} \ 或 \ m = -\frac{4}{3}$$

所以切線方程式為

$$y - 1 = \frac{3}{4}(x + 2) \quad 或 \quad y - 1 = -\frac{4}{3}(x + 2)$$

即

$$4y - 3x = 10 \quad 或 \quad 3y + 4x = -5$$

今設 $P = (x_1, y_1)$ 為圓 $\Gamma : (x-h)^2 + (y-k)^2 = r^2$ 外一點，過 P 點作圓 Γ 的切線，切於 Q 點，如圖 4–11。

問：$\overline{PQ}$ 的長度為何？

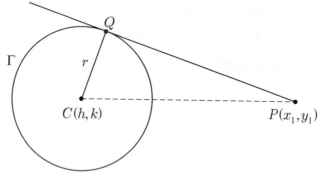

圖 4–11

因為 $\triangle PQC$ 為一直角三角形，由商高（畢氏）定理知

$$\overline{PQ} = \sqrt{\overline{PC}^2 - r^2}$$

今由兩點距離公式知

$$\overline{PC}^2 = (x_1 - h)^2 + (y_1 - k)^2$$

因此

$$\overline{PQ} = \sqrt{(x_1 - h)^2 + (y_1 - k)^2 - r^2} \tag{3}$$

如果圓的方程式為

$$x^2 + y^2 + Dx + Ey + F = 0$$

則(3)式變成

$$\overline{PQ} = \sqrt{x_1^2 + y_1^2 + Dx_1 + Ey_1 + F} \tag{4}$$

例 7　有一圓 $x^2 + y^2 + 2x + y - 3 = 0$ 及圓外一點 $P = (8, 4)$，求 P 到切點 Q 的距離。

解　$\overline{PQ} = \sqrt{8^2 + 4^2 + 2 \cdot 8 + 4 - 3} = \sqrt{97}$ ■

習　題　4-2

1. 求過 $x^2 + y^2 = 1$ 與 $x^2 + y^2 + 2x = 0$ 兩圓交點，且過點 $(3, 2)$ 之圓的方程式。

2. 求過圓 $x^2 + y^2 = 25$ 上之一點 $(3, 4)$ 而與此圓相切之直線方程式。

3. 設圓之方程式為 $x^2 + y^2 = 9$，$(-c, c)$ 為圓上之點，求經過此點的圓之切線方程式。

4. (1) 由點 $A = (1, 3)$ 做圓 $x^2 + y^2 = 5$ 的二切線，求其方程式。

　(2) 設 (1) 的二切點為 P, Q 而 O 為原點，求四邊形 $OPAQ$ 的面積。

5. 直線 $x + y = 3$ 截圓 $(x - 1)^2 + (y - 1)^2 = 1$ 於兩點 A, B。試求線段 $\overline{AB}$ 之中點。

6. 試作方程式 $x^2 + y^2 = |x + y| + |x - y|$ 的圖形，並求此曲線所圍區域的面積。

7. 求方程式 $x \cos \omega + y \sin \omega - \rho = 0$ 所表之直線，與方程式 $x^2 + y^2 = 2ax$ 所表之圓，兩者相切之條件。

8. 求過三直線 $x + 2y = 5, 2x - y = 5, 2x + y + 5 = 0$ 之交點的圓面積。

9. 求圓外 P 點到圓上切點 Q 的距離：

　(1) $x^2 + y^2 + 4x + 6y - 21 = 0, P = (-4, 5)$

　(2) $x^2 + y^2 - 2x + 5y + 7 = 0, P = (-1, -2)$

4–3 拋物線

在日常生活中，我們常見的圖形除了直線與圓（直尺與圓規所能作的圖形）外，也常見到一顆球劃過天際的軌跡，或是海豚躍出水面的軌跡，這些就是所謂的拋物線。

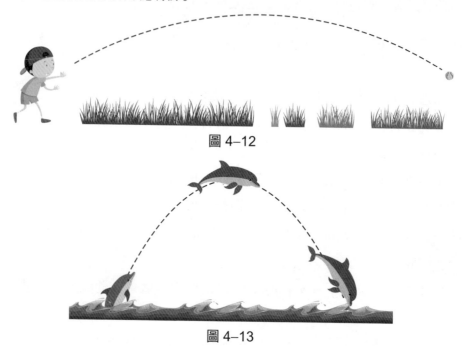

圖 4–12

圖 4–13

什麼是拋物線？

> ### 定　義
>
> 在平面上，跟一定點及一定直線等距的點所成的軌跡（或圖形）叫做拋物線。

如圖 4–14，L 為一定直線，F 為一定點，P 點為距 L 與 F 等距離的動點，其軌跡就是拋物線。

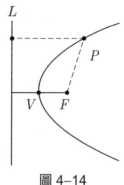

圖 4–14

我們稱定點 F 為**焦點**，定直線 L 為**準線**。從焦點至準線所作垂直線段的中點 V 顯然在拋物線上，因其至焦點與至準線的距離相等。此點 V 稱為拋物線的**頂點**。

　根據上述的定義，我們現在來求出拋物線的方程式，而將幾何轉化成代數，為了方便起見，我們可取坐標系如下：從焦點 F 至準線 L 作一垂線，設垂足為 D。以此垂線為 x 軸，由 D 至 F 的方向作 x 軸的正向，以 $\overline{DF}$ 的中點為原點。參見圖 4–15。設 F 的坐標為 $(p, 0)$, $p > 0$，則 L 的方程式為 $x = -p$。

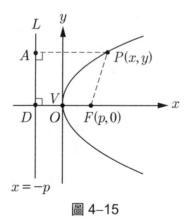

圖 4–15

　再假設 $P = (x, y)$ 為軌跡上任一點，自 P 作 $\overline{PA}$ 垂直 L 於 A，則依題意必有 $\overline{PA} = \overline{PF}$。但

$$\overline{PF} = \sqrt{(x-p)^2 + y^2}$$

$$\overline{PA} = x + p$$

故得 $\sqrt{(x-p)^2 + y^2} = x + p$，平方並化簡得

$$y^2 = 4px \tag{1}$$

這就是拋物線的方程式。

隨堂練習 如果焦點 $F = (0, 0)$，準線為 $x = 2p$，方程式變成怎樣？與 (1)式有什麼關係？

（註：圖 4-15 是表示 $p > 0$ 的情形，而圖 4-16 表示 $p < 0$ 的情形。）

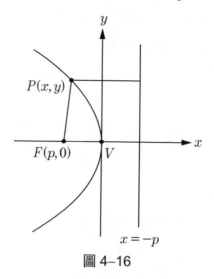

圖 4-16

同理，若焦點為 $F = (0, p)$，準線為 $y = -p$，則拋物線的方程式為（請讀者按上面的步驟導出）

$$x^2 = 4py \tag{2}$$

其圖形如圖 4-17 及 4-18：

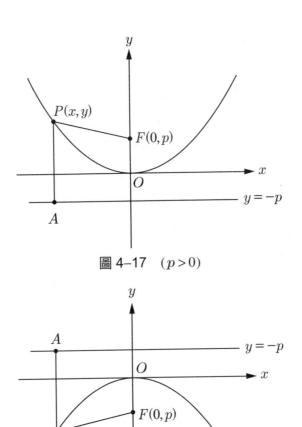

圖 4–17　($p > 0$)

圖 4–18　($p < 0$)

(1)及(2)式稱為拋物線的標準式。綜合上述，我們有如下的結果：

> **定　理**
>
> (1)以 $F = (p, 0)$ 為焦點，$x = -p$ 為準線之拋物線方程式為 $y^2 = 4px$（p 可正，可負）。
>
> (2)以 $F = (0, p)$ 為焦點，$y = -p$ 為準線之拋物線方程式為 $x^2 = 4py$（p 可正，可負）。

　　有關拋物線的要項除了焦點、準線及頂點之外，還有拋物線的軸。首先我們觀察到 $y^2 = 4px$ 的圖形對稱於 x 軸，$x^2 = 4py$ 的圖形對稱於 y 軸；這種拋物線的對稱軸稱為拋物線的軸。

　　拋物線上任意兩點的連線叫做**弦**；過焦點的弦叫做**焦弦**。平行於準線（即與拋物線的軸垂直）的焦弦叫做**正焦弦**（見圖 4–19）。欲求正焦弦的長度，可分別在方程式(1)及(2)中，令 $x = p$，或 $y = p$，則得 $y = \pm 2p$ 或 $x = \pm 2p$，故正焦弦的長度為 $|4p|$，即等於(1)式中 x 的係數或(2)式中 y 的係數之絕對值。

（註：當我們取拋物線的頂點做坐標原點，拋物線的軸做 x 軸或 y 軸時，所得的拋物線方程式最簡單。其他的坐標軸取法，所得之方程式，均較(1), (2)兩式繁。）

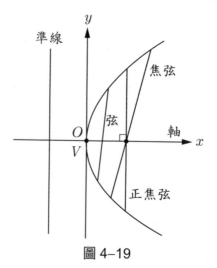

圖 4–19

例 1　試求拋物線 $y^2 = 2x$ 的焦點及準線。

解　　將拋物線化成標準式得

$$y^2 = 4 \cdot \left(\frac{1}{2}\right)x$$

根據定理，得知焦點為 $F = \left(\frac{1}{2}, 0\right)$，準線為 $x = -\frac{1}{2}$　■

例 2　一拋物線之準線為 $y = -3$，焦點為 $F = (0, 3)$，求其方程式。

解　代入(2)式得知此拋物線的方程式為

$$x^2 = 4 \times 3y$$

即

$$x^2 = 12y$$

　　對於不在標準位置的拋物線之方程式，其求法最好按拋物線的定義來作，今舉一些例子說明如下：

例 3　已知拋物線的焦點為 $(4, -2)$，準線方程式為 $x = 1$，求其方程式。

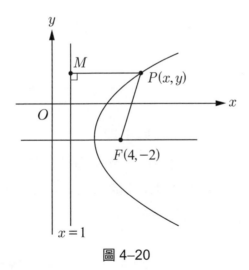

圖 4-20

解　如圖 4-20，依定義

$$\overline{PF} = \overline{PM}$$

但 $\overline{PF} = \sqrt{(x-4)^2 + (y+2)^2}$

$\overline{PM} = x-1$

$\therefore \sqrt{(x-4)^2 + (y+2)^2} = x-1$

平方並化簡得

$$y^2 - 6x + 4y + 19 = 0$$

■

例 4 求以 $(3, 4)$ 為頂點，y 軸為準線之拋物線方程式。

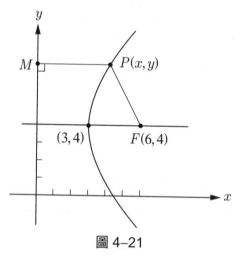

圖 4–21

解 根據拋物線的定義得知，頂點為焦點至準線所作垂直線段的中點。今已知頂點為 $(3, 4)$，準線為 $x = 0$，故焦點為 $F = (6, 4)$（圖 4–21）。由 $\overline{PM} = \overline{PF}$ 得知

$$\sqrt{(x-0)^2 + (y-y)^2} = \sqrt{(x-6)^2 + (y-4)^2}$$

平方化簡得

$$y^2 - 12x - 8y + 52 = 0$$

■

例5　一拋物線的準線方程式為 $x + 2y = 1$，焦點為原點，試求其方程式。

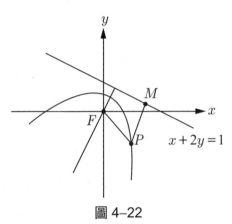

圖 4–22

解　設 $P(x, y)$ 為軌跡上任一點，則由 $\overline{PM} = \overline{PF}$ 得

$$\frac{|x + 2y - 1|}{\sqrt{1^2 + 2^2}} = \sqrt{(x - 0)^2 + (y - 0)^2}$$

平方化簡得

$$4x^2 + y^2 + 2x + 4y - 4xy - 1 = 0$$

習　題　4–3

1. 求作下列各方程式的圖形，定其焦點和準線，並求其正焦弦長。

(1) $y^2 = 12x$ 　　　　　　　　(2) $x^2 = 10y$

(3) $7x + 4y^2 = 0$ 　　　　　　(4) $x^2 + 10y = 0$

2. 試求合於下列各條件的拋物線方程式：

　⑴以 $(3, 4)$ 為頂點，以 y 軸為準線。

　⑵以 $(4, 2)$ 為頂點，以 $(2, 2)$ 為焦點。

　⑶準線方程式為 $y + 3 = 0$，焦點為 $(1, -7)$。

　⑷以 $(0, 0)$ 為頂點，以 y 軸為拋物線的軸，且經過點 $(-4, 5)$。

3. 一動點與 $(3, -4)$ 點的距離，較其至 $x + 5 = 0$ 的距離少 4，試求這動點的軌跡方程式，並作圖。

4. 試求頂點為 $(1, -2)$，焦點為 $(1, -3)$ 的拋物線方程式。

5. 設直線 $y = mx + 2$ 與拋物線 $y^2 = 4x + 4$ 恰有一交點，求 m 之值。

6. 若一拋物線之焦點為 $(3, 3)$，準線方程式為 $x + y = 0$，則其方程式為何？又其頂點坐標為何？

4-4　橢　圓

　　古時候，人類的知識未開，遂有地球中心說，認為宇宙中的星球都繞地球轉動。後經哥白尼、克卜勒及伽利略等人的研究，才發現並不是這回事，原來地球是繞太陽轉動的，並其軌跡不是圓，而是壓扁了的圓——即橢圓。因此要描述天體運動的軌跡，自然就要用到橢圓。這一節，我們就要來探討橢圓的方程式及其性質。

（註：伽利略是近代科學的開路先鋒，他力主「地動說」。這違背了當時的宗教教條，在七十歲的老年，還被判刑並寫悔過書。據說，他朗誦了悔過誓文之後，還喃喃的自語：「地球還是動的！」）

定　義

在平面上，跟兩定點距離的和為一常數的點所成的軌跡（或圖形）叫做橢圓。

　　根據這個定義，我們很容易作橢圓的圖形如下（希望讀者親自做一遍）：在平面上取兩定點 F 及 F'，並在此兩定點插上兩短針繞上一封閉線（如圖 4–23），以筆尖置於 FPF' 封閉線內，拉緊封閉線而移動，如此，則 $\overline{PF} + \overline{PF'}$ 為定長，而點 P 的軌跡便成一個橢圓。

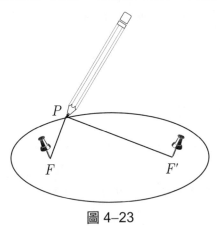

圖 4–23

　　現在我們要來看看橢圓的方程式是什麼樣子。為了方便計算起見，我們取 F 及 F' 兩定點的連線為 x 軸，以 $\overline{FF'}$ 的中點為原點，取定義中所設的常數為 $2a$，則按軌跡的條件有

$$\overline{PF} + \overline{PF'} = 2a$$

又令 $\overline{FF'} = 2c$，則 F 的坐標為 $(c, 0)$，F' 的坐標為 $(-c, 0)$（圖 4–24）。

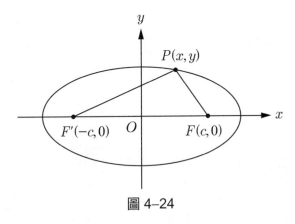

圖 4–24

故 $\overline{PF} = \sqrt{(x-c)^2 + y^2}$

$\overline{PF'} = \sqrt{(x+c)^2 + y^2}$

代入軌跡條件得

$$\sqrt{(x-c)^2 + y^2} + \sqrt{(x+c)^2 + y^2} = 2a$$

將根式 $\sqrt{(x+c)^2 + y^2}$ 移到右邊，再兩端平方，即得

$$a\sqrt{(x+c)^2 + y^2} = a^2 + cx$$

兩端再平方一次，便將根式完全消去，而有

$$(a^2 - c^2)x^2 + a^2 y^2 = a^2(a^2 - c^2)$$

因 $\overline{PF} + \overline{PF'} > \overline{FF'}$，即 $2a > 2c$，或 $a > c$，故 $a^2 - c^2$ 為一正數。因此可設 $a^2 - c^2 = b^2$，則上式即變成：

$$b^2 x^2 + a^2 y^2 = a^2 b^2$$

再以 $a^2 b^2$ 遍除全式得

$$\frac{x^2}{a^2} + \frac{y^2}{b^2} = 1 \qquad\qquad (1)$$

這就是橢圓的標準方程式，它是 x, y 的二次式。反過來，滿足(1)式的點 (x, y)，必定在橢圓上。我們稱 F 及 F' 為橢圓的兩個焦點。

例 1　設一橢圓焦點為 $F = (3, 0)$, $F' = (-3, 0)$，且 $\overline{PF} + \overline{PF'} = 10$，試求橢圓之方程式。

解　$\because \overline{PF} + \overline{PF'} = 2a$，$\therefore 2a = 10$ 即 $a = 5$

又 $2c = \overline{FF'} = 6$，即 $c = 3$

所以 $b^2 = a^2 - c^2 = 25 - 9 = 16$

因此橢圓之方程式為

$$\frac{x^2}{25} + \frac{y^2}{16} = 1$$　∎

　　現在我們來列述有關橢圓的一些術語。在方程式 $\dfrac{x^2}{a^2} + \dfrac{y^2}{b^2} = 1$ 中 $(a > b > 0)$，若以 $-x$ 易 x，或以 $-y$ 易 y，則方程式不變，所以橢圓對於 x 軸及 y 軸都對稱，因而也對於原點對稱，故我們稱 x 軸與 y 軸為橢圓 $\dfrac{x^2}{a^2} + \dfrac{y^2}{b^2} = 1$ 的**對稱軸**，原點為對稱中心（也稱為橢圓的心）。又橢圓在 x 軸上的截距為 $\pm a$，在 y 軸上的截距為 $\pm b$，故橢圓交 x 軸於 $A = (a, 0)$ 與 $A' = (-a, 0)$ 兩點，交 y 軸於 $B = (0, b)$ 與 $B' = (0, -b)$ 兩點（圖 4–25）。這四個交點稱為橢圓的**頂點**。$\overline{AA'}$ 稱為橢圓的**長軸**，$\overline{BB'}$ 稱為橢圓的**短軸**，故長軸的長度為 $2a$，短軸的長度為 $2b$。a 為長軸之半長，b 為短軸之半長，分別叫**半長徑**，**半短徑**。又橢圓的離心率是 $\overline{OF}$ 與 $\overline{OA}$ 的比值。若以 ε 表**離心率**，則 $\dfrac{\overline{OF}}{\overline{OA}} = \varepsilon$。

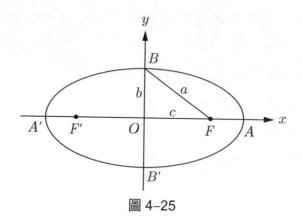

圖 4–25

例 2　求橢圓 $x^2 + 4y^2 = 16$ 的長軸與短軸之長，以及焦點之坐標。

解　將原方程式先化為標準式

得 $\dfrac{x^2}{16} + \dfrac{y^2}{4} = 1$

$\therefore a = 4,\ b = 2$

$\Rightarrow c = \sqrt{a^2 - b^2} = \sqrt{16 - 4}$

$\qquad = \sqrt{12} = 2\sqrt{3}$

因此這個橢圓之長軸為 8，短軸為 4；焦點的坐標為

$$F = (2\sqrt{3},\ 0),\ F' = (-2\sqrt{3},\ 0)$$

例 3　設一橢圓的四個頂點為 $(5, 0)$, $(-5, 0)$, $(0, 3)$, $(0, -3)$，試求其方程式。

解　由題意知，$a = 5,\ b = 3$

故 $\dfrac{x^2}{25} + \dfrac{y^2}{9} = 1$ 為所求之橢圓方程式

綜合上述，我們得到如下的定理：

以原點為中心，兩焦點連線為 x 軸的橢圓，其方程式為 $\dfrac{x^2}{a^2} + \dfrac{y^2}{b^2} = 1$。

這橢圓的長軸長為 $2a$，短軸長為 $2b$。如取 $c^2 = a^2 - b^2$，則兩焦點的坐標為 $(c, 0)$ 及 $(-c, 0)$。

　　如果橢圓的兩焦點在 y 軸上，如圖 4–26，同樣的論證，則可得橢圓的方程式為

$$\frac{x^2}{b^2} + \frac{y^2}{a^2} = 1 \tag{2}$$

式中仍有 $a > b$。(1)式及(2)式稱為橢圓的標準式。$\overline{AA'}$ 為長軸，$\overline{BB'}$ 為短軸，長軸長為 $2a$，短軸長為 $2b$。

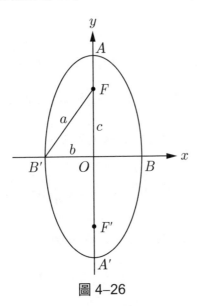

圖 4–26

例 4　求橢圓 $9x^2 + 4y^2 = 36$ 之長、短軸之長及焦點的坐標。

解　化為標準式得

$$\frac{x^2}{4} + \frac{y^2}{9} = 1$$

故 $a = 3,\ b = 2 \Rightarrow c^2 = a^2 - b^2 = 5$

$\therefore c = \sqrt{5}$

因此長軸長為 6，短軸長為 4，焦點的坐標為 $(0,\ \sqrt{5})$ 及 $(0,\ -\sqrt{5})$ ∎

以上我們探究的橢圓都在標準位置上，故其方程式特別簡潔，要不是 $\frac{x^2}{a^2} + \frac{y^2}{b^2} = 1\ (a > b)$，就是 $\frac{x^2}{b^2} + \frac{y^2}{a^2} = 1\ (a > b)$。至於不在標準位置上的橢圓方程式就比較複雜一點，不過恆為二次式。如今我們綜述橢圓的一些性質如下：

(1)由方程式 $\frac{x^2}{a^2} + \frac{y^2}{b^2} = 1\ (a > b)$，可知橢圓在 x 軸上的截距為 $\pm a$。

在 y 軸上的截距為 $\pm b$。兩坐標軸為對稱軸，原點為對稱中心。

(2)將方程式 $\frac{x^2}{a^2} + \frac{y^2}{b^2} = 1$ 分別就 x 與 y 解出得

$$x = \pm \frac{a}{b}\sqrt{b^2 - y^2},\ y = \pm \frac{b}{a}\sqrt{a^2 - x^2}$$

所以 x 的絕對值不能大於 a，而 y 的絕對值不能大於 b；即

$$-a \le x \le a,\ -b \le y \le b$$

(3)如圖 4–25，$\overline{BF}^2 = b^2 + c^2$，但由原設 $c^2 = a^2 - b^2$，即 $a^2 = b^2 + c^2$，因此 $\overline{BF}^2 = a^2$。故知，自焦點至短軸端點的距離，等於長軸的一半。

(4)過任意一焦點，並且與長軸垂直的弦，叫做正焦弦（圖 4–27）。

在方程式 $\dfrac{x^2}{a^2} + \dfrac{y^2}{b^2} = 1$ 中，令 $x = c$，解出 y，即得正焦弦的半長為

$y = \dfrac{b}{a}\sqrt{a^2 - c^2} = \dfrac{b^2}{a}$，故正焦弦的長為 $\dfrac{2b^2}{a}$。

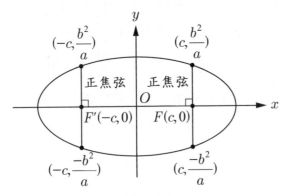

圖 4–27

(5)若以 ε 表離心率，則 $\varepsilon = \dfrac{\overline{OF}}{\overline{OA}} = \dfrac{c}{a}$。因 $\overline{OA} > \overline{OF}$，故 $\varepsilon < 1$。

(6)當 $a = b$ 時，橢圓 $\dfrac{x^2}{a^2} + \dfrac{y^2}{b^2} = 1$ 變成圓 $x^2 + y^2 = a^2$。

習 題 4-4

1.作下列各橢圓方程式的圖，並求焦點和正焦弦之長。

(1) $x^2 + 4y^2 = 16$ (2) $x^2 + 9y^2 = 36$

(3) $25y^2 + x^2 = 25$ (4) $2x^2 = 1 - y^2$

2. 按下列各已知條件，求作以原點為心的橢圓方程式：

  (1) $a = 8$, $b = 4$，焦點在 y 軸上。

  (2) $a = 10$, $c = 6$，焦點在 x 軸上。

  (3) $a = 6$，正焦弦 $= 3$，焦點在 x 軸上。

  (4) $b = 5$，正焦弦 $= 7$，焦點在 y 軸上。

  (5) $a = 5b$，且經過 $(7, 2)$ 一點。

3. 一動點合於下列各條件，試求其軌跡：

  (1) 與 $x = 8$ 的距離，二倍於與 $(2, 0)$ 一點的距離。

  (2) 與直線 $y = -18$ 的距離，三倍於與 $(-2, 0)$ 的距離。

  (3) 與直線 $2y = -15$ 的距離，為與 $(0, -\dfrac{10}{3})$ 距離的 $\dfrac{3}{2}$ 倍。

4. 求與橢圓 $x^2 + 2x + 4y^2 - 3 = 0$ 關於(1)原點，(2) x 軸，(3) y 軸對稱之橢圓方程式。

5. 試求圓 $x^2 + y^2 = 16$ 上各點縱坐標之中點形成之軌跡方程式。

4–5　雙曲線

這一節我們要來研究另外一種軌跡，叫做雙曲線。

定　義

一動點 P 與 F 及 F' 兩定點距離的差為一常數，如此的 P 點所成的軌跡叫做**雙曲線**。這兩定點叫做雙曲線的**焦點**。

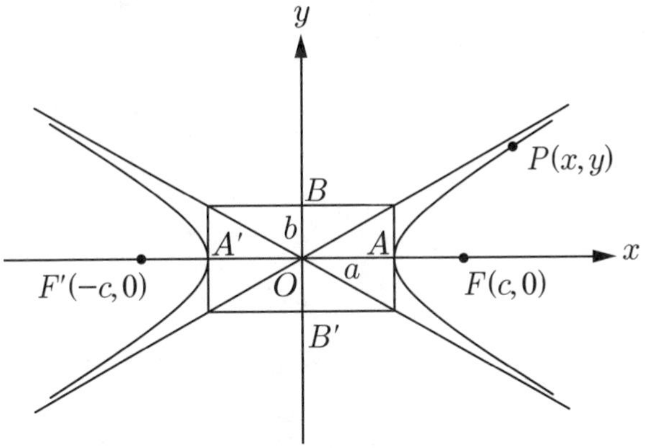

圖 4-28

　　現在我們要先來探求雙曲線的方程式。為此，我們取 F 與 F' 兩定點的連線為 x 軸，以 $\overline{FF'}$ 的中點為原點（這些都是純為了方便而取的）。設 $\overline{FF'} = 2c$，並且設動點至兩焦點之距離差為常數 $2a$，則依定義得知 $\overline{PF'} - \overline{PF} = 2a$，或 $\overline{PF} - \overline{PF'} = 2a$，今兩定點 F 及 F' 的坐標為 $(c, 0)$ 及 $(-c, 0)$，故

$$\overline{PF} = \sqrt{(x-c)^2 + y^2}$$

$$\overline{PF'} = \sqrt{(x+c)^2 + y^2}$$

代入軌跡條件得

$$\sqrt{(x+c)^2 + y^2} - \sqrt{(x-c)^2 + y^2} = 2a$$

或

$$\sqrt{(x-c)^2 + y^2} - \sqrt{(x+c)^2 + y^2} = 2a$$

移項，平方得

$$(\sqrt{(x+c)^2 + y^2})^2 = (2a + \sqrt{(x-c)^2 + y^2})^2$$

或

$$(\sqrt{(x+c)^2 + y^2})^2 = (-2a + \sqrt{(x-c)^2 + y^2})^2$$

兩式合成一式得

$$(x+c)^2 + y^2 = (\pm 2a + \sqrt{(x-c)^2 + y^2})^2$$

整理後得 $a\sqrt{(x-c)^2 + y^2} = \pm(cx - a^2)$。

再平方化簡得

$$(c^2 - a^2)x^2 - a^2 y^2 = a^2(c^2 - a^2) \tag{1}$$

在 $\triangle PFF'$ 中，因 $\left| \overline{PF} - \overline{PF'} \right| < \overline{FF'}$（三角形兩邊之和大於第三邊），故 $2a < 2c$，從而 $c^2 - a^2 > 0$。因此若令 $b^2 = c^2 - a^2$，則(1)式變成 $b^2 x^2 - a^2 y^2 = a^2 b^2$，兩邊同除以 $a^2 b^2$ 得

$$\frac{x^2}{a^2} - \frac{y^2}{b^2} = 1 \tag{2}$$

這就是雙曲線的標準方程式。

（註：雙曲線上的點滿足(2)式，反過來，滿足(2)式的點 $P = (x, y)$，必為雙曲線上的點。）

例 1 設雙曲線的焦點為 $F = (5, 0)$ 及 $F' = (-5, 0)$，並且雙曲線上任意一點到兩焦點距離差為 6，求此雙曲線的方程式。

解 由假設可知 $c = 5$, $a = 3$，故 $b^2 = c^2 - a^2 = 16$

因此所求的方程式為 $\dfrac{x^2}{9} - \dfrac{y^2}{16} = 1$ ■

下面我們來討論雙曲線的一些特性：

(1)由方程式 $\dfrac{x^2}{a^2} - \dfrac{y^2}{b^2} = 1$ 知雙曲線在 x 軸上的截距為 $\pm a$，但 y 軸無

截距，即曲線不與 y 軸相交。以 $-x$ 代 x，或以 $-y$ 代 y，方程式均不變，故雙曲線對於 x 軸、y 軸及原點 O 均對稱，我們稱原點為對稱中心，也稱為雙曲線的**中心**。

將⑵式分別就 x 及 y 解之得

$$x = \pm \frac{a}{b} \sqrt{b^2 + y^2}$$

$$y = \pm \frac{b}{a} \sqrt{x^2 - a^2}$$

由此知 x 的值必不能介於 $-a$ 與 a 之間（否則 y 就變成虛數），而 y 可為任何實數值。x 的絕對值增加時，y 的絕對值也一同增加而不可限量，即 y 的值無界。

設 A, A' 為雙曲線與 x 軸的交點，並稱 $\overline{AA'}$ 為雙曲線的**貫軸**。另在 y 軸上下取截距 $\pm b$，得線段 $\overline{BB'}$，叫做**共軛軸**。（見圖 4-29）

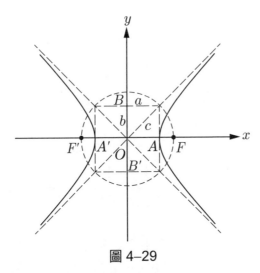

圖 4-29

故貫軸的長度為 $2a$，共軛軸的長度為 $2b$。

綜合上述我們得到下面的結果：

定 理 1

以雙曲線的中心為原點，焦點的連線為 x 軸，則雙曲線的方程式為

$$\frac{x^2}{a^2} - \frac{y^2}{b^2} = 1$$

其貫軸長為 $2a$，其共軛軸長為 $2b$，若令 $c^2 = a^2 + b^2$，則其兩焦點的坐標為 $(c, 0)$ 及 $(-c, 0)$。

⑵對於圖 4–30 的情形，焦點在 y 軸上，仍用前述的記號，則得雙曲線的方程式為

$$a^2 y^2 - b^2 y^2 = -a^2 b^2$$

或
$$\frac{x^2}{b^2} - \frac{y^2}{a^2} = -1 \tag{3}$$

⑵與⑶兩式統稱為雙曲線的範式或標準式。

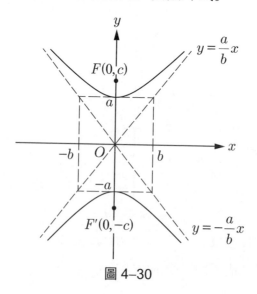

圖 4–30

⑶在圖 4–29 或 4–30 中，$\overline{AB}^2 = a^2 + b^2$（畢氏定理），但 $b^2 = c^2 - a^2$，

即 $c^2 = a^2 + b^2$，因此 $\overline{AB}^2 = c^2$，故得如下的性質：雙曲線貫軸與

共軛軸端點間的距離等於兩焦點間距離的一半。

⑷過焦點而垂直於貫軸的弦叫**正焦弦**（圖 4–31）。在⑵式中，令

$x = c$，而解出 y 得正焦弦的半長為

$$y = \frac{b}{a}\sqrt{c^2 - a^2} = \frac{b^2}{a} \tag{4}$$

故正焦弦的長為 $\dfrac{2b^2}{a}$。

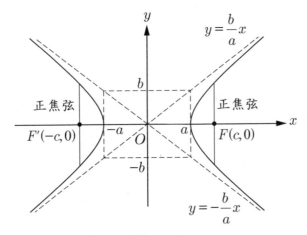

圖 4–31

⑸在雙曲線中，$\overline{OF}$ 與 $\overline{OA}$ 的比值，叫雙曲線的**離心率**，這與橢圓

的情形相同。若以 ε 表離心率，則

$$\varepsilon = \frac{\overline{OF}}{\overline{OA}} = \frac{c}{a} \tag{5}$$

因 $\overline{OF} > \overline{OA}$，故 ε > 1。

例 2 求雙曲線 $9x^2 - 16y^2 = 144$ 的離心率，正焦弦長及焦點。

解 先將原方程式變成標準形

$$\frac{x^2}{4^2} - \frac{y^2}{3^2} = 1$$

故 $a = 4$, $b = 3$, 而 $c^2 = a^2 + b^2 = 25$, $\therefore c = 5$

$\therefore$ 離心率 $\varepsilon = \frac{c}{a} = \frac{5}{4}$

正焦弦的長 $= \frac{2b^2}{a} = \frac{2 \times 9}{4} = \frac{9}{2}$

焦點為 $(-5, 0)$ 及 $(5, 0)$

曲線上的點沿曲線趨於無窮遠時，此點與直線 $ax + by + c = 0$ 的距離趨於 0，則稱此直線為曲線的一條**漸近（直）線** (asymptote)。現在我們要來探求雙曲線的漸近線，有了雙曲線的漸近線，我們要求作雙曲線的圖形就易如反掌了。

今取雙曲線的標準式 $\frac{x^2}{a^2} - \frac{y^2}{b^2} = 1$，則 $\frac{x^2}{a^2} - \frac{y^2}{b^2} = 0$ 表兩直線，即 $bx + ay = x$ 與 $bx - ay = 0$（因式分解），又可寫成 $y = -\frac{b}{a}x$ 與 $y = \frac{b}{a}x$。這兩條直線都經過原點，即其斜率各為 $-\frac{b}{a}$ 與 $\frac{b}{a}$。我們要證明這兩條直線就是雙曲線的漸近線。

定 理 2

雙曲線 $\frac{x^2}{a^2} - \frac{y^2}{b^2} = 1$ 上一點 $P = (x_1, y_1)$ 至直線 $bx - ay = 0$ 的距離為

$$d = \frac{a^2 b^2}{\sqrt{a^2 + b^2} |bx_1 + ay_1|} \qquad (6)$$

證明　點 $P = (x_1, y_1)$ 至直線 $bx - ay = 0$ 的距離為

$$d = \frac{|bx_1 - ay_1|}{\sqrt{a^2 + b^2}} \qquad (7)$$

又因 P 點在雙曲線上，故 $\dfrac{x_1^2}{a^2} - \dfrac{y_1^2}{b^2} = 1$，即 $b^2 x_1^2 - a^2 y_1^2 = a^2 b^2$

分解因式後兩邊除以 $bx_1 + ay_1$，則得

$$bx_1 - ay_1 = \frac{a^2 b^2}{bx_1 + ay_1}$$

代入(7)式則

$$d = \frac{a^2 b^2}{\sqrt{a^2 + b^2}\,|bx_1 + ay_1|} \qquad \blacksquare$$

　　有了這個定理，要證明 $bx - ay = 0$ 為雙曲線的漸近線就好辦了。如圖 4–32，令雙曲線之上之 P 點在第一象限內向無窮遠處移動，故 x_1 及 y_1 均為正，而且趨於無窮大。又 a 與 b 均為正數，所以 $bx_1 + ay_1$ 趨於無窮大，因而 d 趨於零，故 $bx - ay = 0$ 為一漸近線。同理可證 $bx + ay = 0$ 亦為一漸近線。

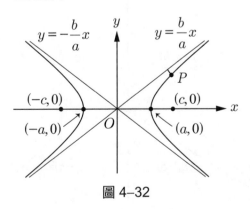

圖 4–32

例 3 求雙曲線 $9x^2 - 4y^2 = 36$ 的漸近線。

解 化為標準式

$$\frac{x^2}{2^2} - \frac{y^2}{3^2} = 1$$

故兩漸近線為

$$\frac{x^2}{2^2} - \frac{y^2}{3^2} = 0$$

即

$$3x - 2y = 0 \quad 與 \quad 3x + 2y = 0$$

由上述我們得到雙曲線 $\dfrac{x^2}{a^2} - \dfrac{y^2}{b^2} = 1$ 的簡便作圖法如下：在含焦點的軸上，取 $\overline{OA} = \overline{OA'} = a$，在另一軸上取 $\overline{OB} = \overline{OB'} = b$，過 A, A', B, B' 四點作坐標軸的平行線，成一長方形。延長其兩對角線，即得兩漸近線，因而對角線的方程式，易知為 $bx - ay = 0$ 與 $bx + ay = 0$。雙曲線的兩支，即與長方形兩邊在 A 和 A' 兩點相切，而漸與對角線相接近，如圖 4–33。

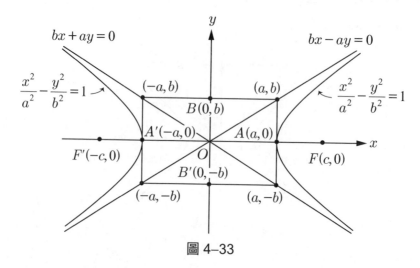

圖 4–33

由此我們易見離心率對雙曲線形態上的影響。設在圖 4–33 中，$\overline{AA'}$ 固定，則因 $\varepsilon = \dfrac{c}{a}$ 即 $c = a\varepsilon$，又因 $b^2 = c^2 - a^2$，故 $b^2 = a^2\varepsilon^2 - a^2$ $= a^2(\varepsilon^2 - 1)$。因此若 ε 漸趨近 1，則 b 也因而減小，故長方形的高 $\overline{BB'}$ 漸減至零，而兩漸近線相合為 x 軸，雙曲線逐漸呈扁化。若 ε 增加，則兩漸近線與 x 軸相離漸遠，而雙曲線逐漸變廣闊。

習　題　4–5

1.作下列各方程式的圖，並求其焦點，離心率的值和正焦弦的長。

(1) $9x^2 - 16y^2 = 144$ 　　　　(2) $x^2 - 8y^2 + 8 = 0$

(3) $x^2 - y^2 = 4$ 　　　　(4) $9x^2 - y^2 + 9 = 0$

(5) $9x^2 - 16y^2 + 144 = 0$ 　　(6) $3x^2 - y^2 = 12$

(7) $9x^2 - 7y^2 = 36$ 　　　　(8) $7x^2 - 7y^2 - 8 = 0$

2.求雙曲線的方程式，其中心為原點 $(0, 0)$，且合於下列各條件之一：

(1) $b = 5$, $c = 8$，焦點在 x 軸上。

(2) $a = 6$, $c = 10$，貫軸與 x 軸相合。

(3) $a = \sqrt{6}$, $c = 6$，共軛軸與 x 軸相合。

(4) $a = 7$，正焦弦 $= 14$，共軛軸與 y 軸相合。

(5) $c = \sqrt{15}$，正焦弦 $= 4$，焦點在 y 軸上。

3.求下列各雙曲線的方程式，其中心為原點，其貫軸，共軛軸與坐標軸相合，且

(1)貫軸與 y 軸相合，而經過 $(0, 4)$ 與 $(6, 5)$ 兩點。

(2)焦點在 x 軸上，而經過 $(2, 0)$ 與 $(\sqrt{11}, -3)$ 兩點。

4.一動點合於下列各條件,試求其軌跡的方程式：與 $(0, 4)$ 一點的距離，$\dfrac{3}{2}$ 倍於至直線 $9y - 16 = 0$ 的距離。

4-6　圓錐曲線

甲、起　源

　　平面上的**拋物線**、**橢圓**、及**雙曲線**合稱**圓錐曲線**，其理由是這些曲線都可以由平面與圓錐面的相截而得到，見圖 4–34。用坐標幾何來看，這些曲線的方程式都是二次的，故也稱為二次曲線。阿波羅尼奧斯（Apollonius）對圓錐曲線的研究，一共寫了八冊書，是個集大成者。

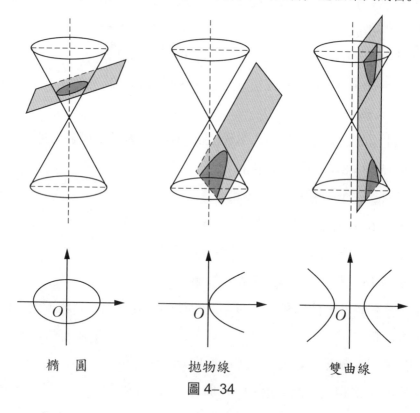

橢　圓　　　　　　　拋物線　　　　　　　雙曲線

圖 4–34

　　為什麼要研究圓錐曲線？有什麼用途？也許古希臘人是基於純智性的求知活動而研究的，因為求知本身就是一種快樂，正如達文西 (da Vinci) 所說的：「無上的妙趣，了悟之樂」。有一個故事說，有一個學生跟歐幾里得 (Euclid) 學幾何，當他學過第一條定理後，就問歐幾里得道：「我學了這個定理會得到什麼好處？」歐幾里得馬上給這個學生當頭棒喝，並且轉身對僕人說：「這個人既然認為學習真理一定要得到報酬，你就給他三個錢幣，打發他走路好了」。

　　圓錐曲線經過古希臘人的研究後，大約再過兩千年才找到最輝煌的應用。克卜勒研究行星繞日的運動，發現行星運行的軌跡居然是橢圓（古希臘人認為是圓）。他得到行星運動的三大定律：

克卜勒第一定律：

每一行星都繞太陽以橢圓軌道運行，太陽位於其中一個焦點上，見圖 4–35。

（1605 年發現，1609 年發表）

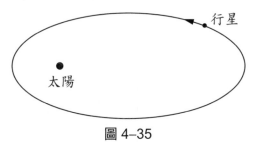

圖 4–35

克卜勒第二定律：

行星運行的速率不均等，但是卻使得太陽與行星的連線在相等時間區間內所掃過的面積相等，即下圖陰影面積相等，見圖 4–36。

（1602 年發現，1609 年發表）

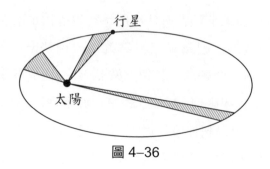

圖 4–36

克卜勒第三定律:

行星繞日的週期 T（即繞日一圈的時間）之平方與行星到太陽的平均距離（即橢圓長軸之半）a 之立方成正比（見圖 4–37），即

$$T^2 \propto a^3$$

（1618 年發現，1619 年發表）

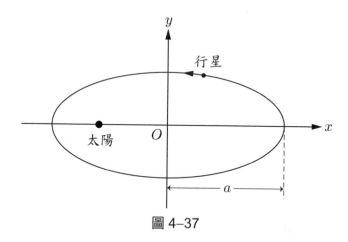

圖 4–37

乙、圓錐曲線的光學性質

另外，拋物線在光學上的用途也是周知的，即平行光線經過拋物鏡面反射後會集中在焦點上；反過來，由焦點放射出的光線，經過拋物鏡面反射後會變成平行光線射出，見圖 4–38。

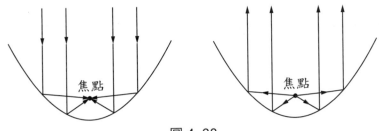

圖 4-38

橢圓在光學與聲學上亦有奇妙的性質：將光源或聲源置於一個焦點上，經過橢圓的反射後，會集中於另一個焦點，參見圖 4-39。

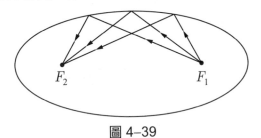

圖 4-39

雙曲線在光學上的性質如下：由一個焦點發射出的光線，經過雙曲線的反射，其反射線的延長線交會於另一個焦點，參見圖 4-40。

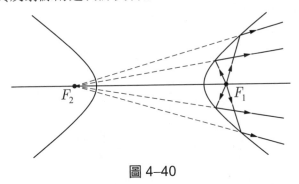

圖 4-40

這些性質的證明必須利用圓錐曲線的切線性質，在此我們略去。

丙、圓錐曲線的「焦點、準線、離心率」之觀點

　　在上述圓錐曲線的定義中，拋物線的定義已經採用了「焦點、準線、離心率」的觀點。事實上，這種觀點亦適用於橢圓與雙曲線。因此，這是一種統合的觀點。

定　理

在平面上，已知定直線 L 與不在 L 上的定點 F。設動點 P 向定直線所作垂線的垂足為 Q，且

$$\frac{\overline{PF}}{\overline{PQ}} = \varepsilon \text{（為大於 0 的定值）}$$

則我們有

(1)當 $0 < \varepsilon < 1$ 時，P 點的軌跡為**橢圓**；

(2)當 $\varepsilon = 1$ 時，P 點的軌跡為**拋物線**；

(3)當 $\varepsilon > 1$ 時，P 點的軌跡為**雙曲線**。

參見圖 4–41。

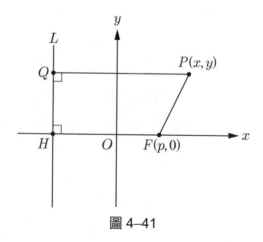

圖 4–41

＊ 證明 設過 F 點作 L 的垂線，其垂足為 H。取 O 點為 $\overline{HF}$ 之內分點，使得 $\overline{OF}:\overline{OH}=\varepsilon:1$，取 O 點為坐標原點，$\overline{OF}$ 為 x 軸，過 O 點作 $\overline{OF}$ 的垂線，當作 y 軸，則由

$$\overline{OF}:\overline{OH}=\varepsilon:1$$

可知 O 點是軌跡上的點

設 F 的坐標為 $(p,0)$，則 $\overline{OF}=p$，從而

$$p:\overline{OH}=\varepsilon:1$$

$$\therefore \overline{OH}=\frac{p}{\varepsilon}$$

因為 F 與 H 分別在點 O 的兩側，所以 H 的坐標為 $(-\frac{p}{\varepsilon},0)$，於是直線 L 的方程式為

$$x=-\frac{p}{\varepsilon} \tag{1}$$

設動點 P 的坐標為 (x,y)，則

$$\overline{PF}=\sqrt{(x-p)^2+y^2}$$

$$\overline{PQ}=\left|x+\frac{p}{\varepsilon}\right|$$

由題設條件

$$\overline{PF}:\overline{PQ}=\varepsilon:1$$

得到

$$\sqrt{(x-p)^2+y^2}:\left|x+\frac{p}{\varepsilon}\right|=\varepsilon:1$$

$$\therefore (x-p)^2 + y^2 : (x + \frac{p}{\varepsilon})^2 = \varepsilon^2 : 1^2$$

$$\Rightarrow (x-p)^2 + y^2 = \varepsilon^2 (x + \frac{p}{\varepsilon})^2$$

$$\Rightarrow (x-p)^2 + y^2 = (\varepsilon x + p)^2$$

$$\therefore (1-\varepsilon^2)x^2 - 2p(1+\varepsilon)x + y^2 = 0 \tag{2}$$

(1)當 $0 < \varepsilon < 1$ 時，(2)式可寫成

$$x^2 - \frac{2px}{1-\varepsilon} + \frac{y^2}{1-\varepsilon^2} = 0$$

即 $(x - \frac{p}{1-\varepsilon})^2 + \frac{y^2}{1-\varepsilon^2} = (\frac{p}{1-\varepsilon})^2$

$$\therefore \frac{(x - \frac{p}{1-\varepsilon})^2}{(\frac{p}{1-\varepsilon})^2} + \frac{y^2}{(\sqrt{\frac{1+\varepsilon}{1-\varepsilon}}\, p)^2} = 1 \tag{3}$$

這就是點 P 的軌跡方程式，它表示一橢圓

(2)當 $\varepsilon = 1$ 時，(2)式可寫成

$$y^2 = 4px \tag{4}$$

這就是點 P 的軌跡方程式，它表示一拋物線

(3)當 $\varepsilon > 1$ 時，(2)式可寫成

$$(x + \frac{p}{\varepsilon-1})^2 - \frac{y^2}{\varepsilon^2-1} = (\frac{p}{\varepsilon-1})^2$$

$$\therefore \frac{(x + \frac{p}{\varepsilon-1})^2}{(\frac{p}{\varepsilon-1})^2} - \frac{y^2}{(\sqrt{\frac{\varepsilon+1}{\varepsilon-1}}\, p)^2} = 1 \tag{5}$$

這就是點 P 的軌跡方程式，它表示一雙曲線

有了這個定理，我們可以給圓錐曲線重新定義如下：

定 義

在平面上，設 L 為一直線，且 F 不在 L 上，$\varepsilon > 0$，動點 P 若滿足

$$\frac{P \text{ 至 } F \text{ 的距離}}{P \text{ 至 } L \text{ 的距離}} = \varepsilon \tag{6}$$

則稱 P 點的軌跡為**圓錐曲線**。L 為**準線**，F 為**焦點**，ε 為**離心率**。

當 $0 < \varepsilon < 1$ 時，軌跡為一**橢圓**；

當 $\varepsilon = 1$ 時，軌跡為一**拋物線**；

當 $\varepsilon > 1$ 時，軌跡為一**雙曲線**。

例 1 已知焦點為 $(1, -2)$，準線為 $x = 3$，離心率 $\varepsilon = \dfrac{1}{2}$，求圓錐曲線的方程式。

解 設 (x, y) 為曲線上一點，則

$$\frac{\sqrt{(x-1)^2 + (y+2)^2}}{|x-3|} = \frac{1}{2}$$

展開化簡得橢圓方程式為

$$3x^2 - 2x + 4y^2 + 16y + 11 = 0$$

習　題　4-6

1. 利用圓錐曲線的定義，求拋物線的方程式，但已知焦點及準線：

　(1) $(0, 3)$, $x = -2$

　(2) $(-1, 4)$, $y = 0$

　(3) $(1, 3)$, $y = x$

　(4) $(0, 5)$, $y = 10$

　(5) $(0, 0)$, $3x + 4y - 12 = 0$

2. 利用圓錐曲線的定義，求圓錐曲線的方程式，但已知焦點，準線及離心率。

　(1) $(0, 0)$, $x = -3$, $\varepsilon = \dfrac{2}{3}$

　(2) $(1, 2)$, $y = -4$, $\varepsilon = 2$

　(3) $(-2, 4)$, $x = 2$, $\varepsilon = \dfrac{1}{4}$

　(4) $(1, 1)$, $y = 5$, $\varepsilon = 3$

　(5) $(-1, 2)$, $x - y = 3$, $\varepsilon = \dfrac{4}{3}$

第五章　參數方法

　　利用平面直角**坐標系**(或叫卡氏坐標系)，我們可以將平面上的**幾何圖形**表達成 x, y 的**方程式**，反之亦然。例如

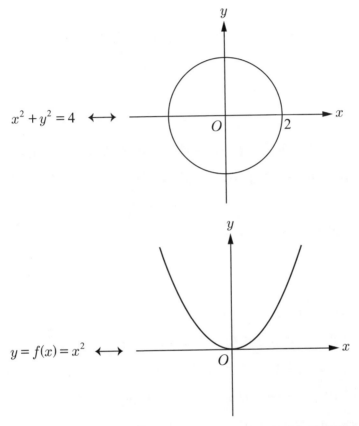

$x^2 + y^2 = 4 \longleftrightarrow$

$y = f(x) = x^2 \longleftrightarrow$

但是，這往往還不夠用，例如要描述一個質點在平面上的運動，最方便且自然的是引入**參數** t，代表時間，用 $(x(t), y(t))$ 代表質點在 t 時刻的位置，這就產生了**參數方程式**。

5-1　參數方程式

　　從物理來看，我們有興趣的是把 x, y 看做是時間 t 的函數；由此可以算出速度、加速度、動量、力、……。可是從幾何來看，通常我們的

興趣在於軌跡，即圖形，也就是集合

$$\Gamma = \{(x(t),\, y(t)) : t \in I\}$$

其中 $I \subset \mathbb{R}$ 為一區間。事實上，「軌跡」一詞也就是由此而來！

例 1
$$\begin{cases} x = \cos \omega t \\ y = \sin \omega t \end{cases}, \ t \in \mathbb{R} \tag{1}$$

表示在單位圓上做一個等速率圓周運動，ω 叫做**角速度**。如果有兩個質點都做這種運動，而 ω 不同（例如，設 $\omega_2 \equiv 2\omega_1$，則第二個粒子的速度是第一個的兩倍！），那麼物理上完全不同，可是幾何上，不論 ω 為何，

$$\Gamma \equiv \{(\cos \omega t,\, \sin \omega t) : t \in \mathbb{R}\} \tag{2}$$

都是單位圓，和 ω（$\neq 0$）無關！

物理上，x, y, t 都是**主要變數**，t 為**自變數**，x, y 都是**因變數**，可是幾何上只對(2)式所表示的集合有興趣，x, y 是主變數，但是 t 完全退居次要地位，就叫做（輔）助變數，或者參（變）**數**。我們知道，由(1)式可以「消去」t，得到

$$x^2 + y^2 = 1 \tag{3}$$

這是 Γ 的通常表示法，而(2)式是 Γ 的參數表示法。可是，我們習慣上就寫成(1)式。 ■

一般而言，以 t 為參數的某個圖形 Γ 之參數（表達）方程式就是

$$\Gamma : \begin{cases} x = f(t) \\ y = g(t) \end{cases} \qquad (t \in \cdots) \tag{4}$$

之形的式子，它的真正涵義是

$$\Gamma \equiv \{ (f(t),\, g(t)) : t \cdots \} \tag{5}$$

也就是說，(4)式可以讀成：

「Γ 是以 $f(t)$ 為 (x) 橫坐標，以 $g(t)$ 為 (y) 縱坐標，t 在……內變動時，所有的點 $(f(t),\, g(t))$ 全體。」

我們必須注意：參數 t 可能具有某些物理意義（通常是「時間」），但在幾何的討論中，它是次要的，而且用不同的參數，同一個軌跡可以有不同的參數方程式。

還要注意一點：參數法總是先要取好坐標系，這坐標系可以是卡氏的、極坐標的或任意的都無所謂；參數法本身不是坐標系，它是拿輔助變數 t 和坐標系結合起來的辦法。

對於(4)式之參數方程式，我們可以圖解如圖 5–1：

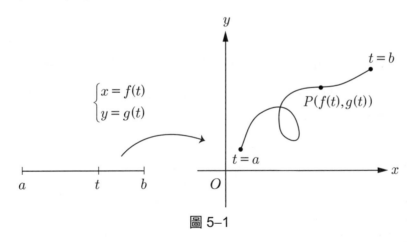

圖 5–1

例 2　假設有一砲彈以初速率 v_0 與仰角 θ 射出，不計空氣阻力。如何描述砲彈的運動？

解 根據物理學知，砲彈的運動可以分成水平方向與鉛垂方向，並且
運動的參數方程式為

$$\begin{cases} x = (v_0 \cos \theta)t \\ y = (v_0 \sin \theta)t - \dfrac{1}{2}gt^2 \end{cases}$$
(6)

其中 g 表示重力加速度，約為 9.8 公尺／秒^2

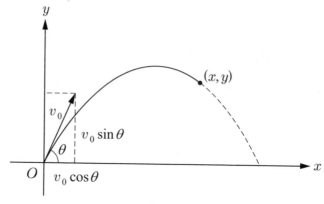

圖 5–2

＊**例 3** 在平面直角坐標系上，有一個半徑為 a 的圓在 x 軸上滾動，P 為
圓上一個固定點，求 P 點的軌跡之參數方程式。這個軌跡叫做
擺線 (cycloid)。

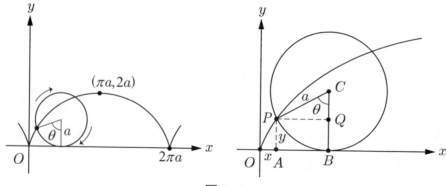

圖 5–3

解　不妨假設 P 的最初位置為原點 O，令 θ 表示半徑 $\overline{CP}$ 旋轉的角度，並且 P 的坐標為 (x, y)，則

$$\overline{OB} = 弧\ \widehat{BP} = a\theta$$

所以

$$
\begin{aligned}
x &= \overline{OB} - \overline{AB} \\
&= \overline{OB} - \overline{PQ} \\
&= a\theta - a\sin\theta \\
&= a(\theta - \sin\theta) \\
y &= \overline{BC} - \overline{QC} \\
&= a - a\cos\theta \\
&= a(1 - \cos\theta)
\end{aligned}
$$

因此，擺線的參數方程式為

$$\begin{cases} x = a(\theta - \sin\theta) \\ y = a(1 - \cos\theta) \end{cases}, \ \theta \in \mathbb{R} \tag{7}$$

∎

例 4　圖解曲線

$$\Gamma : \begin{cases} x = \dfrac{(10^t + 10^{-t})}{2} \\ y = \dfrac{(10^t - 10^{-t})}{2} \end{cases}, \ t \in \mathbb{R} \tag{8}$$

解　由(8)式，平方得

$$4x^2 = 10^{2t} + 10^{-2t} + 2$$
$$4y^2 = 10^{2t} + 10^{-2t} - 2$$

所以

$$x^2 - y^2 = 1 \tag{9}$$

但 $x > 0$

因此(8)式代表了雙曲線(9)式之右半支（見圖 5-4）。

一般地說：用參數法代表的曲線(4)式如果能夠消去參數的話，可以化成只含主要變數 x, y 的方程式

$$\varphi(x, y) = 0 \tag{10}$$

那麼一切討論，可以不要再管(4)式及參數了

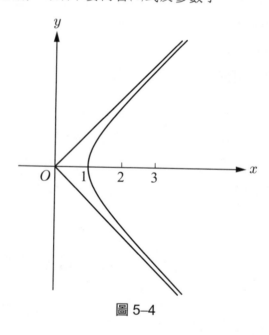

圖 5-4

習　題　5-1

1. 在圖 5-5 中，有一個圓，圓心為 (h, k)，半徑為 a，試以角度 θ 為參數，寫出其參數方程式。

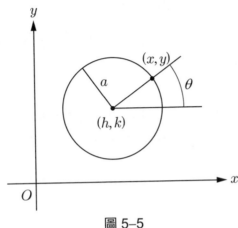

圖 5-5

2. 考慮例 2 的砲彈之運動：

(1) 試證砲彈的最大高度為

$$y_{\max} = \frac{v_0^2 \sin^2 \theta}{2g}$$

(2) 試證砲彈的射程為

$$R = \frac{v_0^2}{g} \sin 2\theta$$

(3) 仰角 θ 幾度時，射程最大？

(4) 試證初速加倍時，最大高度與射程皆放大 4 倍。

5-2 直角坐標方程與參數方程的轉換

參數方程式有什麼應用？為什麼要使用它？

有許多問題在分析的過程中必須引入很多輔助的變數，參數式很自然的就出現了！有些情形參數很容易消去，例如利用一些代數恆等式，而有些情形參數很難消去，或者是消去之後的方程式並不很簡潔，反倒保留參數形式的方程式更容易處理。

例 1 一塊石頭在山頂上以水平投出，速率為 9.8 公尺／秒。由物理學知，石頭的軌道之參數方程式為

$$\begin{cases} x = 9.8t & (1) \\ y = -4.9t^2 \end{cases}, \ t \ge 0 \quad\quad (2)$$

為了消去參數 t，由(1)式得

$$t = \frac{x}{9.8}$$

代入(2)式得到直角坐標方程式

$$y = -4.9 \times (\frac{x}{9.8})^2$$

$$\therefore y = -\frac{x^2}{19.6} \quad\quad (3)$$

但是 $x \ge 0$。(3)式是一個拋物線的一部分，作圖如圖 5-6：

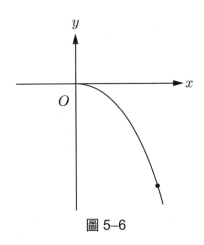

圖 5–6

■

例 2　考慮參數方程式

$$\begin{cases} x = t^2 \\ y = t^3 \end{cases}, \; t \geq 0 \qquad \begin{matrix} (4) \\ (5) \end{matrix}$$

將(4)式立方與(5)式平方，得到直角坐標方程式

$$y^2 = x^3$$

這可分成兩支：

$$y = x^{\frac{3}{2}} \quad 與 \quad y = -x^{\frac{3}{2}}$$

作圖如圖 5–7：

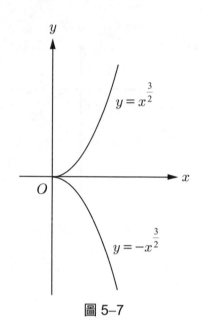

圖 5–7

反過來，有的直角坐標方程式也可以改成參數方程式，請看下面的例子：

例 3 　任何函數 $y = f(x)$, $x \in D$ 都可以寫成參數方程式

$$\begin{cases} x = t \\ y = f(t) \end{cases}, \ t \in D$$

反之，當然不然！事實上，參數方程式比函數更廣泛，更自由。

＊例 4 　直角坐標方程式

$$x^{\frac{2}{3}} + y^{\frac{2}{3}} = a^{\frac{2}{3}}, \ a > 0 \tag{6}$$

如何改寫成參數方程式？

解　由三角恆等式 $\cos^2\theta + \sin^2\theta = 1$ 可知，只要取

$$\begin{cases} x = a\cos^3\theta \\ y = a\sin^3\theta \end{cases}, \ 0 \le \theta \le 2\pi$$

這就是(6)式的參數方程式，如圖 5–8：

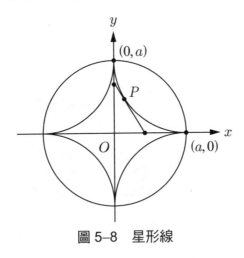

圖 5–8　星形線

　■

* **例 5**　笛卡兒的蔓葉線 (the folium of Descartes)：

$$x^3 + y^3 = 3axy, \ a > 0$$

其參數方程式為

$$\begin{cases} x = \dfrac{3at}{1+t^3} \\ y = \dfrac{3at^2}{1+t^3} \end{cases}, \ -\infty < t < \infty, \ t \ne -1$$

作圖如圖 5–9：

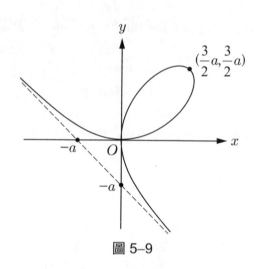

圖 5-9

1. 考慮參數方程式 $x = 2t + 1$, $y = t - 1$。

(1)填空下表：

t	-2	-1	0	1	2
x					
y					

(2)在坐標平面上作出(1)所得的 5 點 (x, y)。

(3)作出參數方程式的圖形。

(4)消去 t，改寫成直角坐標方程式。

2. 考慮參數方程式 $x = t^2$, $y = t^2 + t$。

(1)填空下表：

t	-3	-2	-1	0	1	2	3
x							
y							

(2)作出(1)所得的 7 點 (x, y)。

(3)作出參數方程式的圖形。

(4)消去 t，改寫成直角坐標方程式。

3.考慮參數方程式 $x = 2\cos\theta, y = 3\sin\theta$。

(1)填空下表：

θ	0	$\dfrac{\pi}{4}$	$\dfrac{\pi}{2}$	$\dfrac{3\pi}{4}$	π	$\dfrac{5\pi}{4}$	$\dfrac{3\pi}{2}$	$\dfrac{7\pi}{4}$	2π
x									
y									

(2)作出(1)所得的點 (x, y)。

(3)作出參數方程式的圖形。

(4)利用 $\cos^2\theta + \sin^2\theta = 1$，消去 θ，改寫成直角坐標方程式。

4.化下列參數方程式為直角坐標方程式：

(1) $x = 1 + \cos t, y = 3 - \sin t, 0 \le t \le 2\pi$

(2) $x = 3t - 4, y = 6t + 2, t \in \mathbb{R}$

(3) $x = t - 3, y = 3t - 7, 0 \le t \le 3$

(4) $x = \sqrt{t}, y = 2t + 4, 0 \le t < \infty$

(5) $x = 4t + 3, y = 16t^2 - 9, t \in \mathbb{R}$

5.化下列直角坐標方程式為參數方程式：

(1) $y = \sqrt{1 + x^2}$

(2) $y = \tan^{-1} 3x$

(3) $y = \sqrt{1 - x^2}, -1 \le x \le 1$

5–3　圓錐曲線的參數方程式

圓錐面與平面的截痕，通常得到**橢圓、拋物線與雙曲線**。另外，還有特別情形的**圓**以及退化情形的**直線**。這些都可以看成是圓錐曲線家族的成員。

甲、直線的參數方程式

兩點唯一決定一直線。設 $P_1 = (a_1, b_1)$ 與 $P_2 = (a_2, b_2)$ 為坐標平面上相異兩點，$Q = (x, y)$ 為 P_1, P_2 連線 $\overleftrightarrow{P_1 P_2}$ 上任意一點，取參數 t 為

$$\frac{\overline{P_1 Q}}{\overline{P_1 P_2}} = t$$

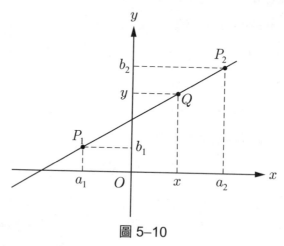

圖 5–10

設 $a_1 \neq a_2$，由相似形的定理知（見圖 5–10）

$$\frac{x - a_1}{a_2 - a_1} = \frac{\overline{P_1 Q}}{\overline{P_1 P_2}} = t$$

$$\frac{y - b_1}{b_2 - b_1} = \frac{\overline{P_1 Q}}{\overline{P_1 P_2}} = t$$

所以

$$\begin{cases} x = a_1 + (a_2 - a_1)t \\ y = b_1 + (b_2 - b_1)t \end{cases}, \ t \in \mathbb{R} \tag{1}$$

就是過 P_1, P_2 兩點的**直線之參數方程式**。

當 $a_1 = a_2$ 時，則得 $\begin{cases} x = a_1 \\ y = b_1 + (b_2 - b_1)t \end{cases}$。

例 1 求過 $P_1 = (3, 5)$, $P_2 = (-2, 4)$ 兩點的直線之參數方程式。

解 $\begin{cases} x = 3 + (-2 - 3)t = 3 - 5t \\ y = 5 + (4 - 5)t = 5 - t \end{cases}, \ t \in \mathbb{R}$

就是所求的直線參數方程式 ∎

利用參數方程式，特別方便於探求**線段分點的坐標**。

首先我們注意到，在圖 5–10 中，若 Q 點落在線段 $\overline{P_1 P_2}$ 之內，則稱 Q 為線段 $\overline{P_1 P_2}$ 的**內分點**；若 Q 點落在直線 $\overleftrightarrow{P_1 P_2}$ 之上且在線段 $\overline{P_1 P_2}$ 之外，則稱 Q 點為線段 $\overline{P_1 P_2}$ 之**外分點**。

參數方程式(1)，其實已經告訴我們所有分點 Q 的坐標了。我們要記住參數 $t = \dfrac{\overline{P_1 Q}}{\overline{P_1 P_2}}$，所以

(1)當 $t = 0$ 時，表示 $Q = P_1 = (a_1, b_1)$。

(2)當 $t = \dfrac{1}{2}$ 時，表示 Q 為 $\overline{P_1 P_2}$ 的中點，此時

$$Q = (\frac{1}{2}(a_1 + a_2), \frac{1}{2}(b_1 + b_2))$$

(3)當 $t = 1$ 時，$Q = P_2 = (a_2, b_2)$。

一般情形，Q 點的坐標為 $(a_1 + (a_2 - a_1)t, b_1 + (b_2 - b_1)t)$。當 $0 < t < 1$ 時，Q 為內分點；當 $t > 1$ 及 $t < 0$ 時，Q 為外分點。

隨堂練習 若 Q 點將線段 $\overline{P_1P_2}$ 內分成 $\overline{P_1Q} : \overline{QP_2} = m : n$，試求 Q 點的坐標 (x, y)。

乙、圓的參數方程式

半徑為 a，圓心為 $C = (0, 0)$ 的圓，其直角坐標方程式為

$$x^2 + y^2 = a^2 \tag{2}$$

對於這個圓，有下面兩種常見的參數方程式表現。因此，對於同一個幾何圖形，參數方程式的表現並不唯一，可以有許多種。

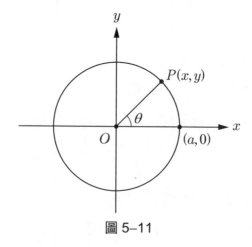

圖 5–11

(1)如圖 5-11，取 θ 為參數，則

$$\begin{cases} x = a\cos\theta \\ y = a\sin\theta \end{cases}, \quad 0 \le \theta < 2\pi \tag{3}$$

就是圓的參數方程式。當 θ 從 0 變到 2π 時，點 (x, y) 就從 $(a, 0)$ 出發，沿著圓周逆時針繞一圈。

(2)取 $t = \tan\dfrac{\theta}{2}$ 為參數，如圖 5-13 可知

$$\sin\frac{\theta}{2} = \frac{t}{\sqrt{1+t^2}}, \ \cos\frac{\theta}{2} = \frac{1}{\sqrt{1+t^2}}$$

於是

$$\sin\theta = 2\sin\frac{\theta}{2}\cos\frac{\theta}{2} = \frac{2t}{1+t^2}$$

$$\cos\theta = \cos^2\frac{\theta}{2} - \sin^2\frac{\theta}{2} = \frac{1-t^2}{1+t^2}$$

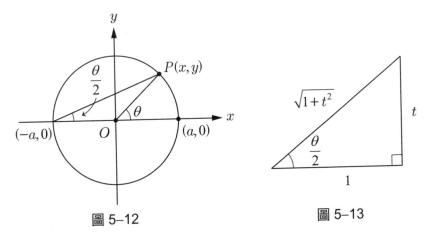

圖 5-12　　　　　　　　圖 5-13

從而

$$\begin{cases} x = a\cos\theta = a\dfrac{1-t^2}{1+t^2} \\ y = a\sin\theta = a\dfrac{2t}{1+t^2} \end{cases}, \; -\infty < t < \infty \tag{4}$$

也是圓的參數方程式。將來(4)式對於三角函數的積分，扮演一個很重要的角色。

例 2　圓心為 $(0, 0)$，半徑為 3 的圓之參數方程式為

$$\begin{cases} x = 3\cos\theta \\ y = 3\sin\theta \end{cases}, \; 0 \le \theta < 2\pi$$

或者

$$\begin{cases} x = 3\dfrac{1-t^2}{1+t^2} \\ y = 3\dfrac{2t}{1+t^2} \end{cases}, \; -\infty < t < \infty \qquad\blacksquare$$

進一步，圓心為 $C = (h, k)$，半徑為 a 的圓，其參數方程式為

$$\begin{cases} x = h + a\cos\theta \\ y = k + a\sin\theta \end{cases}, \; 0 \le \theta < 2\pi \tag{5}$$

或者

$$\begin{cases} x = h + a\dfrac{1-t^2}{1+t^2} \\ y = k + a\dfrac{2t}{1+t^2} \end{cases}, \; -\infty < t < \infty \tag{6}$$

丙、拋物線的參數方程式

標準拋物線的直角坐標方程式為

$$y^2 = 4px \tag{7}$$

令 $y = t$，以 t 為參數，則 $x = \dfrac{t^2}{4p}$。所以(7)式的參數方程式為

$$\begin{cases} x = \dfrac{t^2}{4p}, \ t \in \mathbb{R} \\ y = t \end{cases} \tag{8}$$

當然，我們也可以取 $y = 2\sqrt{p}\,t$，代入(7)式，則得 $x = t^2$，所以(7)式的參數方程式為

$$\begin{cases} x = t^2 \\ y = 2\sqrt{p}\,t \end{cases}, \ t \in \mathbb{R} \tag{9}$$

隨堂練習　求拋物線 $x^2 = 4py$ 的參數方程式。

若拋物線的頂點為 (h, k)，則拋物線的直角坐標方程式為

$$(y - k)^2 = 4p(x - h) \tag{10}$$

或者

$$(x - h)^2 = 4p(y - k) \tag{11}$$

隨堂練習　試將(10)式與(11)式改寫成參數方程式。

丁、橢圓的參數方程式

標準橢圓的直角坐標方程式為

$$\frac{x^2}{a^2} + \frac{y^2}{b^2} = 1 \tag{12}$$

常見的兩種參數方程式為

$$\begin{cases} x = a\cos\theta \\ y = b\sin\theta \end{cases}, \ 0 \leq \theta < 2\pi \tag{13}$$

或者

$$\begin{cases} x = a\dfrac{1-t^2}{1+t^2} \\ y = b\dfrac{2t}{1+t^2} \end{cases}, \ -\infty < t < \infty \tag{14}$$

例 3　橢圓 $\dfrac{x^2}{16} + \dfrac{y^2}{9} = 1$ 的參數方程式為

$$\begin{cases} x = 4\cos\theta \\ y = 3\sin\theta \end{cases}, \ 0 \leq \theta < 2\pi$$

或者

$$\begin{cases} x = 4\dfrac{1-t^2}{1+t^2} \\ y = 3\dfrac{2t}{1+t^2} \end{cases}, \ -\infty < t < \infty$$ ∎

*戊、雙曲線的參數方程式

標準雙曲線的直角坐標方程式為

$$\frac{x^2}{a^2} - \frac{y^2}{b^2} = 1 \tag{15}$$

下面是常見的三種參數方程式:

$$\begin{cases} x = a \cdot \dfrac{e^t + e^{-t}}{2} \\ y = b \cdot \dfrac{e^t - e^{-t}}{2} \end{cases}, \ -\infty < t < \infty \tag{16}$$

或者

$$\begin{cases} x = a \sec \theta \\ y = b \tan \theta \end{cases}, \ 0 \le \theta < 2\pi, \ \theta \ne \frac{\pi}{2}, \ \theta \ne \frac{3\pi}{2} \tag{17}$$

或者

$$\begin{cases} x = a \dfrac{1 + t^2}{1 - t^2} \\ y = b \dfrac{2t}{1 - t^2} \end{cases}, \ -\infty < t < \infty, \ t \ne \pm 1 \tag{18}$$

例 4 雙曲線 $\dfrac{x^2}{16} - \dfrac{y^2}{9} = 1$ 的參數方程式為

$$\begin{cases} x = 4 \sec \theta \\ y = 3 \tan \theta \end{cases}, \ 0 \le \theta < 2\pi, \ \theta \ne \frac{\pi}{2}, \ \theta \ne \frac{3\pi}{2} \qquad ∎$$

習 題 5-3

1. 求直線 L 的參數方程式：

(1) L 為通過 $P_1 = (-2, \frac{1}{3})$, $P_2 = (7, 4)$ 兩點之直線。

(2) L 為 $3x - 5y + 4 = 0$ 之直線。

(3) L 為通過 $(1, -2)$ 且斜率為 $-\frac{1}{3}$ 之直線。

2. 求圓的參數方程式：

(1) 圓心為 $(5, 7)$，半徑為 3。

(2) 圓的方程式為 $(x-1)^2 + (y+2)^2 = 2^2$。

(3) 圓的方程式為 $x^2 + y^2 + 2x - 6y + 19 = 0$。

3. 求下列各圖形的參數方程式：

(1) $(x-4)^2 = 20(y+2)$

(2) $(y-3)^2 = 12(x+1)$

(3) $\dfrac{(x+1)^2}{2^2} + \dfrac{(y-2)^2}{3^2} = 1$

(4) $\dfrac{(x-2)^2}{7^2} - \dfrac{(y+3)^2}{3^2} = 1$

4. 下列參數方程式的圖形是什麼？

(1) $\begin{cases} x = t + \dfrac{1}{t} \\ y = t - \dfrac{1}{t} \end{cases}$
(2) $\begin{cases} x = 1 + t^2 \\ y = 3 - t \end{cases}$

第六章　向　量

在物理世界中的種種物理量，有一部分只是要問「**大小**」(magnitude) 的問題，這只要用一個數來描述就夠了，這種量叫做**純量** (scalar)，例如：質量、長度、時間的久暫……都是純量。另外還有一些物理量，除了具有「**大小**」之外，還具有「**方向**」(direction)，這種量叫做**向量** (vector)，例如：力、位移、速度、力矩、動量……都是向量。

數的演算可以解決代數問題，同理，向量的演算可以解決物理與幾何的問題。在這種幾何的向量代數化過程中，大自然不但提供向量的概念，也啟發研究的方法。

本章我們就來介紹向量及其代數運算，並且探討其在幾何與物理上的應用。

6–1　平面向量及其演算

甲、向量的描述、記號與演算

在幾何上，我們要描述一個具有方向與大小的向量，最方便的辦法就是畫一個箭頭，**箭頭的長度**代表向量的**大小**，而**箭頭的方向**代表向量的方向，見圖 6–1（甲）。

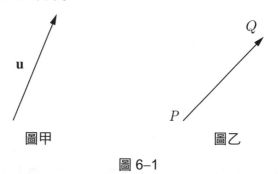

圖甲　　　　　　　　圖乙

圖 6–1

今後我們就用**粗黑體**的字母代表向量，如圖 6–1（甲）的 **u**。

當箭頭的兩個端點為空間中已知兩點 P, Q 時，如圖 6–1（乙），則我們就用**有向線段** $\overrightarrow{PQ}$ 來代表這個向量。這個向量表示 Q 點相對於 P 點的遠近與方位，又叫**位移向量**。P 點叫做向量的**始點**，Q 點叫做向量的**終點**。注意到，有向線段 $\overrightarrow{PQ}$ 與 $\overrightarrow{QP}$ 不一樣，除非 $P = Q$。

我們用 $\|\mathbf{u}\|$ 表示向量 $\mathbf{u}$ 的長度。長度為 1 的向量叫做**單位向量**；長度為 0 的向量叫做**零向量**，以記號 $\mathbf{O}$ 表示。零向量的方向可任意，這是唯一的例外。

向量既然只有長度與方向兩個要素，因此具有相同長度與方向的兩個向量，我們就說它們是相等的。換句話說

$$\mathbf{u} = \mathbf{v}$$

的意思是指

$$\|\mathbf{u}\| = \|\mathbf{v}\| \text{ 且 } \mathbf{u} \text{ 的方向} = \mathbf{v} \text{ 的方向}$$

也就是說，向量可以看作是「可以平移的有向線段」。因此有向線段 $\overrightarrow{AB}$ 與 $\overrightarrow{CD}$ 相等，就表示 $ABDC$ 成為一個平行四邊形而且 $\overrightarrow{CD}$ 是 $\overrightarrow{AB}$ 的平移！參見圖 6–2。

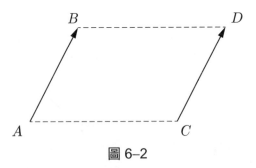

圖 6–2

算術與代數的威力在於利用演算來解決問題，向量亦然，因而有**向量代數**之名。向量最重要的演算有四種：**加法**（即兩向量的合成），**係數**

乘法（即一個向量乘以一個實數），**內積與外積**。我們先介紹前兩種演算。

⑴兩向量的加法：

設 **u**, **v** 為兩個向量，如何定義它們的相加 **u** + **v**？

這由物理世界提供線索。我們想像 **u** 與 **v** 為兩個作用力，同時作用於一個質點，要考慮合起來所產生的效果。由經驗得知，這相當於一個作用力 **w** 對該質點作用所產生的效果，其中向量 **w** 就是以 **u** 與 **v** 為邊所決定平行四邊形的對角線之有向線段，參見圖 6–3。因此，我們就定義 **u** + **v** = **w**，這叫做兩向量相加的**平行四邊形法則**。

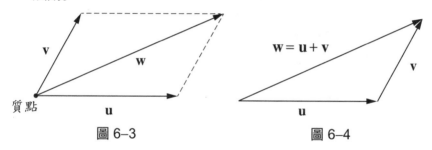

圖 6–3　　　　　　　　　　　　　　　　圖 6–4

因為向量可以平移，我們也可以如圖 6–4，將向量 **v** 的起點接在向量 **u** 的終點，決定一個三角形，以 **u** 的起點到 **v** 的終點所決定的有向線段當作 **u** + **v**。這叫做兩向量相加的**三角形法則**。

⑵係數乘法：

給一個向量 **u** 及一個實數 α，我們如何定義 $\alpha \cdot \mathbf{u}$？

這個「係數乘法」是要用來表達對一個向量 **u** 作**正向**或**反向**的**放大或縮小**。因此，它的幾何意義如下（見圖 6–5）：

①當 $\alpha = 0$ 時，$\alpha\mathbf{u} = \mathbf{0}$，這只好用「點線段」（即兩端重合的線段）來代表。

②當 $\alpha > 0$ 時，$\alpha\mathbf{u}$ 表示一個與 $\mathbf{u}$ 同向而大小為 $\|\mathbf{u}\|$ 的 α 倍之向

量；如果 $\overrightarrow{AB} = \mathbf{u}$ 且 $\overrightarrow{AC} = \alpha\mathbf{u}$，則點 C 在 $\overrightarrow{AB}$ 線段內或在延長

線上點 B 這邊，依 $\alpha < 1$ 或 $\alpha > 1$ 而定。

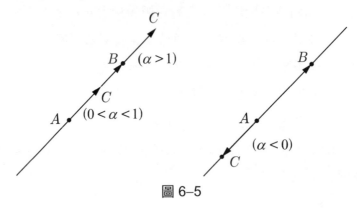

圖 6–5

③當 $\alpha < 0$ 時，$\alpha\mathbf{u}$ 表示一個與 $\mathbf{u}$ 反向而大小為 $\|\mathbf{u}\|$ 的 $|\alpha|$ 倍之向

量；若 $\mathbf{u} = \overrightarrow{AB}$ 且 $\alpha\mathbf{u} = \overrightarrow{AC}$，則點 C 在 $\overrightarrow{AB}$ 的延長線上點 A 這

邊，且 $\overrightarrow{AC}$ 為 $\overrightarrow{AB}$ 之 $|\alpha|$ 倍。

（註：向量 $(-1)\mathbf{u}$ 通常記為 $-\mathbf{u}$。）

例1 在圖 6–6 中，我們由 $\overrightarrow{AB} = \mathbf{u}$ 作 $\dfrac{1}{2}\mathbf{u}$，$-\mathbf{u}$，$-2\mathbf{u}$ 及 $3\mathbf{u}$。

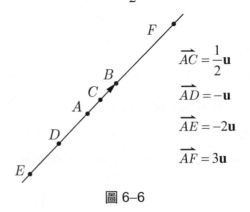

$$\overrightarrow{AC} = \frac{1}{2}\mathbf{u}$$

$$\overrightarrow{AD} = -\mathbf{u}$$

$$\overrightarrow{AE} = -2\mathbf{u}$$

$$\overrightarrow{AF} = 3\mathbf{u}$$

圖 6–6

（註：上述一切對於平面向量或空間向量都行得通。）

乙、向量的坐標表現

我們先局限於討論平面中的向量，即平面中的有向線段。

配合平面直角坐標系，我們可以將平面向量用坐標來表現。在圖 6–7 中，設 $A = (x_1, y_1)$, $B = (x_2, y_2)$，則以 A 為始點，B 為終點的向量 $\overrightarrow{AB}$ 可以表成

$$\overrightarrow{AB} = [x_2 - x_1, y_2 - y_1]$$

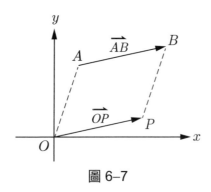

圖 6–7

（註：有的書記成 $\overrightarrow{AB} = (x_2 - x_1, y_2 - y_1)$，這跟點的坐標會混淆，故我們改用中括號，以示區別。）

令 $P = (x_2 - x_1, y_2 - y_1)$，則由原點 $O = (0, 0)$ 到 P 點的向量亦為

$$\overrightarrow{OP} = [x_2 - x_1, y_2 - y_1]$$

換言之，$\overrightarrow{OP} = \overrightarrow{AB}$。事實上，易驗知 $OABP$ 形成一個平行四邊形，所以 $\overrightarrow{OP}$ 與 $\overrightarrow{AB}$ 互相是平移，向量在平移之下是不變的。因此，我們只要討論由原點出發的向量就夠了，這樣的向量特稱為**向徑**。從而，平面向量的全體可以表成

$$\mathbb{R}^2 = \{[x, y] \mid x, y \in \mathbb{R}\}$$

這是一個**兩維向量空間**。

對於一個兩維向量 $\mathbf{u} = [a, b]$，我們分別稱 a 與 b 為 $\mathbf{u}$ 的**第一分量**（或 **x 分量**）與**第二分量**（或 **y 分量**）。

兩個向量 $\mathbf{u} = [a, b]$, $\mathbf{v} = [c, d]$，若對應的分量都相等，則此兩向量相等，反之亦然，亦即

$$\mathbf{u} = \mathbf{v} \Leftrightarrow a = c \text{ 且 } b = d \tag{1}$$

根據畢氏定理，向量 $\mathbf{u}$ 的長度為

$$\|\mathbf{u}\| = \sqrt{a^2 + b^2} \tag{2}$$

由向量加法的平行四邊形法則及係數乘法的幾何意義知

$$\mathbf{u} + \mathbf{v} = [a + c, \, b + d] \tag{3}$$

$$\alpha \cdot \mathbf{u} = [\alpha a, \, \alpha b] \tag{4}$$

換言之，兩向量相加就是對應分量相加，一個向量乘以一個實數 α 就是每一分量皆乘以 α。

例 2　若 $A = (1, 2)$, $B = (4, 3)$, $C = (6, 1)$ 且 $\overrightarrow{AB} = \overrightarrow{CD}$，求點 D 的坐標。

解　兩向量相等的意思，是指各對應分量均相等

今設 $D = (x, y)$，則由 $\overrightarrow{AB} = \overrightarrow{CD}$ 得

$$x - 6 = 4 - 1 = 3, \, x = 9$$
$$y - 1 = 3 - 2 = 1, \, y = 2$$

$$\therefore D = (9, 2) \qquad \blacksquare$$

　　向量的加法與係數乘法，合稱基本線性運算，它們滿足一些基本的運算律，我們列舉於下面。證明很容易，請你補上。

定　理

設 $\mathbf{u}$, $\mathbf{v}$, $\mathbf{w} \in \mathbb{R}^2$ 為三個向量，並且 α, $\beta \in \mathbb{R}$，則 $\mathbf{u} + \mathbf{v}$ 與 $\alpha \cdot \mathbf{u}$ 皆有意義並且滿足

(1) $\mathbf{u} + \mathbf{v} = \mathbf{v} + \mathbf{u}$ 　　　　　　　　　　　　　　　　　（交換律）

(2) $\mathbf{u} + (\mathbf{v} + \mathbf{w}) = (\mathbf{u} + \mathbf{v}) + \mathbf{w}$ 　　　　　　　　　　　　（結合律）

(3) $\mathbf{u} + \mathbf{0} = \mathbf{u} = \mathbf{0} + \mathbf{u}$ 　　　　　　　　　（零向量 $\mathbf{0}$ 的特性）

(4) 對於任意向量 $\mathbf{u}$，恆存在另一個向量 $-\mathbf{u}$，使得

　$\mathbf{u} + (-\mathbf{u}) = (-\mathbf{u}) + \mathbf{u} = \mathbf{0}$ 　　　　　　（加法逆元素的存在）

(5) $\alpha(\beta\mathbf{u}) = (\alpha\beta)\mathbf{u}$ 　　　　　　　　　　　　　　　　（結合律）

(6) $1 \cdot \mathbf{u} = \mathbf{u}$ 　　　　　　　　　　　　　　　　　　（1 的特性）

(7) $\alpha(\mathbf{u} + \mathbf{v}) = \alpha\mathbf{u} + \alpha\mathbf{v}$ 　　　　　　　　　　　　　　（分配律）

(8) $(\alpha + \beta)\mathbf{u} = \alpha\mathbf{u} + \beta\mathbf{u}$ 　　　　　　　　　　　　　（分配律）

例 3　若 $[3, 2] = a[3, 4] + b[4, 3]$，求 a, b 之值。

解　　$[3, 2] = a[3, 4] + b[4, 3]$

$\Rightarrow [3, 2] = [3a, 4a] + [4b, 3b] = [3a + 4b, 4a + 3b]$

$\Rightarrow \begin{cases} 3 = 3a + 4b \\ 2 = 4a + 3b \end{cases}$

解得

$$a = -\frac{1}{7}, \ b = \frac{6}{7}$$ ■

隨堂練習 設 $\mathbf{u} = [1, -1]$, $\mathbf{v} = [2, 3]$, $\mathbf{w} = [2, 7]$，求 α, β 使得

$\mathbf{w} = \alpha\mathbf{u} + \beta\mathbf{v}$。

習 題 6-1

1. 在坐標平面上，求作下列各向量：

   (1) $[2, 5]$ (2) $[-5, -4]$

   (3) $[2, 0]$ (4) $[-7, 4]$

2. 求上述向量的長度。

3. 設 $\mathbf{u} = [1, 3]$, $\mathbf{v} = [2, 1]$, $\mathbf{w} = [4, -1]$，求下列各向量：

   (1) $\mathbf{u} - \mathbf{w}$ (2) $7\mathbf{v} + 3\mathbf{w}$

   (3) $-\mathbf{w} + \mathbf{v}$ (4) $3(\mathbf{u} - 7\mathbf{v})$

   (5) $-3\mathbf{v} - 8\mathbf{w}$ (6) $2\mathbf{v} - (\mathbf{u} + \mathbf{w})$

4. 求向量 $\overrightarrow{P_1P_2}$ 的分量：

   (1) $P_1 = (3, 5)$, $P_2 = (2, 8)$

   (2) $P_1 = (-6, -2)$, $P_2 = (-4, -1)$

   (3) $P_1 = (1, 3)$, $P_2 = (4, 1)$

5. 若向量 $\mathbf{u} = [3, -2]$ 的始點為 $(1, -2)$，求其終點。

6. 若向量 $\mathbf{u} = [-2, 4]$ 的終點為 $(2, 0)$，求其始點。

7. 設 $\mathbf{u} = [1, -3]$, $\mathbf{v} = [1, 1]$, $\mathbf{w} = [2, -4]$，試求：

   (1) $\|\mathbf{u} + \mathbf{v}\|$ (2) $\|\mathbf{u}\| + \|\mathbf{v}\|$

   (3) $\|-2\mathbf{u}\| + 2\|\mathbf{v}\|$ (4) $\|3\mathbf{u} - 5\mathbf{v} + \mathbf{w}\|$

6-2 三維向量及其演算

甲、三維空間的直角坐標系

平面是兩維空間，即只有前後與左右；而我們所生活的空間是三維的，即除了前後、左右之外，還有上下。為了要將這個空間的點賦予坐標，以便將幾何與代數互相轉化，我們可以仿照平面直角坐標系的建立辦法，建立空間的直角坐標系，如下：

在空間中適當取一點 O，稱為原點，過此點作互相垂直的三直線 Ox, Oy, Oz，分別稱為 x 軸、y 軸與 z 軸，其中 Ox 與 Oy 的平面叫做 (x, y) 平面等等（見圖 6-8）。

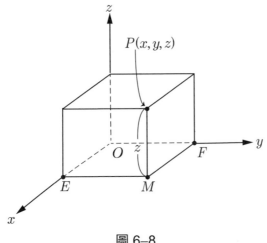

圖 6-8

自空間一點 P 到 (x, y) 平面作垂線 PM，垂足 M，自 M 作 Ox, Oy 的垂線 ME, MF，垂足為 E, F。

今在三個軸上各取相同的單位長度，則以 Ox, Oy 為坐標軸，可以在 (x, y) 平面上引入平面坐標，即 $\overline{OE} = \overline{FM} = x$，$\overline{OF} = \overline{EM} = y$ 為點 M

之坐標（正、負號的意義大家都知道，與軸向有關）。今若 $\overline{MP}=z$，則 $(x,\ y,\ z)$ 稱為 P 點的坐標。z 之正負也牽涉到軸 Oz 之方向。我們採用右手規則：即 $Ox,\ Oy,\ Oz$ 三軸之正向，可以用右手之大、食、中三指來指出。於是我們可將三維空間記成 $\mathbb{R}^3 = \{(x,\ y,\ z):x,\ y,\ z\in\mathbb{R}\}$。

隨堂練習　在空間直角坐標系中作出下列各點：

$$P = (3,\ 4,\ 6),\ Q = (1,\ 2,\ 3),\ R = (5,\ 3,\ 4)$$

已知 $P = (x_1,\ y_1,\ z_1)$ 與 $Q = (x_2,\ y_2,\ z_2)$ 為空間中兩點，如何求它們之間的距離?

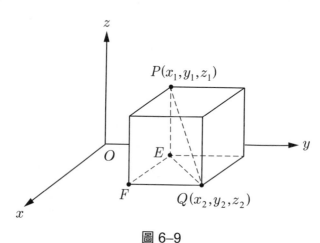

圖 6-9

在圖 6-9 中，由畢氏定理知

$$\overline{PQ}^2 = \overline{EQ}^2 + \overline{PE}^2$$
$$= \overline{EF}^2 + \overline{FQ}^2 + \overline{PE}^2$$
$$= (x_2 - x_1)^2 + (y_2 - y_1)^2 + (z_2 - z_1)^2$$

$$\therefore \overline{PQ} = \sqrt{(x_2 - x_1)^2 + (y_2 - y_1)^2 + (z_2 - z_1)^2}\,。$$

(1)

這就是兩點間的距離公式。特別地，

$$\overline{OP} = \sqrt{x_1^2 + y_1^2 + z_1^2} \tag{2}$$

(1), (2)兩式是平面上兩點距離公式之推廣。

例 1　設 $A = (1, 3, 2)$, $B = (3, 2, 5)$，則

$$\begin{aligned}
\overline{AB} &= \sqrt{(3-1)^2 + (2-3)^2 + (5-2)^2} \\
&= \sqrt{4+1+9} = \sqrt{14} \\
\overline{OA} &= \sqrt{1^2 + 3^2 + 2^2} = \sqrt{14}
\end{aligned}$$

乙、空間中的向量及其運算

　　由甲段所述可知，空間中相等的兩個向量不一定要具有相同的始點與終點。只要我們在空間中取定一點，則任何向量都可以平移成以此點為始點的一個向量。因此我們只要討論以某一點為始點的所有向量的全體即可。一般我們都是取空間 $\mathbb{R}^3$ 的原點 O，當作所有向量的始點。因此向量的全體便與以 O 點為始點之有向線段的全體成為一個對射。復次，在 $\mathbb{R}^3$ 中任取一點 P，就可作出一個有向線段 $\overrightarrow{OP}$。因此 $\mathbb{R}^3$ 中的點與以 O 點為始點的有向線段全體成為一個對射。歸結起來，我們有如圖 6–10 的對應關係：

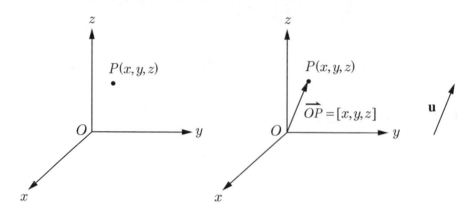

$$\text{點 } P(x, y, z) \longleftrightarrow \text{有向線段 } \overrightarrow{OP} = [x,\ y,\ z] \longleftrightarrow \text{向量 } \mathbf{u}$$

圖 6–10

　　因此我們可以把 $\mathbb{R}^3$ 中的點、坐標與向量看成三而一，這對我們非常方便。但要注意的是，這個三而一是指 $\mathbb{R}^3$ 空間中的點 P 及其坐標 $(x,\ y,\ z)$ 與向量 $\overrightarrow{OP}$。所以同樣是空間一點 P，由坐標幾何我們看到坐標 $(x,\ y,\ z)$，但是由向量幾何我們看到向量 $\overrightarrow{OP}$。用原點做始點的向量又叫做**向徑** (radius vector)，例如 $\overrightarrow{OP}$。

　　總之，對於空間中任意向量 $\mathbf{u}$，我們可以用唯一的有向線段 $\overrightarrow{OP}$ 來代表。由於 P 點的坐標為 $(x,\ y,\ z)$，為了區別起見，我們記成

$$\mathbf{u} = \overrightarrow{OP} = [x,\ y,\ z]$$

並且稱 $x,\ y,\ z$ 為向量 $\mathbf{u}$ 的第一、二、三成分 (components)。$\mathbb{R}^3$ 本來是空間所有點的坐標之全體，但今後我們也要把它看成所有以原點為始點的向量全體，即

$$\mathbb{R}^3 = \{[x,\ y,\ z] : x,\ y,\ z \in \mathbb{R}\}$$

向量 $[x,\ y,\ z]$ 表示從原點到 $(x,\ y,\ z)$ 點的有向線段。注意到，若取 $z = 0$，一切就化成平面向量的情形。

例 2　由畢氏定理知，向量 $\mathbf{u} = [x,\ y,\ z]$ 的長度為

$$\|\mathbf{u}\| = \sqrt{x^2 + y^2 + z^2}$$　■

　　光有向量的集合，$\mathbb{R}^3$ 沒有賦予運算結構，還是空洞無用的。下面我們就來探討向量的運算。

　　對於兩個向量 $\mathbf{u} = [x_1,\ y_1,\ z_1]$ 與 $\mathbf{v} = [x_2,\ y_2,\ z_2]$，我們定義其和為

$$\begin{aligned}
\mathbf{u} + \mathbf{v} &= [x_1,\ y_1,\ z_1] + [x_2,\ y_2,\ z_2] \\
&= [x_1 + x_2,\ y_1 + y_2,\ z_1 + z_2]
\end{aligned} \tag{3}$$

換句話說，和向量的成分是兩向量成分的和。事實上，這個定義是從物理上兩向量相加之**平行四邊形法則**得來，參見圖 6–11：

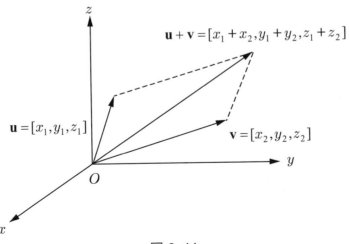

圖 6–11

另外，我們定義一個向量 $\mathbf{u} = [x, y, z]$ 與一個實數 α 的**係數乘法**如下：

$$\alpha\mathbf{u} = \alpha \cdot [x, y, z] = [\alpha x, \alpha y, \alpha z] \qquad\qquad (4)$$

換句話說，$\alpha\mathbf{u}$ 表示將 $\mathbf{u}$ 放大 α 倍的向量：當 $\alpha = 0$ 時，$\alpha\mathbf{u} = \mathbf{0}$；當 $\alpha > 0$ 時，$\alpha\mathbf{u}$ 表示一個與 $\mathbf{u}$ 同向而大小為 $\|\mathbf{u}\|$ 之 α 倍的向量；當 $\alpha < 0$ 時，$\alpha\mathbf{u}$ 表示一個與 $\mathbf{u}$ 反向而大小為 $\|\mathbf{u}\|$ 的 $|\alpha|$ 倍之向量。注意到，向量 $(-1)\mathbf{u}$ 通常記成 $-\mathbf{u}$。

（註：上述可推廣到 n 維空間 $\mathbb{R}^n = \{[x_1, x_2, \cdots, x_n] : x_i \in \mathbb{R}\}$，一點都不困難！不過我們還是著意在 $\mathbb{R}^3$ 的情形。）

　　下面定理是有關於向量加法與係數乘法的基本性質，只要按照定義及實數系的運算性質立即就可證得

定　理

設 $\mathbf{u} = [x_1, y_1, z_1]$, $\mathbf{v} = [x_2, y_2, z_2]$, $\mathbf{w} = [x_3, y_3, z_3]$ 為 $\mathbb{R}^3$ 中任意三個向量，則下列性質成立：

(1) $\mathbf{u} + \mathbf{v} = \mathbf{v} + \mathbf{u}$ 　　　　　　　　　　　　　　（交換律）

(2) $\mathbf{u} + (\mathbf{v} + \mathbf{w}) = (\mathbf{u} + \mathbf{v}) + \mathbf{w}$ 　　　　　　　　　（結合律）

(3) $\mathbf{u} + \mathbf{0} = \mathbf{u}$ 　　　　　　　　　　　　　　（零向量的特性）

(4) 存在 $-\mathbf{u}$ 使得 $\mathbf{u} + (-\mathbf{u}) = \mathbf{0}$ 　　　　　　（逆向量之存在性）

(5) $\alpha(\beta\mathbf{u}) = (\alpha\beta)\mathbf{u}$, $\alpha, \beta \in \mathbb{R}$

(6) $1 \cdot \mathbf{u} = \mathbf{u}$

(7) $\alpha(\mathbf{u} + \mathbf{v}) = \alpha\mathbf{u} + \alpha\mathbf{v}$

(8) $(\alpha + \beta)\mathbf{u} = \alpha\mathbf{u} + \beta\mathbf{u}$

我們再引入三個方便的記號：$\mathbf{i} = [1, 0, 0]$, $\mathbf{j} = [0, 1, 0]$, $\mathbf{k} = [0, 0, 1]$，叫做**吉布斯 (Gibbs)** 的基本向量。這是 $\mathbb{R}^3$ 中 x, y, z 三軸正向的單位向量，見圖 6-12（甲）。於是任何向量 $\mathbf{u} = [x, y, z]$ 都可表成 $\mathbf{u} = x\mathbf{i} + y\mathbf{j} + z\mathbf{k}$，這是因為

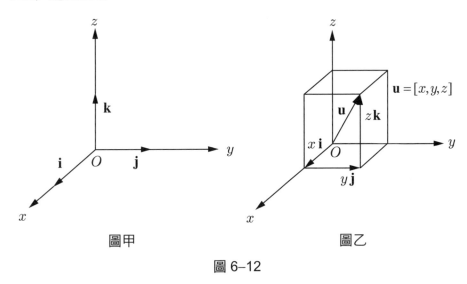

圖甲   圖乙

圖 6-12

$$xi + yj + zk = x[1, 0, 0] + y[0, 1, 0] + z[0, 0, 1]$$
$$= [x, 0, 0] + [0, y, 0] + [0, 0, z]$$
$$= [x, y, z] \quad （見圖 6-12 （乙））$$

（註：$\mathbf{0} = 0\mathbf{i} + 0\mathbf{j} + 0\mathbf{k}$, $\mathbf{i} = 1\mathbf{i} + 0\mathbf{j} + 0\mathbf{k}$ 等等。）

因此我們可以把向量空間 $\mathbb{R}^3$ 看成 $\{x\mathbf{i} + y\mathbf{j} + z\mathbf{k} : x, y, z \in \mathbb{R}\}$。$x$, y, z 分別稱為向量 $x\mathbf{i} + y\mathbf{j} + z\mathbf{k}$ 的第一、二、三成分，或 x 軸、y 軸、z 軸的分量。而向量加法與係數乘法可以表成

$$(x_1\mathbf{i} + y_1\mathbf{j} + z_1\mathbf{k}) + (x_2\mathbf{i} + y_2\mathbf{j} + z_2\mathbf{k})$$
$$= (x_1 + x_2)\mathbf{i} + (y_1 + y_2)\mathbf{j} + (z_1 + z_2)\mathbf{k}$$

$$\alpha(x\mathbf{i} + y\mathbf{j} + z\mathbf{k}) = (\alpha x)\mathbf{i} + (\alpha y)\mathbf{j} + (\alpha z)\mathbf{k}$$

本節提要

(1)向量是有方向與大小（值）的東西，在幾何上可以用有向線段來表示。三維空間之向量 **u** 可以利用直角坐標系之吉布斯基本向量 **i**, **j**, **k** 表成 $\mathbf{u} = x\mathbf{i} + y\mathbf{j} + z\mathbf{k}$ 之形，或 $\mathbf{u} = [x, y, z]$，而 x, y, z 為其成分。

(2)向量之加法，或乘以一純量（係數），只是逐成分運算。

(3)如何建立空間之直角坐標系？

(4)空間兩點之間的距離公式為何？

習 題 6-2

1.設 $\mathbf{u} = \mathbf{i} + 2\mathbf{k}$, $\mathbf{v} = \mathbf{j} + 2\mathbf{k}$, $\mathbf{w} = \mathbf{i} + \mathbf{j} - \mathbf{k}$，計算下列各向量：

(1) $\mathbf{u} + \mathbf{v} - 2\mathbf{w}$

(2) $3\mathbf{u} - \mathbf{v} + 2\mathbf{w}$

(3) $7\mathbf{u} - 8\mathbf{v}$

(4) $(-1)\mathbf{w} + (-2)\mathbf{v}$

2.設 $\mathbf{u} = 3\mathbf{i} - \mathbf{j} - 4\mathbf{k}$, $\mathbf{v} = -2\mathbf{i} + 4\mathbf{j} - 3\mathbf{k}$, $\mathbf{w} = \mathbf{i} + 2\mathbf{j} - \mathbf{k}$，試求：

(1) $\|2\mathbf{u} - \mathbf{v} + 3\mathbf{w}\|$

(2) $\|\mathbf{u} + \mathbf{v} + \mathbf{w}\|$

(3) $\|3\mathbf{u} - 2\mathbf{v} + 4\mathbf{w}\|$

(4)跟 $3\mathbf{u} - 2\mathbf{v} + 4\mathbf{w}$ 平行的單位向量

3.設 $\mathbf{u} = 3\mathbf{i} - 2\mathbf{j} + \mathbf{k}$, $\mathbf{v} = 2\mathbf{i} - 4\mathbf{j} - 3\mathbf{k}$, $\mathbf{w} = -\mathbf{i} + 2\mathbf{j} + 2\mathbf{k}$，求 $\mathbf{u} + \mathbf{v} + \mathbf{w}$。

4.設 $\mathbf{u} = 2\mathbf{i} - \mathbf{j} + \mathbf{k}$, $\mathbf{v} = \mathbf{i} + 3\mathbf{j} - 2\mathbf{k}$, $\mathbf{w} = -2\mathbf{i} + \mathbf{j} - 3\mathbf{k}$，求 a, b 使

$$\mathbf{w} = a\mathbf{u} + b\mathbf{v}$$

5.求向量 $\mathbf{u} = 3\mathbf{i} - 6\mathbf{j} + 2\mathbf{k}$ 跟 x, y, z 三軸的夾角及方向餘弦。

（註：這些夾角叫做 **u** 的方向角，方向角的餘弦叫做方向餘弦。）

6.求下列兩點之間的距離：

(1) $(3, 1, 2)$, $(-5, 0, 1)$

(2) $(1, -4, 5)$, $(3, -1, 2)$

(3) $(-2, 0, 4)$, $(-5, -1, 2)$

(4) (a, b, c), (b, c, a)

7.給兩向量 **u**, **v**，試作出下列各向量：

(1) **u** + **v**　　　　　　　　　　(2) **u** − **v**

(3) **v** − **u**　　　　　　　　　　(4) −**u** − **v**

6–3　內積及其在幾何與物理上的意義

在幾何學的研究中，**長度**與**角度**是兩個最常見而重要的基本量。例如向量含有長度與方向兩個要素，而方向又可以看成是相對於某一基準線的旋轉角度。另外，在物理學中，功 (work) 的概念非常重要。事實上，物理學的問題大多牽涉到能量與功的問題。

這一節我們要來說明，不論是幾何學裡的「長度」與「角度」，或是物理學裡的「功」，都可以利用向量的內積運算來掌握！由此可見內積運算的重要性。

因此向量空間 $\mathbb{R}^3$ 除了有加法與係數乘法之外，還有內積運算（另外在第四冊我們還會談到向量的外積運算）。如此這般，向量集 $\mathbb{R}^3$ 再賦予上述四種運算構造，就形成了一個代數體系。它是用來研究幾何學與物理學非常有力的計算工具！這是人們企圖要用計算（而不是靠吹牛）來掌握外在世界，經過日久天長的努力所累積下來的處理問題的一套方法。

甲、功與內積的定義

在物理學中，力 **F** 作用到一個質點上，產生了位移 **S**，我們就說力對質點作了功！注意到，力與位移都是向量。力對質點作功，必使質點的位能或動能改變（增加或減少）。

如何給「功」的概念作定量的描述？說得更確切一點，如何定義功？

考慮一個**不變力** (constant force) **F** 對一質點作用，質點沿直線位移 **S**，則我們定義此力對質點所作的**功**為

$$W = \underbrace{\|\mathbf{F}\|\cos\theta}_{\substack{\text{力在位移方向的成分}\\(\text{或貢獻、投影})}} \cdot \underbrace{\|\mathbf{S}\|}_{\substack{\text{位移的}\\\text{距離}}} = \|\mathbf{F}\|\,\|\mathbf{S}\|\cos\theta \tag{1}$$

其中 θ 為兩向量的夾角（見圖 6–13）。

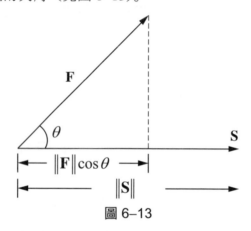

圖 6–13

換句話說，功就是力在位移方向的成分（或貢獻、投影）$\|\mathbf{F}\|\cos\theta$ 乘以位移的大小 $\|\mathbf{S}\|$。亦即功跟力的大小 $\|\mathbf{F}\|$ 與位移的大小 $\|\mathbf{S}\|$，以及兩向量的夾角餘弦 $\cos\theta$ 有關。這樣的定義是很自然而合理的。

注意到，力 **F** 不一定要跟質點位移的方向一致！這並不奇怪，例如質點本來在運動之中，從側面施以一個力使其運動方向改變；又如圓周運動，力的方向與運動的方向恆垂直！

一般而言，對於三維空間 $\mathbb{R}^3$ 中的任何兩向量 **u** 與 **v**，我們定義它們的**內積** (inner product) 為

$$\mathbf{u} \cdot \mathbf{v} = \|\mathbf{u}\| \cdot \|\mathbf{v}\|\cos\theta \tag{2}$$

（註：內積又叫**點積** (dot product)，也叫做**純量積** (scalar product)。兩向量的內積是一個實數，不再是一個向量。）

　　根據上述，內積的物理意義就是功！當兩向量互相垂直時，所作的功為 0，即不作功；當兩向量的夾角大於 90° 小於等於 180° 時，所作的功為**負功**。

乙、內積的一些性質

　　上述內積的定義（即(2)式），有個缺點，即不容易計算。假設給你兩個向量

$$\mathbf{u} = x_1\mathbf{i} + y_1\mathbf{j} + z_1\mathbf{k}, \ \mathbf{v} = x_2\mathbf{i} + y_2\mathbf{j} + z_2\mathbf{k}$$

如何計算內積 $\mathbf{u} \cdot \mathbf{v}$ 呢？

　　下面我們要來尋求計算內積更方便的方法。首先我們必須探究內積的一些性質。按內積的定義，我們很容易驗證內積具有下列的性質：

定 理 1

(1) $\mathbf{u} \cdot \mathbf{v} = \mathbf{v} \cdot \mathbf{u}$（交換律）   (3)

(2) $\mathbf{u} \cdot (\mathbf{v} + \mathbf{w}) = \mathbf{u} \cdot \mathbf{v} + \mathbf{u} \cdot \mathbf{w}$（分配律）   (4)

(3) $\mathbf{u} \cdot (\alpha\mathbf{v}) = \alpha(\mathbf{u} \cdot \mathbf{v})$（結合律）   (5)

證明　(1)是顯然的，我們先證明(2)

　　　　作一個參考圖：

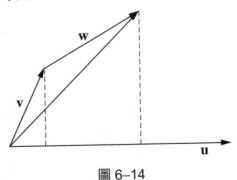

圖 6–14

立即看出

$\mathbf{v}$ 在 $\mathbf{u}$ 方向的投影 + $\mathbf{w}$ 在 $\mathbf{u}$ 方向的投影

$= (\mathbf{v} + \mathbf{w})$ 在 $\mathbf{u}$ 方向的投影

兩邊再乘以 $\|\mathbf{u}\|$ 就得到

$$\mathbf{u} \cdot \mathbf{v} + \mathbf{u} \cdot \mathbf{w} = \mathbf{u} \cdot (\mathbf{v} + \mathbf{w})$$

其次證明(3)。作一個參考圖：

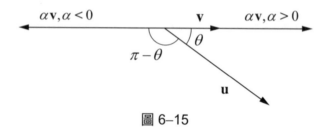

圖 6–15

當 $\alpha = 0$ 時，顯然(3)成立。當 $\alpha > 0$ 時，$\alpha\mathbf{v}$ 與 $\mathbf{v}$ 同方向，故 $\alpha\mathbf{v}$ 與 $\mathbf{u}$ 的夾角跟 $\mathbf{v}$ 與 $\mathbf{u}$ 的夾角相同，而且 $\alpha\mathbf{v}$ 的長度為 $\|\alpha\mathbf{v}\| = \alpha\|\mathbf{v}\|$。因此

$$\begin{aligned}
\mathbf{u} \cdot (\alpha\mathbf{v}) &= \|\mathbf{u}\| \cdot \|\alpha\mathbf{v}\| \cos\theta \\
&= \alpha\|\mathbf{u}\| \cdot \|\mathbf{v}\| \cos\theta \\
&= \alpha(\mathbf{u} \cdot \mathbf{v})
\end{aligned}$$

當 $\alpha < 0$ 時，$\alpha\mathbf{v}$ 與 $\mathbf{v}$ 反向，因此 $\alpha\mathbf{v}$ 與 $\mathbf{u}$ 的夾角為 $\pi - \theta$。又 $\alpha\mathbf{v}$ 的長度為 $\|\alpha\mathbf{v}\| = -\alpha\|\mathbf{v}\|$。因此

$$\mathbf{u} \cdot (\alpha\mathbf{v}) = \|\mathbf{u}\| \cdot \|\alpha\mathbf{v}\| \cos(\pi - \theta)$$
$$= -\alpha\|\mathbf{u}\| \cdot \|\mathbf{v}\| (-\cos\theta)$$
$$= \alpha\|\mathbf{u}\| \cdot \|\mathbf{v}\| \cos\theta$$
$$= \alpha(\mathbf{u} \cdot \mathbf{v})$$

綜合上述三種情形，我們已證明了(3) ■

定 理 2

$$\begin{cases} \mathbf{i} \cdot \mathbf{i} = \mathbf{j} \cdot \mathbf{j} = \mathbf{k} \cdot \mathbf{k} = 1 \\ \mathbf{i} \cdot \mathbf{j} = \mathbf{i} \cdot \mathbf{k} = \mathbf{k} \cdot \mathbf{j} = 0 \end{cases} \tag{6}$$

利用定理 1 與定理 2，我們立即得到

定 理 3

$$\mathbf{u} \cdot \mathbf{v} = x_1 x_2 + y_1 y_2 + z_1 z_2 \tag{7}$$

證明
$$\mathbf{u} \cdot \mathbf{v} = (x_1\mathbf{i} + y_1\mathbf{j} + z_1\mathbf{k}) \cdot (x_2\mathbf{i} + y_2\mathbf{j} + z_2\mathbf{k})$$
$$= x_1\mathbf{i} \cdot (x_2\mathbf{i} + y_2\mathbf{j} + z_2\mathbf{k}) + y_1\mathbf{j} \cdot (x_2\mathbf{i} + y_2\mathbf{j} + z_2\mathbf{k})$$
$$\quad + z_1\mathbf{k} \cdot (x_2\mathbf{i} + y_2\mathbf{j} + z_2\mathbf{k})$$
$$= x_1 x_2 (\mathbf{i} \cdot \mathbf{i}) + y_1 y_2 (\mathbf{j} \cdot \mathbf{j}) + z_1 z_2 (\mathbf{k} \cdot \mathbf{k})$$
$$= x_1 x_2 + y_1 y_2 + z_1 z_2$$

■

換句話說，兩向量的內積，就是逐成分相乘再加起來。(7)式是計算內積一個非常方便的式子。有些作者就直接把(7)式當作內積的定義，然後再導出 $\mathbf{u} \cdot \mathbf{v} = \|\mathbf{u}\| \cdot \|\mathbf{v}\| \cos\theta$ 的結果。事實上，這兩個式子各有好處，不可偏廢。

例 1 求 $\mathbf{u} = [-1, 3, 1]$ 與 $\mathbf{v} = [-3, 1, 2]$ 之內積。

解
$$\mathbf{u} \cdot \mathbf{v} = (-1) \times (-3) + 3 \times 1 + 1 \times 2 = 3 + 3 + 2 = 8$$

隨堂練習 在下列各題中，求兩向量的內積：

(1) $[-3, 6, 2]$ 與 $[5, 7, 1]$。

(2) $[0, 5, -1]$ 與 $[1, -2, 3]$。

(3) $[3, 9, 3]$ 與 $[7, 3, 5]$。

(4) $[7, \sqrt{2}\pi, \sqrt{3}]$ 與 $[-2, -\dfrac{\sqrt{2}}{\pi}, \sqrt{6}]$。

定 理 4

$\mathbf{u} \cdot \mathbf{u} \geq 0$，並且 $\mathbf{u} \cdot \mathbf{u} = 0 \Leftrightarrow \mathbf{u} = \mathbf{0}$　　　　　　　　（正定性）

證明 令 $\mathbf{u} = [x, y, z]$，則

$$\mathbf{u} \cdot \mathbf{u} = x^2 + y^2 + z^2 \geq 0$$

又 $x^2 + y^2 + z^2 = 0 \Leftrightarrow x = y = z = 0 \Leftrightarrow \mathbf{u} = [0, 0, 0] = \mathbf{0}$

丙、內積與投影、長度、角度

內積可以用來掌握投影、長度與角度等幾何量，今分別說明於下：

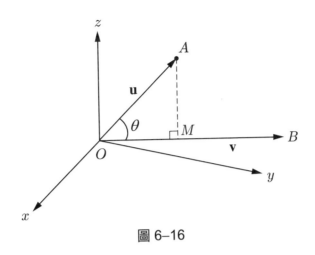

圖 6–16

由圖 6–16 知

$$\overline{OM} = \overline{OA}\cos\theta = \|\mathbf{u}\|\cos\theta$$

我們稱 $\overline{OM}$ 為 $\overline{OA}$ 在 $\overline{OB}$ 上的投影。故內積 $\mathbf{u}\cdot\mathbf{v}$ 等於「向量 $\mathbf{v}$ 的長度乘以 $\mathbf{u}$ 在 $\mathbf{v}$ 上的投影」（也等於「向量 $\mathbf{u}$ 的長度乘以 $\mathbf{v}$ 在 $\mathbf{u}$ 上的投影」）。特別地，當 $\|\mathbf{v}\| = 1$ 時，$\mathbf{u}\cdot\mathbf{v}$ 就表示 $\mathbf{u}$ 在 $\mathbf{v}$ 上的投影（有正負！）。

其次，由內積的定義 $\mathbf{u}\cdot\mathbf{v} = \|\mathbf{u}\|\cdot\|\mathbf{v}\|\cos\theta$ 得到

$$\cos\theta = \frac{\mathbf{u}\cdot\mathbf{v}}{\|\mathbf{u}\|\cdot\|\mathbf{v}\|} \tag{8}$$

於是就可以求出兩向量的夾角 θ 了。

最後，若向量 $\mathbf{u} = [x,\, y,\, z]$，則

$$\|\mathbf{u}\| = \sqrt{x^2 + y^2 + z^2} = \sqrt{\mathbf{u}\cdot\mathbf{u}} \tag{9}$$

故用內積可以表出向量的長度。

例 2 $\|3\mathbf{i} - 4\mathbf{j} + 5\mathbf{k}\| = \sqrt{9 + 16 + 25} = 5\sqrt{2}$。

例 3 求向量 $\mathbf{u} = [2, -1, 2]$ 與 $\mathbf{v} = [0, -3, 3]$ 之夾角。

解
$$\cos\theta = \frac{\mathbf{u} \cdot \mathbf{v}}{\|\mathbf{u}\| \cdot \|\mathbf{v}\|}$$

$$= \frac{2 \times 0 + (-1) \times (-3) + 2 \times 3}{\sqrt{2^2 + (-1)^2 + 2^2} \cdot \sqrt{0^2 + (-3)^2 + 3^2}}$$

$$= \frac{\sqrt{2}}{2}$$

$$\therefore \theta = 45°$$

例 4 試證 $-1 \le \dfrac{\mathbf{u} \cdot \mathbf{v}}{\|\mathbf{u}\| \cdot \|\mathbf{v}\|} \le 1$。

證明 因為 $\cos\theta = \dfrac{\mathbf{u} \cdot \mathbf{v}}{\|\mathbf{u}\| \cdot \|\mathbf{v}\|}$ 且 $-1 \le \cos\theta \le 1$，故得證

定　理 5

若 $\mathbf{u}$ 與 $\mathbf{v}$ 兩向量互相垂直，則 $\mathbf{u} \cdot \mathbf{v} = 0$。反之，若 $\mathbf{u} \cdot \mathbf{v} = 0$ 且 $\|\mathbf{u}\|$ 與 $\|\mathbf{v}\|$ 均不為 0，則 $\mathbf{u}$ 與 $\mathbf{v}$ 互相垂直。

證明 由內積的定義立即得證

例 5 設 $\mathbf{u} = [2, 4, -7]$, $\mathbf{v} = [2, 6, x]$，若 $\mathbf{u} \perp \mathbf{v}$，則 $x = ?$

解
$$\mathbf{u} \perp \mathbf{v} \Rightarrow \mathbf{u} \cdot \mathbf{v} = 0 \Rightarrow 2 \times 2 + 4 \times 6 + (-7)x = 0$$
$$\Rightarrow 7x = 28 \Rightarrow x = 4$$

例 6　(1)試證 $\|\mathbf{u}-\mathbf{v}\|^2 = \|\mathbf{u}\|^2 - 2\mathbf{u}\cdot\mathbf{v} + \|\mathbf{v}\|^2$。

　　　(2)試證 $(\mathbf{u}-\mathbf{v})\cdot(\mathbf{u}+\mathbf{v}) = \|\mathbf{u}\|^2 - \|\mathbf{v}\|^2$ 與

　　　　$(\mathbf{u}+\mathbf{v})\cdot(\mathbf{u}+\mathbf{v}) = \|\mathbf{u}\|^2 + 2\mathbf{u}\cdot\mathbf{v} + \|\mathbf{v}\|^2$。

證明　(1) $\|\mathbf{u}-\mathbf{v}\|^2 = (\mathbf{u}-\mathbf{v})\cdot(\mathbf{u}-\mathbf{v})$

　　　　　　　$= \mathbf{u}\cdot\mathbf{u} - \mathbf{v}\cdot\mathbf{u} - \mathbf{u}\cdot\mathbf{v} + \mathbf{v}\cdot\mathbf{v}$　　　　　　（分配律）

　　　　　　　$= \|\mathbf{u}\|^2 - 2\mathbf{u}\cdot\mathbf{v} + \|\mathbf{v}\|^2$　　　　　　　（交換律）

　　　(2) $(\mathbf{u}-\mathbf{v})\cdot(\mathbf{u}+\mathbf{v}) = \mathbf{u}\cdot\mathbf{u} + \mathbf{u}\cdot\mathbf{v} - \mathbf{v}\cdot\mathbf{u} - \mathbf{v}\cdot\mathbf{v} = \|\mathbf{u}\|^2 - \|\mathbf{v}\|^2$

　　　同理可證 $(\mathbf{u}+\mathbf{v})\cdot(\mathbf{u}+\mathbf{v}) = \|\mathbf{u}\|^2 + 2\mathbf{u}\cdot\mathbf{v} + \|\mathbf{v}\|^2$　■

定　理 6

$$\mathbf{u}\cdot\mathbf{v} = \frac{1}{2}(\|\mathbf{u}+\mathbf{v}\|^2 - \|\mathbf{u}\|^2 - \|\mathbf{v}\|^2) \tag{10}$$

證明　由例 6 立即可得證　■

（註：也有人拿(10)式來當作內積的定義。）

本節提要

(1)內積有種種定義法：設 $\mathbf{u} = [x_1,\, y_1,\, z_1]$, $\mathbf{v} = [x_2,\, y_2,\, z_2]$，則

$$\mathbf{u}\cdot\mathbf{v} = \|\mathbf{u}\|\cdot\|\mathbf{v}\|\cos\theta$$
$$= x_1 x_2 + y_1 y_2 + z_1 z_2$$
$$= \frac{1}{2}(\|\mathbf{u}+\mathbf{v}\|^2 - \|\mathbf{u}\|^2 - \|\mathbf{v}\|^2)$$

(2)內積是一個非常有用的運算，可用來掌握物理學中的功之概念，以
　　及幾何學中的投影、長度與角度。

(3)內積為零表示兩向量互相垂直。

習 題 6–3

1. 若 $\mathbf{a} = \mathbf{i} + 2\mathbf{j}$, $\mathbf{b} = 3\mathbf{i} - \mathbf{j}$，試求 $(2\mathbf{a} + \mathbf{b}) \cdot \mathbf{b}$ 之值。

2. 若 $a(3\mathbf{i} + 2\mathbf{j}) + b(-2\mathbf{i} - 3\mathbf{j}) = \mathbf{i} + \mathbf{j}$，試求 a, b 之值。

3. 設 $\mathbf{a} = \mathbf{i} + 2\mathbf{j} + \mathbf{k}$, $\mathbf{b} = \mathbf{i} + \mathbf{j} + \mathbf{k}$, $\mathbf{c} = 2\mathbf{j} + \mathbf{k}$，試求 $(\mathbf{a} + \mathbf{b}) \cdot \mathbf{c}$ 之值。

4. 若三向量 $\mathbf{i} + 2\mathbf{j} + (\lambda - 1)\mathbf{k}$, $4\mathbf{i} + \mathbf{j} - \lambda\mathbf{k}$ 及 $-\mathbf{i} + 2\mathbf{j} + (\lambda + 3)\mathbf{k}$ 中每二向量互相垂直，求 λ 之值。

5. 設二向量 $\mathbf{a} = [2, 2, -1]$, $\mathbf{b} = [1, 2, \lambda]$ 互相垂直，求 λ 之值。

6. 求下列兩向量的夾角：

   (1) $\mathbf{a} = [\sqrt{3}, 1]$, $\mathbf{b} = [-3, \sqrt{3}]$

   (2) $\mathbf{a} = [-3, 1]$, $\mathbf{b} = [3 + \sqrt{3}, 3\sqrt{3} - 1]$

   (3) $\mathbf{a} = [1, 0, 0]$, $\mathbf{b} = [0, 3, 0]$

   (4) $\mathbf{a} = [2, 4, -4]$, $\mathbf{b} = [0, 3, 3]$

7. 設空間中有一平面通過三點 $A = (-1, 0, 1)$, $B = (2, 1, 0)$, $C = (3, -1, 1)$，試求從點 $P = (2, 1, 4)$ 到此平面的最短距離。

6–4 向量積

設 $\mathbf{u}$, $\mathbf{v}$ 為兩個三維向量，我們要定義 $\mathbf{u}$, $\mathbf{v}$ 的**向量積**（或**外積**）為一向量 $\mathbf{w}$，使得 $\mathbf{w}$ 滿足下列性質：

   (1) $\mathbf{w}$ 與 $\mathbf{u}$, $\mathbf{v}$ 均垂直，即 $\mathbf{w}$ 與 $\mathbf{u}$, $\mathbf{v}$ 所定的平面垂直（向量可平行移動）。

   (2) $\mathbf{u}$, $\mathbf{v}$, $\mathbf{w}$ 在此順序下成右手系。

⑶ **w** 的長度，等於 **u**, **v** 所圍成的平行四邊形面積，即 $\|\mathbf{w}\|=\|\mathbf{u}\|\,\|\mathbf{v}\|$

$\sin\theta$，其中 θ 為 **u**, **v** 的夾角，$0\le\theta<\pi$。

我們將 **w** 記為 $\mathbf{u}\times\mathbf{v}$。換句話說，對於三維向量 **u**, **v** 我們定義它們的**向量積**：

$$\mathbf{u}\times\mathbf{v}=\|\mathbf{u}\|\cdot\|\mathbf{v}\|\sin\theta\cdot\mathbf{n}$$

其中單位向量 **n** 使 **u**, **v**, **n** 成為右手系，θ 為 **u**, **v** 的夾角。因此，$\mathbf{u}\times\mathbf{v}$ 為一向量，其方向為 **n**，而其大小等於 $\|\mathbf{u}\|\cdot\|\mathbf{v}\|\sin\theta$（即 **u**, **v** 所決定的平行四邊形的面積）。（見圖 6–17）

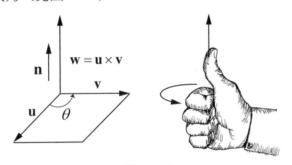

圖 6–17

現在談外積的計算。由外積的定義

$$\mathbf{u}\times\mathbf{v}=\|\mathbf{u}\|\cdot\|\mathbf{v}\|\sin\theta\cdot\mathbf{n}$$

立即看出 $\mathbf{u}\times\mathbf{v}=-\mathbf{v}\times\mathbf{u}$。　　　　　　　　　　　　（交代性）

因此外積運算，交換律不成立，這告訴我們對順序要小心!

其次分配律成立：

$$\mathbf{u}\times(\mathbf{v}+\mathbf{w})=\mathbf{u}\times\mathbf{v}+\mathbf{u}\times\mathbf{w}$$

另外，很顯然我們有

$$\mathbf{i}\times\mathbf{j}=\mathbf{k}=-(\mathbf{j}\times\mathbf{i}),\ \mathbf{j}\times\mathbf{k}=\mathbf{i}=-(\mathbf{k}\times\mathbf{j})$$

$$\mathbf{k}\times\mathbf{i}=\mathbf{j}=-(\mathbf{i}\times\mathbf{k}),\ \mathbf{i}\times\mathbf{i}=0=\mathbf{k}\times\mathbf{k}=\mathbf{j}\times\mathbf{j}$$

$$(\alpha\mathbf{u})\times\mathbf{v}=\alpha(\mathbf{u}\times\mathbf{v})$$

由分配律，立即得到

定 理

設 $\mathbf{u}=x_1\mathbf{i}+y_1\mathbf{j}+z_1\mathbf{k},\ \mathbf{v}=x_2\mathbf{i}+y_2\mathbf{j}+z_2\mathbf{k}$，則

$$\mathbf{u}\times\mathbf{v}=(y_1z_2-z_1y_2)\mathbf{i}+(x_2z_1-x_1z_2)\mathbf{j}+(x_1y_2-x_2y_1)\mathbf{k}$$

物理上外積的例子就是**力矩** (torque)。如圖 6–18，考慮一個剛體，固定於原點 O，今施一力 $\mathbf{F}$，假設 O 點到著力點的向徑為 $\mathbf{r}$，則定義力矩為

$$\tau=\mathbf{r}\times\mathbf{F}$$

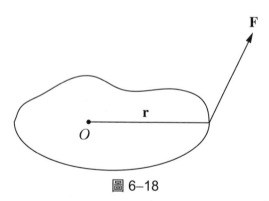

圖 6–18

力矩跟原點有關，而原點通常是不動的定點，此時剛體只能轉動，我們考慮角加速度就好了。如果只限於平面上旋轉的情形，只須用一個數來描述剛體的運動。至於空間的情形，那就不同了，我們還須說明如何轉動，對那一個軸轉動！

當支點固定時，我們考慮角加速度，力矩，轉動慣量，這跟牛頓第二運動定律 $\mathbf{F} = m\mathbf{a}$ 有平行的類推，我們有 $\tau = I\alpha$，其中 τ 表力矩，I 表轉動慣量，α 表角加速度。

例 1 設 $\mathbf{u} = 2\mathbf{i} - 3\mathbf{j} - \mathbf{k}, \mathbf{v} = \mathbf{i} + 4\mathbf{j} - 2\mathbf{k}$，試求

(1) $\mathbf{u} \times \mathbf{v}$。　　　　　　(2) $\mathbf{v} \times \mathbf{u}$。　　　　　　(3) $(\mathbf{u} + \mathbf{v}) \times (\mathbf{u} - \mathbf{v})$。

解　(1) $\mathbf{u} \times \mathbf{v} = [(-3) \cdot (-2) - (-1) \cdot (4)]\mathbf{i} - [2 \cdot (-2) - 1 \cdot (-1)]\mathbf{j}$
$$+ [2 \cdot 4 - (-3) \cdot 1]\mathbf{k}$$
$$= 10\mathbf{i} + 3\mathbf{j} + 11\mathbf{k}$$

(2) $\mathbf{v} \times \mathbf{u} = [4 \cdot (-1) - (-2) \cdot (-3)]\mathbf{i} - [1 \cdot (-1) - (-2) \cdot 2]\mathbf{j}$
$$+ [1 \cdot (-3) - 2 \cdot 4]\mathbf{k}$$
$$= -10\mathbf{i} - 3\mathbf{j} - 11\mathbf{k}$$

(3) $\mathbf{u} + \mathbf{v} = (2\mathbf{i} - 3\mathbf{j} - \mathbf{k}) + (\mathbf{i} + 4\mathbf{j} - 2\mathbf{k}) = 3\mathbf{i} + \mathbf{j} - 3\mathbf{k}$

$\mathbf{u} - \mathbf{v} = (2\mathbf{i} - 3\mathbf{j} - \mathbf{k}) - (\mathbf{i} + 4\mathbf{j} - 2\mathbf{k}) = \mathbf{i} - 7\mathbf{j} + \mathbf{k}$

$$\therefore (\mathbf{u} + \mathbf{v}) \times (\mathbf{u} - \mathbf{v}) = \begin{vmatrix} \mathbf{i} & \mathbf{j} & \mathbf{k} \\ 3 & 1 & -3 \\ 1 & -7 & 1 \end{vmatrix}$$
$$= -20\mathbf{i} - 6\mathbf{j} - 22\mathbf{k}$$

隨堂練習　設 $\mathbf{u} = 3\mathbf{i} - \mathbf{j} + 2\mathbf{k}, \mathbf{v} = 2\mathbf{i} + \mathbf{j} - \mathbf{k}, \mathbf{w} = \mathbf{i} - 2\mathbf{j} + 2\mathbf{k}$，試求：

(1) $(\mathbf{u} \times \mathbf{v}) \cdot \mathbf{w}$。　　　　　　(2) $\mathbf{u} \times (\mathbf{v} \times \mathbf{w})$。

例 2　求兩個單位向量，其同時垂直於 $\mathbf{u} = 2\mathbf{i} + 2\mathbf{j} - 3\mathbf{k}$ 與 $\mathbf{v} = \mathbf{i} + 3\mathbf{j} + \mathbf{k}$。

解　我們知道 $\mathbf{u} \times \mathbf{v}$ 垂直於 $\mathbf{u}$ 與 $\mathbf{v}$，今計算 $\mathbf{u} \times \mathbf{v}$ 如下：

$$\mathbf{u} \times \mathbf{v} = 11\mathbf{i} - 5\mathbf{j} + 4\mathbf{k}$$

此向量的長度為

$$\|\mathbf{u}\times\mathbf{v}\|=\sqrt{11^2+(-5)^2+4^2}=9\sqrt{2}$$

因此所欲求的單位向量為

$$\mathbf{n}=\frac{\mathbf{u}\times\mathbf{v}}{\|\mathbf{u}\times\mathbf{v}\|}$$

$$=\frac{11}{9\sqrt{2}}\mathbf{i}-\frac{5}{9\sqrt{2}}\mathbf{j}+\frac{4}{9\sqrt{2}}\mathbf{k}$$

如果我們當初改用 $\mathbf{v}\times\mathbf{u}$ 來計算，則得 $-\mathbf{n}$

因此所求的兩個單位向量為

$$\pm(\frac{11\sqrt{2}}{18}\mathbf{i}-\frac{5\sqrt{2}}{18}\mathbf{j}+\frac{2\sqrt{2}}{9}\mathbf{k})$$

例 3　求由 $\mathbf{u}=\mathbf{i}+\mathbf{j}-3\mathbf{k}$ 與 $\mathbf{v}=-6\mathbf{j}+5\mathbf{k}$ 所決定的平行四邊形的面積。

解　　　　　　　　　$\mathbf{u}\times\mathbf{v}=-13\mathbf{i}-5\mathbf{j}-6\mathbf{k}$

$\|\mathbf{u}\times\mathbf{v}\|=\sqrt{13^2+5^2+6^2}=\sqrt{230}$ 是為所求之面積

本節提要

(1)向量的外積是由物理學的力矩、角動量等概念產生的。

(2)設 $\mathbf{u}=x_1\mathbf{i}+y_1\mathbf{j}+z_1\mathbf{k}$, $\mathbf{v}=x_2\mathbf{i}+y_2\mathbf{j}+z_2\mathbf{k}$，則 $\mathbf{u}$ 與 $\mathbf{v}$ 的外積定義為

$$\mathbf{u}\times\mathbf{v}=(y_1z_2-z_1y_2)\mathbf{i}+(x_2z_1-x_1z_2)\mathbf{j}+(x_1y_2-x_2y_1)\mathbf{k}$$

(3)外積運算的交換律不成立！

習　題　6-4

1.計算下列各式:

(1) $(\mathbf{i} + \mathbf{j} + \mathbf{k}) \times (2\mathbf{i} + \mathbf{k})$

(2) $(2\mathbf{i} - \mathbf{k}) \times (\mathbf{i} - 2\mathbf{j} + 2\mathbf{k})$

(3) $[2\mathbf{i} + \mathbf{j}] \cdot [(\mathbf{i} - 3\mathbf{j} + \mathbf{k}) \times (4\mathbf{i} + \mathbf{k})]$

(4) $[(-2\mathbf{i} + \mathbf{j} - 3\mathbf{k}) \times \mathbf{i}] \times [\mathbf{i} + \mathbf{j}]$

(5) $[(\mathbf{i} - \mathbf{j}) \times (\mathbf{j} - \mathbf{k})] \times [\mathbf{i} + 5\mathbf{k}]$

(6) $[\mathbf{i} - \mathbf{j}] \times [(\mathbf{j} - \mathbf{k}) \times (\mathbf{j} + 5\mathbf{k})]$

2.證明: $\|\mathbf{a} \times \mathbf{b}\|^2 = \|\mathbf{a}\|^2 \|\mathbf{b}\|^2 - (\mathbf{a} \cdot \mathbf{b})^2$。

3.求 $\triangle PQR$ 的面積:

(1) $P = (0, 1, 0)$, $Q = (-1, 1, 2)$, $R = (2, 1, -1)$

(2) $P = (1, 2, 3)$, $Q = (-1, 3, 2)$, $R = (3, -1, 2)$

*6-5　向量運算體系的應用

　　在國中我們學過代數與幾何，因此知道代數的基本功能是**計算**，幾何的基本功能是**推理**。前者易算難明，後者易明難算。於是人們開始問: 幾何是不是也可以用計算來研究? 亦即幾何是否可以代數化? 向量運算體系的引入就是要解決這個問題的，而且是肯定的解決。

　　要言之，向量是最基本的幾何量。向量的加法、係數乘法與內積三個運算是空間結構的代數化。有了向量運算體系就可以用計算來掌握幾何。這裡我們只能舉一些用向量運算來處理問題的例子，有些是在國中已學過的平面幾何定理。

定 理 1

（柯西不等式）(Cauchy-Schwarz)

設 $\mathbf{u} = [a_1,\ a_2,\ a_3]$，$\mathbf{v} = [b_1,\ b_2,\ b_3]$，則

$$(\mathbf{u} \cdot \mathbf{v})^2 \leq \|\mathbf{u}\|^2 \cdot \|\mathbf{v}\|^2 \tag{1}$$

用向量的坐標成分來表示就是

$$(a_1b_1 + a_2b_2 + a_3b_3)^2 \leq (a_1^2 + a_2^2 + a_3^2) \cdot (b_1^2 + b_2^2 + b_3^2) \tag{2}$$

證明　因為 $\mathbf{u} \cdot \mathbf{v} = \|\mathbf{u}\| \cdot \|\mathbf{v}\| \cos\theta$，兩邊平方得

$$(\mathbf{u} \cdot \mathbf{v})^2 = \|\mathbf{u}\|^2 \cdot \|\mathbf{v}\|^2 \cos^2\theta$$

$$\leq \|\mathbf{u}\|^2 \cdot \|\mathbf{v}\|^2 \quad (\because \cos^2\theta \leq 1) \qquad \blacksquare$$

定 理 2

三角不等式：$\|\mathbf{u} + \mathbf{v}\| \leq \|\mathbf{u}\| + \|\mathbf{v}\|$。

證明　$\|\mathbf{u} + \mathbf{v}\|^2 = (\mathbf{u} + \mathbf{v}) \cdot (\mathbf{u} + \mathbf{v})$

$$= \|\mathbf{u}\|^2 + 2\mathbf{u} \cdot \mathbf{v} + \|\mathbf{v}\|^2$$

$$\leq \|\mathbf{u}\|^2 + 2\|\mathbf{u}\| \cdot \|\mathbf{v}\| + \|\mathbf{v}\|^2$$

$$= (\|\mathbf{u}\| + \|\mathbf{v}\|)^2$$

$$\therefore \|\mathbf{u} + \mathbf{v}\| \leq \|\mathbf{u}\| + \|\mathbf{v}\|$$

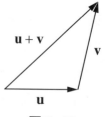

圖 6–19　　■

定　理 3

（畢氏定理）

$$\mathbf{u} \perp \mathbf{v} \Leftrightarrow \|\mathbf{u} + \mathbf{v}\|^2 = \|\mathbf{u}\|^2 + \|\mathbf{v}\|^2$$

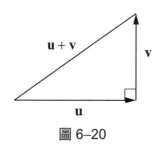

圖 6–20

證明　$\mathbf{u} \perp \mathbf{v} \Leftrightarrow \mathbf{u} \cdot \mathbf{v} = 0$

$\Leftrightarrow \|\mathbf{u} + \mathbf{v}\|^2 = (\mathbf{u} + \mathbf{v}) \cdot (\mathbf{u} + \mathbf{v})$

$= \|\mathbf{u}\|^2 + 2\mathbf{u} \cdot \mathbf{v} + \|\mathbf{v}\|^2$

$= \|\mathbf{u}\|^2 + \|\mathbf{v}\|^2$ ∎

定　理 4

（圓冪定理）

在圖 6–21，Γ 是一個以 O 點為圓心，r 為半徑的圓。$\overline{PT}$ 是由圓外一定點 P 到 Γ 的一條切線，L 是由 P 點起始的一條射線，交 Γ 於 Q、R 兩點，則

$$\overline{PQ} \cdot \overline{PR} = \overline{PT}^2$$

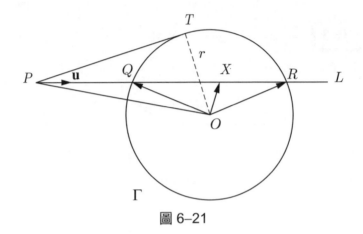

圖 6–21

證明 令 **u** 為射線 L 的方向上之單位向量，α 與 β 分別是 $\overline{PQ}$ 與 $\overline{PR}$ 的長度。於是

$$\overrightarrow{OQ} = \overrightarrow{OP} + \overrightarrow{PQ} = \overrightarrow{OP} + \alpha\mathbf{u}$$

$$\overrightarrow{OR} = \overrightarrow{OP} + \overrightarrow{PR} = \overrightarrow{OP} + \beta\mathbf{u}$$

再設 X 是射線 L 上的動點，$\overline{PX}$ 的長度為 x，則 $\overrightarrow{PX} = x\mathbf{u}$，$\overrightarrow{OX} = \overrightarrow{OP} + \overrightarrow{PX} = \overrightarrow{OP} + x\mathbf{u}$。但是 X 點在圓 Γ 上的條件是 $\overrightarrow{OX} \cdot \overrightarrow{OX} = r^2$，亦即 α, β 為下列 x 的方程式之兩根：

$$(\overrightarrow{OP} + x\mathbf{u}) \cdot (\overrightarrow{OP} + x\mathbf{u}) = r^2$$

由內積分配律與 $\mathbf{u} \cdot \mathbf{u} = 1$ 得知

$$x^2 + 2(\overrightarrow{OP} \cdot \mathbf{u})x + \left\|\overrightarrow{OP}\right\|^2 - r^2 = 0$$

由二次方程式的根與係數關係得

$$\left\|\overrightarrow{PQ}\right\| \cdot \left\|\overrightarrow{PR}\right\| = \alpha \cdot \beta = \left\|\overrightarrow{OP}\right\|^2 - r^2 = \overrightarrow{PT}^2 \quad （商高定理）$$

亦即

$$\overrightarrow{PQ} \cdot \overrightarrow{PR} = \overline{PT}^2$$

定 理 5

以向量的方法證明半圓內以直徑為一邊的內接三角形必為直角三角形。

證明 設圓的方程式為

$$x^2 + y^2 = r^2$$

$P = (x, y)$ 為圓上一點，則

$$\overrightarrow{AP} \equiv \mathbf{u} = [x + r, \ y]$$

$$\overrightarrow{BP} \equiv \mathbf{v} = [x - r, \ y]$$

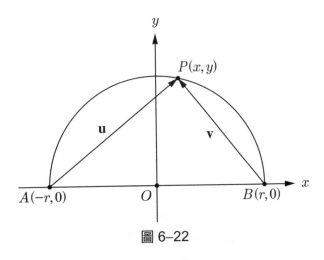

圖 6–22

計算內積

$$\mathbf{u} \cdot \mathbf{v} = [x + r, \ y] \cdot [x - r, \ y]$$
$$= (x + r)(x - r) + y^2$$
$$= x^2 + y^2 - r^2 = 0$$

因此 $\mathbf{u} \perp \mathbf{v}$，亦即 $\angle APB$ 為直角 ∎

隨堂練習 一個正四面體的四頂點為 O, A, B, C，其中 O 為原點。已知位置向量（或向徑）

$$\overrightarrow{OA} = -\mathbf{i} + \mathbf{j}, \ \overrightarrow{OB} = a\mathbf{i} + b\mathbf{j}, \ \overrightarrow{OC} = p\mathbf{i} + q\mathbf{j} + r\mathbf{k}$$

試求 a, b, p, q, r，但是 $a > 0, r > 0$。

定　理 6

（餘弦定律）

在 $\triangle ABC$ 中，試證

$$b^2 = a^2 + c^2 - 2ac\cos\theta$$

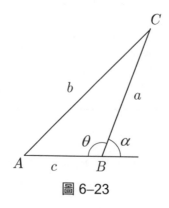

圖 6–23

證明 令 $\overrightarrow{AB} = \mathbf{u}$, $\overrightarrow{BC} = \mathbf{v}$

則 $\overrightarrow{AC} = \overrightarrow{AB} + \overrightarrow{BC} = \mathbf{u} + \mathbf{v}$

考慮內積

$$(\mathbf{u} + \mathbf{v}) \cdot (\mathbf{u} + \mathbf{v}) = \mathbf{u} \cdot \mathbf{u} + 2\mathbf{u} \cdot \mathbf{v} + \mathbf{v} \cdot \mathbf{v}$$

$$= \|\mathbf{u}\|^2 + \|\mathbf{v}\|^2 + 2\|\mathbf{u}\| \cdot \|\mathbf{v}\| \cos \alpha$$

$$\therefore \|\mathbf{u} + \mathbf{v}\|^2 = \|\mathbf{u}\|^2 + \|\mathbf{v}\|^2 + 2\|\mathbf{u}\| \cdot \|\mathbf{v}\| \cos(\pi - \theta)$$

$$= \|\mathbf{u}\|^2 + \|\mathbf{v}\|^2 - 2\|\mathbf{u}\| \cdot \|\mathbf{v}\| \cos \theta$$

亦即

$$b^2 = a^2 + c^2 - 2ac \cos \theta \qquad \blacksquare$$

例 1 試求通過向量 $\mathbf{u} = \mathbf{i} + 5\mathbf{j} + 3\mathbf{k}$ 的終點 Q，並且跟 $\mathbf{v} = 2\mathbf{i} + 3\mathbf{j} + 6\mathbf{k}$ 垂直的平面方程式。

解 設 $P(x, y, z)$ 為平面上任意點，且 $r = \overrightarrow{OP}$，則

$\overrightarrow{PQ} = \mathbf{u} - \mathbf{r}$ 恆與 $\mathbf{v}$ 垂直

即 $(\mathbf{u} - \mathbf{r}) \cdot \mathbf{v} = 0$

或是 $\mathbf{r} \cdot \mathbf{v} = \mathbf{u} \cdot \mathbf{v}$

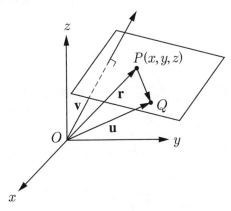

圖 6–24

因此

$$(x\mathbf{i} + y\mathbf{j} + z\mathbf{k}) \cdot (2\mathbf{i} + 3\mathbf{j} + 6\mathbf{k})$$
$$= (\mathbf{i} + 5\mathbf{j} + 3\mathbf{k}) \cdot (2\mathbf{i} + 3\mathbf{j} + 6\mathbf{k})$$

展開化簡得

$$2x + 3y + 6z = 35$$

這就是所欲求的平面方程式 ■

例 2　在上題中，求原點到平面的距離。

解　這個距離是 $\mathbf{u}$ 在 $\mathbf{v}$ 方向的投影

今 $\mathbf{v}$ 方向的單位向量為

$$\mathbf{a} = \frac{\mathbf{v}}{\|\mathbf{v}\|} = \frac{2\mathbf{i} + 3\mathbf{j} + 6\mathbf{k}}{\sqrt{2^2 + 3^2 + 6^2}} = \frac{2}{7}\mathbf{i} + \frac{3}{7}\mathbf{j} + \frac{6}{7}\mathbf{k}$$

因此 $\mathbf{u}$ 在 $\mathbf{v}$ 方向的投影為

$$\mathbf{u} \cdot \mathbf{a} = (\mathbf{i} + 5\mathbf{j} + 3\mathbf{k}) \cdot (\frac{2}{7}\mathbf{i} + \frac{3}{7}\mathbf{j} + \frac{6}{7}\mathbf{k}) = 5$$ ■

本節提要

　　向量雖是起源於物理學，但是發展向量的運算體系，不但可以有效地處理物理問題，也可以將整套的幾何學加以代數化，亦即可以利用向量的加法、係數乘法及內積的計算來掌握幾何。這是方法上的一大進步。

習 題 6-5

1. 設 $A = (4, -1, 5)$, $B = (8, 0, 6)$, $C = (5, -3, 3)$ 為空間中三點，試證 $\triangle ABC$ 為一直角三角形，並且求 $\cos \angle ACB$。

2. 設 **u**, **v** 為兩向量，試證

$$\|\mathbf{u} + \mathbf{v}\|^2 + \|\mathbf{u} - \mathbf{v}\|^2 = 2\|\mathbf{u}\|^2 + 2\|\mathbf{v}\|^2 \quad \text{（廣義的畢氏定理）}$$

3. 利用向量內積，證明

$$\cos(\alpha - \beta) = \cos \alpha \cos \beta + \sin \alpha \sin \beta$$

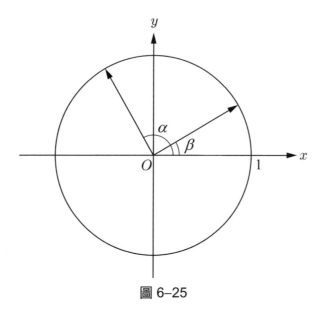

圖 6-25

第七章　行列式與矩陣

7-1　一次方程組之解法

甲、二元一次方程組的解法

例 1　有一農夫養了一些雞和兔，只知一共有 50 頭，腳 140 隻，問雞兔各有幾頭?

解　設雞有 x 頭，兔有 y 頭，則根據「頭數為 50」及「腳數為 140」的條件，我們得到下面的聯立方程組:

$$\begin{cases} x + y = 50 \ \cdots\cdots ① \\ 2x + 4y = 140 \ \cdots\cdots ② \end{cases}$$

(1)加減消去法: 例如消去 y

　①×4 − ②得

$$\begin{aligned} 4x + 4y &= 200 \\ -) \ 2x + 4y &= 140 \\ \hline 2x \quad\ \ &= 60 \end{aligned}$$

　∴ $x = 30$

　以 $x = 30$ 代入①式得 $y = 20$

(2)代入消去法: 例如消去 y

　由①式得

$$y = 50 - x$$

　代入②式得

　$2x + 4(50 - x) = 140$

　$\Rightarrow -2x = -60$

$$\Rightarrow x = 30$$

從而

$$y = 50 - x = 50 - 30 = 20$$

答：雞有 30 頭，兔有 20 頭

隨堂練習 雞兔共 21 頭，腳數共 62 隻，問各有幾頭？

例 2 解聯立方程組

$$\begin{cases} x + y = 1 \cdots\cdots ① \\ x - 2y = 7 \cdots\cdots ② \end{cases}$$

解 利用加減消去法：

①×2＋②得

$$\begin{array}{r} 2x + 2y = 2 \\ +)\ \ x - 2y = 7 \\ \hline 3x \qquad\ \ = 9 \end{array}$$

$$\therefore x = 3$$

代入①式得

$$3 + y = 1$$

$$\therefore y = -2$$

答：$x = 3,\ y = -2$

例 3 解聯立方程組

$$\begin{cases} 7x - 3y = 10 \cdots\cdots ① \\ 5x - 2y = 8 \cdots\cdots ② \end{cases}$$

解　我們採用代入消去法，例如消去 y。由②得

$$y = \frac{5x - 8}{2} \cdots\cdots ③$$

代入①式得

$$7x - 3\left(\frac{5x - 8}{2}\right) = 10$$

$$\Rightarrow 14x - 3(5x - 8) = 20$$

$$\Rightarrow 14x - 15x + 24 = 20$$

$$\Rightarrow x = 4$$

以 $x = 4$ 代入③式得

$$y = 6$$

答：$x = 4,\ y = 6$ ■

例 4　解聯立方程組

$$\begin{cases} 4x + 7y = 3 \cdots\cdots ① \\ 6x - 5y = 20 \cdots\cdots ② \end{cases}$$

解　我們採用比較消去法，由①解得 x：

$$x = \frac{3 - 7y}{4} \cdots\cdots ③$$

由②解得 x：

$$x = \frac{5y + 20}{6} \cdots\cdots ④$$

將③與④等同得

$$\frac{3-7y}{4} = \frac{5y+20}{6}$$

$$\Rightarrow 3(3-7y) = 2(5y+20)$$

$$\Rightarrow 9-21y = 10y+40$$

$$\Rightarrow y = -1$$

以 $y = -1$ 代入③得 $x = \frac{5}{2}$

答：$x = \frac{5}{2}$，$y = -1$

總之，解聯立方程式時，我們總是設法把其中一個未知數消去，變成一元方程式才好解。一般我們都是消去比較容易消去的未知數。這就是所謂的**消去法**，其中有加減消去法、代入消去法，以及比較消去法。

隨堂練習 解下列聯立方程式，分別用加減消去法與代入消去法解之：

(1) $\begin{cases} 7x - 3y = 10 \\ 5x - 2y = 8 \end{cases}$
(2) $\begin{cases} x + y = 13 \\ x - y = 5 \end{cases}$

隨堂練習 大小兩數，大數的兩倍與小數的和為 3000，而小數的三倍與大數的和為 2000，試求此兩數。

乙、三元一次方程組的解法

對於三元乃至更多元方程組的求解，仍然是使用消去法，我們只舉三元的例子。

例 5 有一個三位數，其數字之和為 16，十位數字與個位數字之和為百位數字之 3 倍，若將個位數字與百位數字對調，所成之數比原數大 99，試求原數。

解　設原數的百位數字為 x，十位數字為 y，個位數字為 z，則根據題意得

$$\begin{cases} x + y + z = 16 \\ y + z = 3x \\ 100z + 10y + x = 100x + 10y + z + 99 \end{cases}$$

整理後得到三元一次聯立方程組

$$\begin{cases} x + y + z = 16 \cdots\cdots ① \\ 3x - y - z = 0 \cdots\cdots ② \\ 99x - 99z = -99 \cdots\cdots ③ \end{cases}$$

① + ② 得

$4x = 16$

$\therefore x = 4$

代入③式得

$$z = 5$$

以 $x = 4, z = 5$ 代入①式得

$$y = 7$$

答：原數為 475　　　　　　　　　　■

隨堂練習　有一個三位數，其百位數字與個位數字之和等於十位數字。如果將百位數字與十位數字交換，所得之三位數比原數大 450；如果將原數的十位數字與個位數字交換，所得之三位數較原數小 27，試求原數。

＊ 例6 甲、乙、丙三種合金，其中甲含金、銀、銅的重量比例是 $5:2:1$；乙含金、銀、銅的重量比例是 $2:5:1$；丙含金、銀、銅的重量比例是 $3:1:4$。今欲將此三種合金鎔為一種合金，內含金、銀、銅的重量各相等，而其總重量為 9 兩，問甲、乙、丙三種合金各需若干？

解 設甲、乙、丙三種合金各需 x, y, z 兩，今 9 兩合金中，金、銀、銅的重量各相等，故金有 3 兩，銀有 3 兩，銅也有 3 兩，按題意得

$$\begin{cases} \dfrac{5}{8}x + \dfrac{2}{8}y + \dfrac{3}{8}z = 3 \\[2mm] \dfrac{2}{8}x + \dfrac{5}{8}y + \dfrac{1}{8}z = 3 \\[2mm] \dfrac{1}{8}x + \dfrac{1}{8}y + \dfrac{4}{8}z = 3 \end{cases}$$

每式均乘以 8 得

$$\begin{cases} 5x + 2y + 3z = 24 & \cdots\cdots ① \\ 2x + 5y + z = 24 & \cdots\cdots ② \\ x + y + 4z = 24 & \cdots\cdots ③ \end{cases}$$

③×5 − ①消去 x 得

$$3y + 17z = 96 \cdots\cdots ④$$

③×2 − ②消去 x 得

$$-3y + 7z = 24 \cdots\cdots ⑤$$

④ + ⑤消去 y 得

$24z = 120$

$\therefore z = 5$

代入⑤式得

$$y = 3\frac{2}{3}$$

以 $y = 3\frac{2}{3}$ 及 $z = 5$ 代入③式中得

$$x = \frac{1}{3}$$

答：甲種合金 $\frac{1}{3}$ 兩，乙種合金 $3\frac{2}{3}$ 兩，丙種合金 5 兩　■

例 7　　解 $\begin{cases} 2x - 3y - z = 4 \cdots\cdots ① \\ x + y - z = 2 \cdots\cdots ② \\ 4x - y + 3z = 1 \cdots\cdots ③ \end{cases}$ 。

解　　①－②消去 z 得

$$x - 4y = 2 \cdots\cdots ④$$

②×3＋③消去 z 得

$$7x + 2y = 7 \cdots\cdots ⑤$$

④＋⑤×2 消去 y 得

$15x = 16$

$\therefore x = \dfrac{16}{15}$

代入④得

$$\frac{16}{15} - 4y = 2$$

$$\therefore y = -\frac{7}{30}$$

以 $x = \frac{16}{15}$, $y = -\frac{7}{30}$ 代入②式得

$$z = -\frac{7}{6}$$

答：$x = \frac{16}{15}$, $y = -\frac{7}{30}$, $z = -\frac{7}{6}$

隨堂練習　解下列聯立方程組：

(1) $\begin{cases} x + y + 3z = 0 \\ 2x + 5y - 6z = -10 \\ 11x - 4y + 9z = 22 \end{cases}$　　(2) $\begin{cases} 4x + 7y + 2z = 21 \\ 5x + 8y - 3z = 16 \\ -3x - 5y + 9z = 5 \end{cases}$

例 8　解聯立方程式

$$\begin{cases} x + y = 3 \cdots\cdots ① \\ y + z = 5 \cdots\cdots ② \\ z + x = 6 \cdots\cdots ③ \end{cases}$$

解　①＋②＋③得

$$2x + 2y + 2z = 14$$

$$\therefore x + y + z = 7 \cdots\cdots ④$$

④－①得 $z = 4$

④－②得 $x = 2$

④－③得 $y = 1$

隨堂練習　試解下列聯立方程式：

$(1) \begin{cases} x + y = 10 \\ y + z = -2 \\ z + x = 2 \end{cases}$
$\qquad$
$(2) \begin{cases} y + z - x = 2a \\ z + x - y = 2b \\ x + y - z = 2c \end{cases}$

＊例9　試求下面的聯立方程組，未知數是 I_1, I_2, I_3，在電路分析中，就會遇到這類的問題，其中 E 代表電壓，各 R 代表電阻，各 I 就是欲求的電流。

$$\begin{cases} -R_1 I_1 + R_1 I_2 + R_2 I_3 = -E_1 & \cdots\cdots ① \\ R_2 I_1 - R_2 I_2 - R_3 I_3 = -E_2 & \cdots\cdots ② \\ 2R_1 I_1 - 2R_2 I_2 + R_3 I_3 = -E & \cdots\cdots ③ \end{cases}$$

解　讓我們消去 I_3

② ＋ ③ 得

$$\begin{array}{r} R_2 I_1 - R_2 I_2 - R_3 I_3 = -E_2 \\ +)\ 2R_1 I_1 - 2R_2 I_2 + R_3 I_3 = -E \\ \hline (2R_1 + R_2)I_1 - 3R_2 I_2 = -(E_2 + E) \cdots\cdots ④ \end{array}$$

① $\times R_3$ ＋ ② $\times R_2$ 得

$$\begin{array}{r} -R_1 R_3 I_1 + R_1 R_3 I_2 + R_2 R_3 I_3 = -E_1 R_3 \\ +)\ R_2^2 I_1 - R_2^2 I_2 - R_2 R_3 I_3 = -E_2 R_2 \\ \hline (R_2^2 - R_1 R_3)I_1 - (R_2^2 - R_1 R_3)I_2 = -(E_1 R_3 + E_2 R_2) \cdots\cdots ⑤ \end{array}$$

為了簡便起見，將⑤式兩邊同除以 $-(R_2^2 - R_1 R_3)$，並且令

$$B = \frac{(E_1 R_3 + E_2 R_2)}{(R_2^2 - R_1 R_3)}, \text{ 這就得到}$$

$$-I_1 + I_2 = B \cdots\cdots \text{⑥}$$

再解④及⑥之聯立方程組：

⑥$\times 3R_2 +$ ④消去 I_2

$$-3R_2 I_1 + 3R_2 I_2 = 3R_2 B$$
$$\underline{+\,) \, (2R_1 + R_2)I_1 - 3R_2 I_2 = -(E + E_2)}$$
$$(2R_1 - 2R_2)I_1 = 3R_2 B - (E + E_2)$$

$$\therefore I_1 = \frac{3R_2 B - (E + E_2)}{2R_1 - 2R_2}$$

把這個結果代入⑥式中得

$$\frac{-[3R_2 B - (E + E_2)]}{2R_1 - 2R_2} + I_2 = B$$

$$\therefore I_2 = B + \frac{3R_2 B - (E + E_2)}{2R_1 - 2R_2}$$

$$= \frac{2R_1 B + R_2 B - (E + E_2)}{2R_1 - 2R_2}$$

將 I_1 及 I_2 的值代入①式中得

$$R_1 [\frac{2R_1 B + R_2 B - (E + E_2)}{2R_1 - 2R_2} - \frac{3R_2 B - (E + E_2)}{2R_1 - 2R_2}] + R_2 I_3 = -E_1$$

亦即

$$R_1 \frac{2R_1 B - 2R_2 B}{2R_1 - 2R_2} + R_2 I_3 = -E_1$$

消去因式得

$$R_1B + R_2I_3 = -E_1$$

$$\therefore R_2I_3 = -(E_1 + R_1B)$$

兩邊除以 R_2 得

$$I_3 = \frac{-(E_1 + R_1B)}{R_2}$$

最後再把 B 的值代回就得到我們所要的解答：

$$\begin{cases} I_1 = \dfrac{3E_1R_2R_3 + E_2(2R_2^2 + R_1R_3) - E(R_2^2 - R_1R_3)}{2(R_1 - R_2)(R_2^2 - R_1R_3)} \\[3mm] I_2 = \dfrac{E_1R_3(2R_1 + R_2) + E_2R_1(2R_2 + R_3) - E(R_2^2 - R_1R_3)}{2(R_1 - R_2)(R_2^2 - R_1R_3)} \\[3mm] I_3 = \dfrac{E_2R_1 + E_1R_2}{R_2^2 - R_1R_3} \end{cases}$$

這個例子告訴我們，有關解聯立方程組兩件值得注意的事情：

⑴如果方程組的係數是文字符號的情形，求得的解答可能是很複雜的分式。

⑵因此，在解聯立方程組之前，若獲知文字係數的數值時，最好先代進去，再求解。這樣可以省時且避免計算上的錯誤。

以上我們已經練習了許多用消去法解聯立方程式的例子，至於面對一個聯立方程式應該消去那一個未知數以及如何消去法，這些只有透過解題的磨練，才能選擇簡便與快速的方法。

本節提要

一次方程組，不論是二元或三元，……其解法基本上就是消去法——加減消去法、代入消去法、比較消去法。

$$習\ 題\ \ 7\text{--}1$$

1. 利用消去法解下列聯立方程組：

(1) $\begin{cases} 3x - 2y = 17 \\ 5x + 3y = 22 \end{cases}$

(2) $\begin{cases} 4x + 3y = 7 \\ x - 9y = 5 \end{cases}$

(3) $\begin{cases} 9x + 8y = 15 \\ 5x + 7y = 16 \end{cases}$

(4) $\begin{cases} x - y = 1 \\ x - 9y = 5 \end{cases}$

(5) $\begin{cases} 2x - y + 3z = 8 \\ 5x + 3y + 2z = 6 \\ 2x + 2y + 5z = 9 \end{cases}$

(6) $\begin{cases} 4x - y - 2z = -4 \\ 6x + y + 4z = 15 \\ 2x + 4y - z = -2 \end{cases}$

2. 三個自然數的和是 51，第一數除以第二數，得到商數 2，餘數 5；第二數除以第三數，得到商數 3，餘數 2。試求此三數。

3. 有兩位數等於其數字和的 3 倍，並且個位數字比十位數字大 5，試求此兩位數。

4. 5 輛牛車與 4 輛卡車一次能運貨 24 噸，10 輛牛車與 2 輛卡車一次只能運貨 21 噸。問牛車與卡車一次各能運多少貨？

5. 兩數的和為 53，差為 15，求此兩數。

6. 有某個三位數，其數字和為 8。如果把這個數倒過來寫，所得的新數比原數大 4 倍又 21。另外，原數與新數的和為 646。試求原數。

7. 某次少棒賽共售入場券 4730 張，其中票價分為兩種，特別座每張 15 元，普通座每張 9 元。今已知共售得票款為 51702 元，問兩種入場券各售多少張？

8. 甲、乙兩人做一件工程。甲單獨做了兩天，接著乙單獨又做了三天才完成。但是兩人合作時 $\dfrac{5}{12}$ 天就可完成。問甲、乙兩人單獨做各須幾天可完成？

7-2　行列式

甲、二元一次方程組的公式解

下面讓我們探究一般的一次聯立方程式的公式解。先從二元一次方程組說起。很顯然地，任何二元一次聯立方程式都可化為如下的一般形式：

$$(\text{I}) \begin{cases} a_1x + b_1y = c_1 & (1) \\ a_2x + b_2y = c_2 & (2) \end{cases}$$

其中 a_1 與 b_1，a_2 與 b_2 不同時為 0，否則「退化」成更簡單的一元一次方程式就不成為二元一次聯立方程式了。今用消去法解如下：

$(1) \times b_2 - (2) \times b_1$ 消去 y 得

$$(a_1b_2 - a_2b_1)x = c_1b_2 - c_2b_1 \qquad (3)$$

$(2) \times a_1 - (1) \times a_2$ 消去 x 得

$$(a_1b_2 - a_2b_1)y = a_1c_2 - a_2c_1 \qquad (4)$$

由(3), (4)兩式綜合起來，我們得到結論：

定　理 1

(1)若 $a_1b_2 - a_2b_1 \neq 0$，則聯立方程組(I)恰好有一組解答：

$$x = \frac{c_1b_2 - c_2b_1}{a_1b_2 - a_2b_1},\ y = \frac{a_1c_2 - a_2c_1}{a_1b_2 - a_2b_1} \qquad (5)$$

(2)若 $a_1b_2 - a_2b_1 = 0$，但 $c_1b_2 - c_2b_1 \neq 0$ 或 $a_1c_2 - a_2c_1 \neq 0$，則(3)或(4)式矛盾，此時聯立方程組(I)無解；

(3)若 $a_1b_2 - a_2b_1 = 0$，且 $c_1b_2 - c_2b_1 = 0$, $a_1c_2 - a_2c_1 = 0$，亦即

$$\frac{a_1}{a_2} = \frac{b_1}{b_2} = \frac{c_1}{c_2}$$

此時(1), (2)兩式相同，故有無窮多個解。

推　論

若 $a_1b_2 - a_2b_1 \neq 0$，則方程組

$$\begin{cases} a_1x + b_1y = 0 & \text{(a)} \\ a_2x + b_2y = 0 & \text{(b)} \end{cases}$$

的解為 $x = y = 0$。若 $a_1b_2 - a_2b_1 = 0$，則(a), (b)兩式相同，故此時有無窮多個解。

(註：一次方程組又叫**線性方程組**，若 $a_1b_2 - a_2b_1 \neq 0$ 則表示兩直線相交於一點，恰好有一組解答。若 $a_1b_2 - a_2b_1 = 0$ 但 $c_1b_2 - c_2b_1 \neq 0$，則表示兩直線平行，此時無解。若 $a_1b_2 - a_2b_1 = 0$ 且 $c_1b_2 - c_2b_1 = 0$ 則表示為同一直線，故有無窮多組解。常數項都等於 0 的方程組叫做**齊次方程組**。任何齊次方程組至少都有一組解 $x = y = 0$，這叫做**顯然解**。)

例 1 解 $\begin{cases} 7x - 5y = 9 \\ 3x + 4y = 10 \end{cases}$

解 $a_1 = 7$, $b_1 = -5$, $c_1 = 9$, $a_2 = 3$, $b_2 = 4$, $c_2 = 10$

∴ $a_1b_2 - a_2b_1 = 7 \times 4 - 3 \times (-5) = 28 + 15 = 43 \neq 0$

代公式(5)得到解答：

$$x = \frac{c_1 b_2 - c_2 b_1}{a_1 b_2 - a_2 b_1} = \frac{9 \times 4 - 10 \times (-5)}{43} = 2$$

$$y = \frac{a_1 c_2 - a_2 c_1}{a_1 b_2 - a_2 b_1} = \frac{7 \times 10 - 3 \times 9}{43} = 1$$

■

例 2 解 $\begin{cases} 6x + 8y = 10 \\ 9x + 12y = 12 \end{cases}^\circ$

解 $a_1 = 6,\ b_1 = 8,\ c_1 = 10,\ a_2 = 9,\ b_2 = 12,\ c_2 = 12$

$\therefore a_1 b_2 - a_2 b_1 = 6 \times 12 - 9 \times 8 = 0$

但是 $b_1 c_2 - c_1 b_2 = 96 - 120 \neq 0$，因此無解

■

例 3 解 $\begin{cases} 6x + 8y = 10 \cdots\cdots ① \\ 9x + 12y = 15 \cdots\cdots ② \end{cases}^\circ$

解 $a_1 = 6,\ b_1 = 8,\ c_1 = 10,\ a_2 = 9,\ b_2 = 12,\ c_2 = 15$

$\therefore \dfrac{a_1}{a_2} = \dfrac{b_1}{b_2} = \dfrac{c_1}{c_2}$

故有無窮多組解答。事實上，我們把②式除以 3，而①式除以

2，就得到相同的方程式

■

隨堂練習 解下列各聯立方程式：

(1) $\begin{cases} 5x - 3y = -1 \\ 2x + y = 4 \end{cases}$　　　　(2) $\begin{cases} x + y = 1 \\ x - y = -5 \end{cases}$

　　上面定理 1 中的(5)式，就是二元一次聯立方程組的**公式解**。因此解二元一次聯立方程組的辦法有消去法及直接代公式(5)，不過公式(5)還是由消去法得來的，萬一你忘掉公式，那麼你可以用消去法把它導出來。

　　表面上看起來，公式(5)好像很複雜難記，但是進一步仔細考察，它們可以表成簡潔而易記的形式。我們的辦法是引進二階行列式的符號。

乙、二階行列式與克拉瑪 (Cramer) 法則

在(5)式的兩個公式中，我們發現分母都相同，如下：

$$a_1 b_2 - a_2 b_1$$

像這樣的表式，在數學中經常出現。因此我們要來給它命名，叫做**二階行列式**，通常以記號

$$\begin{vmatrix} a_1 & b_1 \\ a_2 & b_2 \end{vmatrix}$$

來表示。也就是說

$$\begin{array}{c} \overset{\text{第}}{\underset{\text{行}}{\overset{\text{一}}{\downarrow}}} \quad \overset{\text{第}}{\underset{\text{行}}{\overset{\text{二}}{\downarrow}}} \end{array}$$

$$\begin{matrix} \text{第一列} \to \\ \text{第二列} \to \end{matrix} \begin{vmatrix} a_1 & b_1 \\ a_2 & b_2 \end{vmatrix} \equiv a_1 b_2 - a_2 b_1 \qquad (6)$$

由左至右的排列叫做**列**，由上至下的排列叫做**行**。因此第一列包括 a_1，b_1 兩個數；第二列包括 a_2, b_2 兩個數；第一行包括 a_1, a_2 兩個數，第二行包括 b_1, b_2 兩個數。

我們發現(6)式中，$a_1 b_2 - a_2 b_1$ 是由兩項 $a_1 b_2$ 與 $-a_2 b_1$ 加起來的。每一項由某一行與某一列的元素，乘以另一行另一列的元素，再加上適當的正負號所組成的，如下圖所示。也就是說，二階行列式的值等於第一對角線元素的乘積 $a_1 b_2$ 減去第二對角線元素的乘積 $a_2 b_1$。

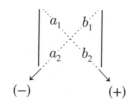

（−）　　　　　（+）

例 4 求行列式的值：

(1) $\begin{vmatrix} 7 & 2 \\ 4 & 3 \end{vmatrix}$ (2) $\begin{vmatrix} -2 & -5 \\ 4 & 10 \end{vmatrix}$

解 (1) $\begin{vmatrix} 7 & 2 \\ 4 & 3 \end{vmatrix} = 7 \times 3 - 4 \times 2 = 21 - 8 = 13$

(2) $\begin{vmatrix} -2 & -5 \\ 4 & 10 \end{vmatrix} = (-2) \times 10 - 4 \times (-5) = -20 + 20 = 0$ ■

利用行列式的工具，重新將定理 1 整理一下，就得到下面更簡潔易記的結果：

定 理 2

設 $\Delta \equiv \begin{vmatrix} a_1 & b_1 \\ a_2 & b_2 \end{vmatrix}$, $\Delta_1 \equiv \begin{vmatrix} c_1 & b_1 \\ c_2 & b_2 \end{vmatrix}$, $\Delta_2 \equiv \begin{vmatrix} a_1 & c_1 \\ a_2 & c_2 \end{vmatrix}$, 那麼我們有

(1)若 $\Delta \neq 0$，則聯立方程組

$$\begin{cases} a_1 x + b_1 y = c_1 \\ a_2 x + b_2 y = c_2 \end{cases}$$

正好有一組解答，並且解公式為

$$x = \frac{\Delta_1}{\Delta}, \; y = \frac{\Delta_2}{\Delta} \tag{7}$$

(2)若 $\Delta = 0$ 且 $\Delta_1 \neq 0$ 或 $\Delta_2 \neq 0$，則聯立方程組無解。

(3)若 $\Delta = 0$ 且 $\Delta_1 = 0$ 及 $\Delta_2 = 0$，則聯立方程組有無窮多組解答。

⑺式的公式解，可寫成易於記憶的**克拉瑪法則** (Cramer rule) 如下：

$$x = \frac{\Delta_1}{\Delta} = \frac{\begin{vmatrix} c_1 & b_1 \\ c_2 & b_2 \end{vmatrix}}{\begin{vmatrix} a_1 & b_1 \\ a_2 & b_2 \end{vmatrix}}, \quad y = \frac{\Delta_2}{\Delta} = \frac{\begin{vmatrix} a_1 & c_1 \\ a_2 & c_2 \end{vmatrix}}{\begin{vmatrix} a_1 & b_1 \\ a_2 & b_2 \end{vmatrix}}$$

分母 $\Delta = \begin{vmatrix} a_1 & b_1 \\ a_2 & b_2 \end{vmatrix}$ 是由 x, y 的係數所組成。至於用來計算 x（或 y）的 Δ_1

（或 Δ_2），是由 Δ 中將 x（或 y）的係數 a_1, a_2（或 b_1, b_2）改換成 c_1, c_2 而得來的，即

$$\underset{\substack{\downarrow}}{x\ \text{的係數}} \quad \underset{\substack{\downarrow}}{y\ \text{的係數}}$$

$$\Delta = \begin{vmatrix} a_1 & b_1 \\ a_2 & b_2 \end{vmatrix}$$

$$\Delta_1 = \begin{vmatrix} c_1 & b_1 \\ c_2 & b_2 \end{vmatrix}, \quad \Delta_2 = \begin{vmatrix} a_1 & c_1 \\ a_2 & c_2 \end{vmatrix}$$

例 5　解 $\begin{cases} 2x + y = 5 \\ x + 3y = 5 \end{cases}$°

解　$\Delta = \begin{vmatrix} 2 & 1 \\ 1 & 3 \end{vmatrix} = 2 \times 3 - 1 \times 1 = 6 - 1 = 5 \neq 0$

$\Delta_1 = \begin{vmatrix} 5 & 1 \\ 5 & 3 \end{vmatrix} = 5 \times 3 - 5 \times 1 = 15 - 5 = 10$

$\Delta_2 = \begin{vmatrix} 2 & 5 \\ 1 & 5 \end{vmatrix} = 2 \times 5 - 1 \times 5 = 10 - 5 = 5$

所以由克拉瑪法則得

$$x = \frac{\Delta_1}{\Delta} = \frac{10}{5} = 2$$

$$y = \frac{\Delta_2}{\Delta} = \frac{5}{5} = 1$$

答：$x = 2,\ y = 1$

例 6　解 $\begin{cases} 2x + y = 4 \\ 6x + 3y = 0 \end{cases}$°

解　$\Delta = \begin{vmatrix} 2 & 1 \\ 6 & 3 \end{vmatrix} = 2 \times 3 - 6 \times 1 = 0$

但是 $\Delta_2 = \begin{vmatrix} 2 & 4 \\ 6 & 0 \end{vmatrix} = 0 - 24 = -24 \neq 0$

所以方程組無解

例 7　解 $\begin{cases} x + 3y = 4 \\ 2x + 6y = 8 \end{cases}$°

解　$\Delta = \begin{vmatrix} 1 & 3 \\ 2 & 6 \end{vmatrix} = 1 \times 6 - 2 \times 3 = 0$

$\Delta_1 = \begin{vmatrix} 4 & 3 \\ 8 & 6 \end{vmatrix} = 24 - 24 = 0$

$\Delta_2 = \begin{vmatrix} 1 & 4 \\ 2 & 8 \end{vmatrix} = 8 - 8 = 0$

所以聯立方程組有無窮多組解

丙、三元一次方程組的公式解

接著我們講三元一次聯立方程式的公式解法。一般的三元一次聯立方程式可以寫成如下的標準形式：

$$\begin{cases} a_1x + b_1y + c_1z = d_1 & \text{(8)} \\ a_2x + b_2y + c_2z = d_2 & \text{(9)} \\ a_3x + b_3y + c_3z = d_3 & \text{(10)} \end{cases}$$

我們還是利用「消去法」來解它：

$(9) \times a_3 - (10) \times a_2$，$(10) \times a_1 - (8) \times a_3$，$(8) \times a_2 - (9) \times a_1$，消去 x 分別得到

$$(a_3b_2 - a_2b_3)y + (a_3c_2 - a_2c_3)z = a_3d_2 - a_2d_3 \tag{11}$$

$$(a_1b_3 - a_3b_1)y + (a_1c_3 - a_3c_1)z = a_1d_3 - a_3d_1 \tag{12}$$

$$(a_2b_1 - a_1b_2)y + (a_2c_1 - a_1c_2)z = a_2d_1 - a_1d_2 \tag{13}$$

其次由 $(11) \times b_1 + (12) \times b_2 + (13) \times b_3$ 消去 y 得

$$(a_3c_2b_1 - a_2c_3b_1 + a_1c_3b_2 - a_3c_1b_2 + a_2c_1b_3 - a_1c_2b_3)z$$
$$= a_3d_2b_1 - a_2d_3b_1 + a_1d_3b_2 - a_3d_1b_2 + a_2d_1b_3 - a_1d_2b_3 \tag{14}$$

如果令 $\Delta \equiv a_3c_2b_1 - a_2c_3b_1 + a_1c_3b_2 - a_3c_1b_2 + a_2c_1b_3 - a_1c_2b_3$，則當 $\Delta \neq 0$ 時，由(14)式解得

$$z = \frac{a_3d_2b_1 + a_1d_3b_2 + a_2d_1b_3 - a_2d_3b_1 - a_3d_1b_2 - a_1d_2b_3}{a_1b_2c_3 + a_2b_3c_1 + a_3b_1c_2 - a_1b_3c_2 - a_2b_1c_3 - a_3b_2c_1} \tag{15}$$

以 z 的值代入(13)式，解得

$$y = \frac{a_1d_2c_3 + a_3d_1c_2 + a_2d_3c_1 - a_3d_2c_1 - a_2d_1c_3 - a_1d_3c_2}{a_1b_2c_3 + a_2b_3c_1 + a_3b_1c_2 - a_1b_3c_2 - a_2b_1c_3 - a_3b_2c_1} \tag{16}$$

再以 y, z 的值代入⑽式，解得

$$x = \frac{b_2c_3d_1 + b_1c_2d_3 + b_3c_1d_2 - d_3b_2c_1 - d_2b_1c_3 - d_1b_3c_2}{a_1b_2c_3 + a_2b_3c_1 + a_3b_1c_2 - a_1b_3c_2 - a_2b_1c_3 - a_3b_2c_1} \tag{17}$$

上面⒂, ⒃, ⒄三式就是三元一次聯立方程式的克拉瑪解公式。表面上看起來，它們當然要比二元一次聯立方程式的解公式複雜多了，但是這並不是說它們毫無脈絡可循。

丁、三階行列式

下面我們就要來探它個「水落石出」。為此我們要引進三階行列式的方便記號。我們定義

$$\begin{vmatrix} a_1 & b_1 & c_1 \\ a_2 & b_2 & c_2 \\ a_3 & b_3 & c_3 \end{vmatrix} \equiv a_1b_2c_3 + b_1c_2a_3 + c_1b_3a_2 - a_3b_2c_1 - a_2b_1c_3 - a_1c_2b_3$$

這叫做**三階行列式**。行與列的定義完全跟二階的情形一樣。注意，這個行列式是⒂, ⒃, ⒄三式的分母。

初看之下，三階行列式的計算好像很繁雜而難記，事實上，它們是有法則（沙洛士 (Sarrus) 法則）可循的，其計算方法如圖 7–1：

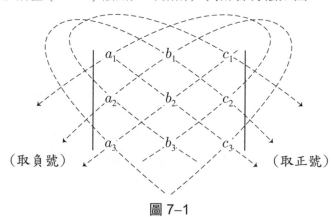

圖 7–1

例 8 試計算行列式的值：

$$(1) \begin{vmatrix} 3 & 4 & 10 \\ 1 & 2 & 6 \\ 2 & 6 & 15 \end{vmatrix} \qquad (2) \begin{vmatrix} -1 & 2 & 1 \\ 4 & 1 & 3 \\ 1 & 3 & 2 \end{vmatrix}$$

解

$$(1) \begin{vmatrix} 3 & 4 & 10 \\ 1 & 2 & 6 \\ 2 & 6 & 15 \end{vmatrix} = 3 \times 2 \times 15 + 4 \times 6 \times 2 + 10 \times 6 \times 1$$
$$- 2 \times 2 \times 10 - 1 \times 4 \times 15 - 3 \times 6 \times 6$$
$$= 90 + 48 + 60 - 40 - 60 - 108$$
$$= -10$$

$$(2) \begin{vmatrix} -1 & 2 & 1 \\ 4 & 1 & 3 \\ 1 & 3 & 2 \end{vmatrix} = (-1) \times 1 \times 2 + 2 \times 3 \times 1 + 1 \times 3 \times 4$$
$$- 1 \times 1 \times 1 - 4 \times 2 \times 2 - (-1) \times 3 \times 3$$
$$= -2 + 6 + 12 - 1 - 16 + 9$$
$$= 8$$

隨堂練習 求下列行列式的值：

$$(1) \begin{vmatrix} 3 & 7 & 4 \\ 0 & 0 & 8 \\ -1 & 2 & 5 \end{vmatrix} \qquad (2) \begin{vmatrix} -2 & 4 & 1 \\ 5 & -10 & 3 \\ 3 & -6 & 11 \end{vmatrix}$$

$$(3) \begin{vmatrix} 2 & 0 & -1 \\ 0 & 5 & 3 \\ 1 & -1 & 4 \end{vmatrix} \qquad (4) \begin{vmatrix} -21 & 9 & -6 \\ 7 & -1 & 2 \\ 14 & -4 & 8 \end{vmatrix}$$

有了三階行列式的工具，就可以把(8), (9), (10)三個解公式綜合成下面的克拉瑪法則：

定 理 3

設有三元一次聯立方程組如下:

$$\begin{cases} a_1x + b_1y + c_1z = d_1 \\ a_2x + b_2y + c_2z = d_2 \\ a_3x + b_3y + c_3z = d_3 \end{cases}$$

設未知數 x, y, z 的係數所成的三階行列式為

$$\Delta \equiv \begin{vmatrix} a_1 & b_1 & c_1 \\ a_2 & b_2 & c_2 \\ a_3 & b_3 & c_3 \end{vmatrix}$$

且

$$\Delta_1 \equiv \begin{vmatrix} d_1 & b_1 & c_1 \\ d_2 & b_2 & c_2 \\ d_3 & b_3 & c_3 \end{vmatrix}, \Delta_2 \equiv \begin{vmatrix} a_1 & d_1 & c_1 \\ a_2 & d_2 & c_2 \\ a_3 & d_3 & c_3 \end{vmatrix}, \Delta_3 \equiv \begin{vmatrix} a_1 & b_1 & d_1 \\ a_2 & b_2 & d_2 \\ a_3 & b_3 & d_3 \end{vmatrix}$$

那麼我們有如下的結果:

(1)若 $\Delta \neq 0$，則聯立方程組有唯一解答:

$$x = \frac{\Delta_1}{\Delta}, \, y = \frac{\Delta_2}{\Delta}, \, z = \frac{\Delta_3}{\Delta}$$

(2)若 $\Delta = 0$ 且 $\Delta_1 \neq 0$ 或 $\Delta_2 \neq 0$ 或 $\Delta_3 \neq 0$，則聯立方程組無解。

(3)若 $\Delta = 0$ 且 $\Delta_1 = \Delta_2 = \Delta_3 = 0$，則聯立方程組有無窮多個解答。

(註: 這些公式跟二元一次方程組具有完全平行的類推!)

推　論

對齊次方程組

$$\begin{cases} a_1x + b_1y + c_1z = 0 \\ a_2x + b_2y + c_2z = 0 \\ a_3x + b_3y + c_3z = 0 \end{cases}$$

若 $\Delta \neq 0$，則只有一個無聊解 $x = y = z = 0$；

若 $\Delta = 0$，則有無窮多個解答。

例 9 用克拉瑪法則解聯立方程組：

$$\begin{cases} 7x + 3y - 2z = 7 \\ 2x + 5y + 3z = 21 \\ 5x - y + 5z = 18 \end{cases}$$

解

$$\Delta = \begin{vmatrix} 7 & 3 & -2 \\ 2 & 5 & 3 \\ 5 & -1 & 5 \end{vmatrix} = 175 + 45 + 4 + 50 - 30 + 21 = 265$$

$$\Delta_1 = \begin{vmatrix} 7 & 3 & -2 \\ 21 & 5 & 3 \\ 18 & -1 & 5 \end{vmatrix} = 175 + 162 + 42 + 180 - 315 + 21 = 265$$

$$\Delta_2 = \begin{vmatrix} 7 & 7 & -2 \\ 2 & 21 & 3 \\ 5 & 18 & 5 \end{vmatrix} = 735 + 105 - 72 + 210 - 70 - 378 = 530$$

$$\Delta_3 = \begin{vmatrix} 7 & 3 & 7 \\ 2 & 5 & 21 \\ 5 & -1 & 18 \end{vmatrix} = 630 + 315 - 14 - 175 - 108 + 147 = 795$$

所以解得

$$x = \frac{\Delta_1}{\Delta} = 1,\ y = \frac{\Delta_2}{\Delta} = 2,\ z = \frac{\Delta_3}{\Delta} = 3 \qquad \blacksquare$$

隨堂練習 利用克拉瑪法則解下列聯立方程式:

(1) $\begin{cases} 5x + 2y + 6z = 22 \\ 2x + 5y + z = 4 \\ x - 5y - 2z = -9 \end{cases}$
(2) $\begin{cases} 2x + y + 3z = -1 \\ 4x + 5y + 2z = 2 \\ 3x + 7y + 6z = 9 \end{cases}$

(3) $\begin{cases} x + y + 1 = 0 \\ x + z + 6 = 0 \\ y + z - 6 = 0 \end{cases}$
(4) $\begin{cases} 3x + 2y + z = 15 \\ -x + 4y - z = 13 \\ 4x + y - 5z = 7 \end{cases}$

對於四元以上的一次聯立方程組的解法,都跟二元及三元的情形一樣,公式都有平行的類推,克拉瑪法則照樣行得通。不過我們必須定義四階以上的行列式,此處就不提了。

戊、行列式的性質

行列式有些什麼性質?

1.轉置原則: 行跟列相對調,並不影響行列式的值。

例 10
$\begin{vmatrix} 2 & -3 & 1 \\ 4 & -7 & 6 \\ 0 & 2 & -5 \end{vmatrix} = -6 = \begin{vmatrix} 2 & 4 & 0 \\ -3 & -7 & 2 \\ 1 & 6 & -5 \end{vmatrix}$ $\qquad \blacksquare$

2.交代原則: 對調任兩行則行列式值變號。(「行」改為「列」也可以,以下均作如是觀,而不再提!)

例 11　$\begin{vmatrix} 2 & -3 & 1 \\ 4 & -7 & 6 \\ 0 & 2 & -5 \end{vmatrix} = -6$　展式中，
$1 \cdot 4 \cdot 2$ 為正項
$(-3) \cdot 4 \cdot (-5)$ 為負項

$\begin{vmatrix} -3 & 2 & 1 \\ -7 & 4 & 6 \\ 2 & 0 & -5 \end{vmatrix} = 6$　展式中，
$1 \cdot 4 \cdot 2$ 為負項
$(-3) \cdot 4 \cdot (-5)$ 為正項

這兩個行列式展開的六項，正負項恰好顛倒　　　■

三階行列式展開共有 6 項，重新整理後，則有

$$\begin{vmatrix} a_{11} & a_{12} & a_{13} \\ a_{21} & a_{22} & a_{23} \\ a_{31} & a_{32} & a_{33} \end{vmatrix} = a_{11}(a_{22}a_{33} - a_{23}a_{32}) + a_{12}(a_{23}a_{31} - a_{21}a_{33}) \\ + a_{13}(a_{21}a_{32} - a_{22}a_{31})$$

（我們括出含有第一列元素的各個因子）

a_{11} 的係數是 $a_{22}a_{33} - a_{23}a_{32} = \begin{vmatrix} a_{22} & a_{23} \\ a_{32} & a_{33} \end{vmatrix}$

a_{12} 的係數是 $a_{23}a_{31} - a_{21}a_{33} = -\begin{vmatrix} a_{21} & a_{23} \\ a_{31} & a_{33} \end{vmatrix}$

a_{13} 的係數是 $a_{21}a_{32} - a_{22}a_{31} = \begin{vmatrix} a_{21} & a_{22} \\ a_{31} & a_{32} \end{vmatrix}$

我們規定：去掉某一行及某一列後的行列式叫做**子行列式**。

於是在行列式的六項中，含有 a_{ij} 這因子的項，括出 a_{ij} 之後，恰好就是去掉第 i 列第 j 行（a_{ij} 的這行這列）所得的子行列式——不過可能得加個負號！

隨堂練習 $\begin{vmatrix} 2 & -3 & 1 \\ 4 & -7 & 6 \\ 0 & 2 & -5 \end{vmatrix}$ 的展式中含有因子 6 的項是什麼？

a_{ij} 的因子叫做**餘因子**，它是去掉 i 列 j 行後的子行列式再乘上 $(-1)^{i+j}$，所以正或負，看足碼 $i+j$ 為偶數或為奇數而定。例如上例中 6 的餘因子是

$$(-1)^{2+3}\begin{vmatrix} 2 & -3 \\ 0 & 2 \end{vmatrix} = -\begin{vmatrix} 2 & -3 \\ 0 & 2 \end{vmatrix} = -4$$

又 -7 的餘因子是

$$(-1)^{2+2}\begin{vmatrix} 2 & 1 \\ 0 & -5 \end{vmatrix} = \begin{vmatrix} 2 & 1 \\ 0 & -5 \end{vmatrix} = -10$$

3. **展開原則**：行列式可以對某一列展開而得：這列的各元素乘上對應的餘因子，加起來即可得！這就是說：

$$行列式 = a_{i1}A_{i1} + a_{i2}A_{i2} + a_{i3}A_{i3}$$

其中餘因子 A_{ij} 表示去掉 i 列 j 行後的子行列式乘以 $(-1)^{i+j}$。必須注意，餘因子 A_{i1}, A_{i2}, A_{i3} 之值和這一列 a_{i1}, a_{i2}, a_{i3} 的元素無關。

例 12 $\begin{vmatrix} 1 & -2 & 5 \\ 3 & 5 & -7 \\ -8 & 1 & 1 \end{vmatrix}$

$= 1 \cdot \begin{vmatrix} 5 & -7 \\ 1 & 1 \end{vmatrix} + (-2)(-1)\begin{vmatrix} 3 & -7 \\ -8 & 1 \end{vmatrix} + 5\begin{vmatrix} 3 & 5 \\ -8 & 1 \end{vmatrix}$ （對第一列展開！）

$= (5 - (-7)) + 2(3 - 56) + 5(3 - (-40))$

$= 121$ ■

例 13 $\begin{vmatrix} 3 & 0 & -2 & 1 \\ 4 & -5 & 2 & -3 \\ -1 & 6 & 0 & -4 \\ 7 & 1 & -6 & 5 \end{vmatrix}$ （對第一列展開）

（因含一個 0 展開較簡單）

$= 3\begin{vmatrix} -5 & 2 & -3 \\ 6 & 0 & -4 \\ 1 & -6 & 5 \end{vmatrix} - 0\begin{vmatrix} 4 & 2 & -3 \\ -1 & 0 & -4 \\ 7 & -6 & 5 \end{vmatrix} + (-2)\begin{vmatrix} 4 & -5 & -3 \\ -1 & 6 & -4 \\ 7 & 1 & 5 \end{vmatrix}$

$\quad - 1\begin{vmatrix} 4 & -5 & 2 \\ -1 & 6 & 0 \\ 7 & 1 & -6 \end{vmatrix}$

第一項 $= 3\{-6\begin{vmatrix} 2 & -3 \\ -6 & 5 \end{vmatrix} + 0\begin{vmatrix} -5 & -3 \\ 1 & 5 \end{vmatrix} - (-4)\begin{vmatrix} -5 & 2 \\ 1 & -6 \end{vmatrix}\}$

（對第二列展開）

$= 3[-6(10 - 18) + 0 + 4(30 - 2)] = 3(48 + 112)$

$= 480$

第二項 $= 0$

第三項 $= -2\{4\begin{vmatrix} 6 & -4 \\ 1 & 5 \end{vmatrix} - (-5)\begin{vmatrix} -1 & -4 \\ 7 & 5 \end{vmatrix} + (-3)\begin{vmatrix} -1 & 6 \\ 7 & 1 \end{vmatrix}\}$

（對第一列展開）

$$= -2[4(30+4) + 5(-5+28) - 3(-1-42)]$$

$$= -2(136 + 115 + 129) = -760$$

而第四項 $= -1\{-(-1)\begin{vmatrix} -5 & 2 \\ 1 & -6 \end{vmatrix} + 6\begin{vmatrix} 4 & 2 \\ 7 & -6 \end{vmatrix} - 0\begin{vmatrix} 4 & -5 \\ 7 & 1 \end{vmatrix}\}$

（對第二列展開）

$$= -1[30 - 2 + 6(-24 - 14) - 0] = 200$$

∴原行列式 $= 480 - 0 - 760 + 200 = -80$ ■

例 14 對二階行列式 $\begin{vmatrix} a_{11} & a_{12} \\ a_{21} & a_{22} \end{vmatrix}$ 可否定義子行列式及餘因子?

a_{12} 的子行列式是 a_{21}，餘因子是 $-a_{21}$，a_{22} 的餘因子及子行列式

都是 a_{11}，而展開原則當然成立! ■

4.加法原則： 如果某一個列 $[a_{i1},\ a_{i2},\ a_{i3}]$ 是兩個列 $[b_1,\ b_2,\ b_3]$ 及

$[c_1,\ c_2,\ c_3]$ 的和，即

$$a_{i1} = b_1 + c_1,\ a_{i2} = b_2 + c_2,\ a_{i3} = b_3 + c_3$$

則行列式就等於兩個行列式的和：

$$\Delta = \Delta' + \Delta''$$

其中 Δ' 及 Δ'' 分別是用 b 及 c 代替第 i 列（其餘不變）

所得的行列式，其中

$$b = [b_1,\ b_2,\ b_3],\ c = [c_1,\ c_2,\ c_3]$$

證明　$\Delta = a_{i1}A_{i1} + a_{i2}A_{i2} + a_{i3}A_{i3}$

$= (b_1A_{i1} + c_1A_{i1}) + (b_2A_{i2} + c_2A_{i2}) + (b_3A_{i3} + c_3A_{i3})$

$= (b_1A_{i1} + b_2A_{i2} + b_3A_{i3}) + (c_1A_{i1} + c_2A_{i2} + c_3A_{i3})$

$= \Delta' + \Delta''$　∎

例 15　$\begin{vmatrix} 2+4 & -1 & 3 \\ 4-1 & 5 & -2 \\ 1+1 & -3 & 1 \end{vmatrix}$

$= \begin{vmatrix} 2 & -1 & 3 \\ 4 & 5 & -2 \\ 1 & -3 & 1 \end{vmatrix} + \begin{vmatrix} 4 & -1 & 3 \\ -1 & 5 & -2 \\ 1 & -3 & 1 \end{vmatrix}$。　∎

5.齊性原則：如果某一列整個乘了 λ 倍，就等於行列式乘了 λ 倍。

證明　用 $a'_{i1} = \lambda a_{i1}$, $a'_{i2} = \lambda a_{i2}$, $a'_{i3} = \lambda a_{i3}$, 代替 a_{i1}, a_{i2}, a_{i3} 那麼行列式成了

$\Delta' = a'_{i1}A_{i1} + a'_{i2}A_{i2} + a'_{i3}A_{i3}$

$= \lambda(a_{i1}A_{i1} + a_{i2}A_{i2} + a_{i3}A_{i3})$

$= \lambda\Delta$　∎

加法原則和齊性原則合起來叫作**線性**原則，或者**疊合**原則。

例 16　$\begin{vmatrix} 2\times5 & 4 & 3 \\ 2\times0 & 6 & 2 \\ 2\times1 & 1 & 7 \end{vmatrix} = 2\begin{vmatrix} 5 & 4 & 3 \\ 0 & 6 & 2 \\ 1 & 1 & 7 \end{vmatrix}$。　∎

例 17
$$\begin{vmatrix} 3 & 5m+2n & 5 \\ 7 & 2m+7n & -1 \\ 4 & 6m+4n & -3 \end{vmatrix}$$

$$= m\begin{vmatrix} 3 & 5 & 5 \\ 7 & 2 & -1 \\ 4 & 6 & -3 \end{vmatrix} + n\begin{vmatrix} 3 & 2 & 5 \\ 7 & 7 & -1 \\ 4 & 4 & -3 \end{vmatrix}。$$

■

6.自消原則： 行列式某兩列若完全相同，則行列式為 0。

證明 交換這兩列，則行列式應變號，故

$\Delta = -\Delta$，所以 $\Delta = 0$ ■

例如 $\begin{vmatrix} 1 & 1 & -5 \\ 3 & 3 & -4 \\ 2 & 2 & 7 \end{vmatrix} = 0$

另一系理：只要某兩行成比例，則行列式為 0。

這是配合上述齊性原則之結果！

例 18 $\begin{vmatrix} 2 & 4 & 1 \\ 3 & 6 & 0 \\ 1 & 2 & 0 \end{vmatrix} = 0。$ ■

7.滑移原則： 把第 1 行乘某個倍數，加到第 2 行去，並不影響行列式值。（我們選 1, 2 行來敘述只是舉例，任兩行都可以，更進一步，把第 3 行也乘幾倍加到第 2 行去，也不影響！）。

證明 今令 $a'_{12} = a_{12} + \lambda a_{11}$

$$a'_{22} = a_{22} + \lambda a_{21}$$

$$a'_{32} = a_{32} + \lambda a_{31}$$

代替 a_{12} 那一行，得到新行列式 Δ'，則依照加法原則

$$\Delta' = \Delta + \begin{vmatrix} a_{11} & \lambda a_{11} & a_{13} \\ a_{21} & \lambda a_{21} & a_{23} \\ a_{31} & \lambda a_{31} & a_{33} \end{vmatrix}$$

再根據上述自消原則，後一行列式為 0

例 19 $\Delta = \begin{vmatrix} 8 & -2 & 3 \\ 5 & -4 & 1 \\ -6 & 7 & 2 \end{vmatrix} = ?$

解 第三行乘 (-5) 加到第一行得

$$\Delta = \begin{vmatrix} -7 & -2 & 3 \\ 0 & -4 & 1 \\ -16 & 7 & 2 \end{vmatrix}$$

第三行乘以 4 加到第二行得

$$\Delta = \begin{vmatrix} -7 & 10 & 3 \\ 0 & 0 & 1 \\ -16 & 15 & 2 \end{vmatrix}$$

對第二列展開得

$$\Delta = -1\begin{vmatrix} -7 & 10 \\ -16 & 15 \end{vmatrix}$$

$$= -1(-105 + 160)$$

$$= -55$$ ∎

例 20 $\begin{vmatrix} 1 & 0 & 0 \\ a_{21} & a_{22} & a_{23} \\ a_{31} & a_{32} & a_{33} \end{vmatrix} = \begin{vmatrix} a_{22} & a_{23} \\ a_{32} & a_{33} \end{vmatrix}$ 。

證明　對第一列展開 ∎

例 21 $\begin{vmatrix} 0 & a_{12} & a_{13} \\ 3 & a_{22} & a_{23} \\ 0 & a_{32} & a_{33} \end{vmatrix} = -3\begin{vmatrix} a_{12} & a_{13} \\ a_{32} & a_{33} \end{vmatrix}$ 。

證明　對第一行展開 ∎

例 22 $\Delta = \begin{vmatrix} -1 & 2 & 7 \\ 1 & 3 & -9 \\ 0 & 4 & 16 \end{vmatrix} = ?$

解　第一列加到第二列，則

$$\Delta = \begin{vmatrix} -1 & 2 & 7 \\ 0 & 5 & -2 \\ 0 & 4 & 16 \end{vmatrix} \qquad (對第一行展開)$$

$$= -1\begin{vmatrix} 5 & -2 \\ 4 & 16 \end{vmatrix} = -(80 - (-8))$$

$$= -88$$ ∎

我們並不打算詳細解說四階以上的行列式。但是在概念上其實也不難，很容易，不過在形式上它卻很繁雜。

把 n^2 個數排成一個正方的陣勢，左右加上長線，就表示行列式了。它須要計算許多項，說得更清楚些：有 $n! = n \cdot (n-1) \cdot (n-2) \cdot (n-3) \cdots 1$，那麼多項。每一項都是 n 個因數相乘；這 n 個因數都是從這陣勢中找出來，但是，它們不可以有同一行的，也不可以有同一列的。相乘之後，前面還得有適當的正負號，再相加，就得到行列式。

當 $n \geq 4$ 時，有無沙洛士法則？答案是沒有。因為 $4! = 4 \cdot 3 \cdot 2 \cdot 1 = 24$，故四階行列式有 24 項，五階的有 120 項。（相當可怕！）

定 理 4

*對高階行列式，上面列舉的七個原則仍然成立！

下面我們只舉 n 階行列式的展開與克拉瑪法則來說明。

將 n^2 個數排成下列形式：

$$\Delta = \begin{vmatrix} a_{11} & a_{12} & \cdots & a_{1j} & \cdots & a_{1n} \\ a_{21} & a_{22} & \cdots & a_{2j} & \cdots & a_{2n} \\ \vdots & \vdots & & \vdots & & \vdots \\ a_{i1} & a_{i2} & \cdots & a_{ij} & \cdots & a_{in} \\ \vdots & \vdots & & \vdots & & \vdots \\ a_{n1} & a_{n2} & \cdots & a_{nj} & \cdots & a_{nn} \end{vmatrix}$$

叫做 n 階行列式。將第 i 列第 j 行去掉後，所剩下的 $n-1$ 階子行列式再乘以 $(-1)^{i+j}$，叫做 a_{ij} 的餘因子，記為 A_{ij}，那麼

$$\Delta = a_{i1}A_{i1} + a_{i2}A_{i2} + \cdots + a_{in}A_{in} \quad （對第 i 列展開）$$
$$= a_{1j}A_{1j} + a_{2j}A_{2j} + \cdots + a_{nj}A_{nj} \quad （對第 j 行展開）$$

基本上我們可以利用這兩種展式，逐步將行列式降階，配合上述行列式
的性質，最後求得 Δ 之值。

例 23 求下面五階行列式的值：

$$\Delta = \begin{vmatrix} -2 & 5 & 0 & -1 & 3 \\ 1 & 0 & 3 & 7 & -2 \\ 3 & -1 & 0 & 5 & -5 \\ 2 & 6 & -4 & 1 & 2 \\ 0 & -3 & -1 & 2 & 3 \end{vmatrix}$$

解 因為在第三行已經有兩個 0，故設法將這一行再變出兩個 0 來，
再對第三行展開：

$$\Delta = \begin{vmatrix} -2 & 5 & 0 & -1 & 3 \\ 1 & 0 & 3 & 7 & -2 \\ 3 & -1 & 0 & 5 & -5 \\ 2 & 6 & -4 & 1 & 2 \\ 0 & -3 & -1 & 2 & 3 \end{vmatrix}$$

$$= \begin{vmatrix} -2 & 5 & 0 & -1 & 3 \\ 1 & -9 & 0 & 13 & 7 \\ 3 & -1 & 0 & 5 & -5 \\ 2 & 18 & 0 & -7 & -10 \\ 0 & -3 & -1 & 2 & 3 \end{vmatrix}$$

$$= (-1)(-1)^{3+5} \begin{vmatrix} -2 & 5 & -1 & 3 \\ 1 & -9 & 13 & 7 \\ 3 & -1 & 5 & -5 \\ 2 & 18 & -7 & -10 \end{vmatrix}$$

$$= -\begin{vmatrix} -2 & 5 & -1 & 3 \\ 1 & -9 & 13 & 7 \\ 3 & -1 & 5 & -5 \\ 2 & 18 & -7 & -10 \end{vmatrix} \begin{array}{l} \times 2 \\ \times(-3) \\ \times(-2) \end{array}$$

設法對第一行作出三個 0，得到

$$\Delta = -\begin{vmatrix} 0 & -13 & 25 & 17 \\ 1 & -9 & 13 & 7 \\ 0 & 26 & -34 & -26 \\ 0 & 36 & -33 & -24 \end{vmatrix}$$

$$= -(-1)^{1+2}\begin{vmatrix} -13 & 25 & 17 \\ 26 & -34 & -26 \\ 36 & -33 & -24 \end{vmatrix} \qquad （對第二列提出公因數 2）$$

$$= 2\begin{vmatrix} -13 & 25 & 17 \\ 13 & -17 & -13 \\ 36 & -33 & -24 \end{vmatrix} \begin{array}{l} \times 1 \\ \times(-2) \end{array}$$

$$= 2\begin{vmatrix} 0 & 8 & 4 \\ 13 & -17 & -13 \\ 10 & 1 & 2 \end{vmatrix}$$

$$= 2 \times 4\begin{vmatrix} 0 & 2 & 1 \\ 13 & -17 & -13 \\ 10 & 1 & 2 \end{vmatrix} \overset{\times(-2)}{} = 8\begin{vmatrix} 0 & 0 & 1 \\ 13 & 9 & -13 \\ 10 & -3 & 2 \end{vmatrix}$$

$$= 8 \times (-1)^2\begin{vmatrix} 13 & 9 \\ 10 & -3 \end{vmatrix} = (8 \times 3) \cdot \begin{vmatrix} 13 & 3 \\ 10 & -1 \end{vmatrix}$$

$$= 24 \cdot (-13 - 30)$$

$$= -1032$$

現在可以來談克拉瑪法則了：考慮 n 個未知數 n 個方程式

$$\begin{cases} a_{11}x_1 + a_{12}x_2 + \cdots + a_{1n}x_n = b_1 \cdots\cdots (1) \\ a_{21}x_1 + a_{22}x_2 + \cdots + a_{2n}x_n = b_2 \cdots\cdots (2) \\ \qquad\qquad\qquad \vdots \\ a_{n1}x_1 + a_{n2}x_2 + \cdots + a_{nn}x_n = b_n \cdots\cdots (n) \end{cases}$$

如果係數行列式 $\Delta \neq 0$，則上述方程組的解答存在且唯一，並且可以建構如下：

$$x_1 = \frac{\Delta_1}{\Delta},\ x_2 = \frac{\Delta_2}{\Delta},\ \cdots,\ x_n = \frac{\Delta_n}{\Delta}$$

其中 Δ_i 表將行列式 Δ 之第 i 行用 $\begin{pmatrix} b_1 \\ \vdots \\ b_n \end{pmatrix}$ 取代後之新行列式。這就是克拉瑪法則的內容，它將一次方程組解答的「存在性、唯一性及建構問題」一舉解決掉！

推　論

齊次方程組

$$\begin{cases} a_{11}x_1 + a_{12}x_2 + \cdots + a_{1n}x_n = 0 \\ a_{21}x_1 + a_{22}x_2 + \cdots + a_{2n}x_n = 0 \\ \qquad\qquad\qquad \vdots \\ a_{n1}x_1 + a_{n2}x_2 + \cdots + a_{nn}x_n = 0 \end{cases}$$

(1)若 $\Delta \neq 0$，則只有一個無聊解 $x_1 = x_2 = \cdots = x_n = 0$。

(2)若 $\Delta = 0$，則有無窮多組解答。

習 題 7-2

1.試求下列各行列式的值：

(1) $\begin{vmatrix} 1 & 2 \\ -1 & -1 \end{vmatrix}$

(2) $\begin{vmatrix} 5 & 9 \\ 8 & -3 \end{vmatrix}$

(3) $\begin{vmatrix} a & b \\ ka & kb \end{vmatrix}$

(4) $\begin{vmatrix} a & b \\ 2a & 4b \end{vmatrix}$

(5) $\begin{vmatrix} 4 & 0 & -2 \\ 7 & 8 & 3 \\ -5 & 0 & 1 \end{vmatrix}$

(6) $\begin{vmatrix} 11 & 2 & -3 \\ -10 & 1 & 4 \\ 9 & 5 & 3 \end{vmatrix}$

(7) $\begin{vmatrix} 6 & 2 & 1 \\ -3 & 4 & -5 \\ 3 & -1 & 2 \end{vmatrix}$

(8) $\begin{vmatrix} 8 & 7 & -6 \\ 2 & 1 & 4 \\ 3 & -1 & 0 \end{vmatrix}$

(9) $\begin{vmatrix} 246 & 427 & 327 \\ 1014 & 543 & 443 \\ -342 & 721 & 621 \end{vmatrix}$

(10) $\begin{vmatrix} 2 & 1 & 1 & 1 & 1 \\ 1 & 3 & 1 & 1 & 1 \\ 1 & 1 & 4 & 1 & 1 \\ 1 & 1 & 1 & 5 & 1 \\ 1 & 1 & 1 & 1 & 6 \end{vmatrix}$

2.試解下列方程式：

(1) $\begin{vmatrix} 3 & 1 \\ x & 2 \end{vmatrix} = 0$

(2) $\begin{vmatrix} x-1 & 1 \\ -1 & -2 \end{vmatrix} = 0$

(3) $\begin{vmatrix} x & x-2 \\ 5 & 10 \end{vmatrix} = 0$

(4) $\begin{vmatrix} 6 & -3 \\ x & -x \end{vmatrix} = 2x + 4$

3.試證明下列兩式:

(1) $\begin{vmatrix} a & b \\ c & d \end{vmatrix} = - \begin{vmatrix} c & d \\ a & b \end{vmatrix} = \begin{vmatrix} a & c \\ b & d \end{vmatrix} = - \begin{vmatrix} c & a \\ d & b \end{vmatrix}$

(2) $\begin{vmatrix} a & b \\ kc & kd \end{vmatrix} = k \begin{vmatrix} a & b \\ c & d \end{vmatrix} = \begin{vmatrix} ka & b \\ kc & d \end{vmatrix}$

4.利用克拉瑪法則解下面的聯立方程組:

(1) $\begin{cases} 3x + 2y = -11 \\ 2x - 3y = 10 \end{cases}$

(2) $\begin{cases} 6x - 9y = 11 \\ 2x - 3y = 7 \end{cases}$

(3) $\begin{cases} 4x + 12y = 20 \\ 2x + 6y = 10 \end{cases}$

(4) $\begin{cases} 2x + 5 = 3y \\ 1 + y = -2x \end{cases}$

5.試解下列聯立方程組:

(1) $\begin{cases} 10x + 3y - 6z = -9 \\ 7x + 5y + 4z = 12 \\ 8x - 2y - 9z = -2 \end{cases}$

(2) $\begin{cases} x + 2y + z = 20 \\ 3x - y + 2z = 22 \\ 2x + y - 4z = 7 \end{cases}$

(3) $\begin{cases} 5x + 2y = -17 \\ 3x + 7z = 23 \\ 4y + 6z = 36 \end{cases}$

(4) $\begin{cases} \dfrac{1}{x} - \dfrac{1}{y} + \dfrac{2}{z} = 7 \\ \dfrac{2}{x} + \dfrac{2}{y} - \dfrac{3}{z} = -2 \\ -\dfrac{3}{x} + \dfrac{1}{y} + \dfrac{1}{z} = 1 \end{cases}$

(5) $\begin{cases} x - y + 5z = 2 \\ 2x + 2y + 4z = 9 \\ x + 4y + 3z = -2 \end{cases}$

(6) $\begin{cases} x + 3y - 2z = 7 \\ 2x + 6y - 2z = 9 \\ x + y + 8z = 10 \end{cases}$

6.試利用展開法計算

$$\begin{vmatrix} 3 & 2 & -1 & 4 \\ -1 & 6 & 7 & 8 \\ 4 & -2 & 4 & 5 \\ 2 & 9 & 3 & 7 \end{vmatrix} = ?$$

7.計算下列行列式:

(1)
$$\begin{vmatrix} 4 & 2 & 1 \\ 7 & 4 & -5 \\ -5 & -1 & 2 \end{vmatrix}$$

(2)
$$\begin{vmatrix} 7 & 0 & -6 \\ -3 & 1 & 4 \\ 6 & 3 & 0 \end{vmatrix}$$

(3)
$$\begin{vmatrix} 1 & 2 & 0 & 5 \\ 3 & 0 & 7 & 4 \\ 0 & -6 & 1 & -1 \\ 4 & 3 & 0 & -2 \end{vmatrix}$$

(4)
$$\begin{vmatrix} 5 & 2 & -3 & 8 \\ 4 & -1 & 0 & -2 \\ 0 & 3 & -4 & 1 \\ 6 & 0 & 3 & 5 \end{vmatrix}$$

7-3 矩陣及其運算

甲、矩陣的定義

固定自然數 m 及 n，若有 mn 個實數 a_{ij}，排列成一個長方形陣式，外加一個方括號，這就叫做一個矩陣:

$$\begin{bmatrix} a_{11} & a_{12} & \cdots & a_{1n} \\ \vdots & \vdots & & \vdots \\ a_{m1} & a_{m2} & \cdots & a_{mn} \end{bmatrix} \tag{1}$$

這樣的數學定義大家當然不滿足，它有什麼意思? 它有什麼用?

這兩個問題其實是一個問題! 任何東西的意義都存在於它的用途之中。我們以後會解說矩陣的用途及意義，那當然得先介紹矩陣的「運算」。

我們得記住: 我們是把這 mn 個實數看成一個整體，每個數放在它的位置上，我們著重在整個陣式，而不是這 mn 個數之集合。所以矩陣

$$\begin{bmatrix} 2 & 3 & 7 \\ 1 & 4 & 6 \end{bmatrix} \quad \text{和} \quad \begin{bmatrix} 2 & 3 & 7 \\ 4 & 1 & 6 \end{bmatrix}$$

就不同了；兩矩陣相同就是它們第 i 列第 j 行的對應的數，必須都相同，而且 m, n 也要相等；換句話說，對應元素全同的兩矩陣，才是相同矩陣。

　　(1)式有 m 列 n 行，叫做 $m \times n$ 型矩陣；矩陣中第 i 列第 j 行的實數 a_{ij}，稱為它的第 (i, j) 元。若 $m = n$ 就叫做 n 階方陣。$1 \times n$ 型矩陣是 $(n$ 維$)$ 列向量，而 $m \times 1$ 型矩陣是 $(m$ 維$)$ 行向量，這是我們學過的。因此 $m \times n$ 型矩陣，擁有 m 個列向量，也擁有 n 個行向量。我們說 $m \times n$ 型，卻不可以把 m 與 n 乘起來，即不要把「3×2 型」說成「6 型」，否則就大錯特錯了。

乙、矩陣的運算及其記號

　　我們通常用單一個大寫字母代表一個矩陣，如

$$A = \begin{bmatrix} 1 & 2 & 3 \\ 3 & 2 & -1 \end{bmatrix}, \; B = [4, 7, 0]$$

$$C = \begin{bmatrix} -8 & -9 \\ 0 & -5 \end{bmatrix}, \; D = [11, -4] \text{ 及}$$

$$E = \left[\begin{array}{ccc|cc} 1 & 2 & 3 & -8 & -9 \\ 3 & 2 & -1 & 0 & -5 \\ \hline 4 & 7 & 0 & 11 & -4 \end{array} \right] \tag{2}$$

這時 E 又可以寫成：

$$E = \begin{bmatrix} A & C \\ B & D \end{bmatrix} \tag{3}$$

這是矩陣之「拼湊」或「分割」。

把矩陣之行跟列對調，叫做**轉置** (transpose)，這就是把 $m \times n$ 型矩陣 S 改變成 $n \times m$ 型矩陣 S^t。例如：由(2)

$$C^t = \begin{bmatrix} -8 & 0 \\ -9 & -5 \end{bmatrix}, A^t = \begin{bmatrix} 1 & 3 \\ 2 & 2 \\ 3 & -1 \end{bmatrix}$$

真正有意思的運算有四個：

⒜**加法**：同型的兩矩陣 S, T 把對應元素相加得 $S + T$。

⒝**係數乘法**：把一切元素都乘了 α 倍，例如：由(2)

$$3A = \begin{bmatrix} 3 & 6 & 9 \\ 9 & 6 & -3 \end{bmatrix}$$

而

$$C + C^t = \begin{bmatrix} -16 & -9 \\ -9 & -10 \end{bmatrix}$$

這兩種運算叫做基本線性操作。這和列陣（即是 n 維向量）的情形，並無區別！另外又有兩種運算。

⒞**乘法**：這等一下介紹。

⒟**取行列式**：通常方陣如為 A，則用 $\det A$ 代表方陣 A 的行列式。

例如(2)中的

$$C = \begin{bmatrix} -8 & -9 \\ 0 & -5 \end{bmatrix}$$

則

$$\det C = \begin{vmatrix} -8 & -9 \\ 0 & -5 \end{vmatrix} = 40$$

這個運算只適用於方陣。

(c)是矩陣最有趣的運算。先設 $S = [s_1,\ s_2,\ \cdots,\ s_n]$ 是 n 維列向量，

$T = \begin{bmatrix} t_1 \\ \vdots \\ t_n \end{bmatrix}$ 是 n 維行向量，這兩個同維的向量，列在左，行在右，相乘就

得到一個數（也就是一階方陣），即是

$$ST = [s_1,\ s_2,\ \cdots,\ s_n] \begin{bmatrix} t_1 \\ \vdots \\ t_n \end{bmatrix}$$

$$= (s_1 t_1 + s_2 t_2 + \cdots + s_n t_n)$$

或單寫做

$$s_1 t_1 + s_2 t_2 + \cdots + s_n t_n \tag{4}$$

（註：這不過是內積的定義！（參見第六章））

例如 $[\ 4\ \ 7\ \ 0\ ] \cdot \begin{bmatrix} 5 \\ -6 \\ 9 \end{bmatrix} = [4 \times 5 + 7 \times (-6) + 0 \times 9]$

$$= [-22]\ 或單寫做\ -22$$

　　這裡階數必須相同，而且列向量在左，行向量在右，若列向量在右，行向量在左，則兩向量仍然可相乘，但結果卻不一樣。更一般地，若 S 是 $m \times n$ 型，T 是 $n \times \ell$ 型，S 的行數等於 T 的列數 n，那麼 S 在左，T 在右就可以相乘了，相乘的結果是 $m \times \ell$ 型矩陣，記做 $S \cdot T$，簡記成 ST，它的第 $(i,\ k)$ 元素根本就是取 S 的第 i 列向量與 T 的第 k 行向量如

前述般相乘。記 S 的第 (i, j) 元素為 s_{ij}，記 T 的第 (j, k) 元素為 t_{jk}，則 ST 的 (i, k) 元素是

$$s_{i1}t_{1k} + s_{i2}t_{2k} + \cdots + s_{in}t_{nk} \tag{5}$$

兩矩陣的乘法運算很重要，因此我們特別把乘法的步驟用符號表示在下面：

$$S\ (m \times n\ 型) \cdot T\ (n \times \ell\ 型)$$

$$= 積\ U\ (m \times \ell\ 型)$$

則矩陣 S（$m \times n$ 型）乘矩陣 T（$n \times \ell$ 型）所得之積為一矩陣 U（$m \times \ell$ 型），其 (i, k) 元為

$$u_{ik} = s_{i1}t_{1k} + s_{i2}t_{2k} + \cdots + s_{in}t_{nk} \tag{6}$$

並可由 S 之第 i 列之元與 T 之第 k 行之元之相乘再相加而得到。兩矩陣相乘的簡單記憶法如下：

把 S 之第 i 列乘 T 之第 k 行，得積 U 之第 (i, k) 元。

例 1　若 $C = \begin{bmatrix} -8 & -9 \\ 0 & -5 \end{bmatrix}$, $A = \begin{bmatrix} 1 & 2 & 3 \\ 3 & 2 & -1 \end{bmatrix}$, 試計算 CA。

解　因 $\begin{bmatrix} -8 & -9 \end{bmatrix} \begin{bmatrix} 1 \\ 3 \end{bmatrix} = -8 \times 1 + (-9) \times 3 = -35$

$\begin{bmatrix} -8 & -9 \end{bmatrix} \begin{bmatrix} 2 \\ 2 \end{bmatrix} = -8 \times 2 + (-9) \times 2 = -34$

$\begin{bmatrix} -8 & -9 \end{bmatrix} \begin{bmatrix} 3 \\ -1 \end{bmatrix} = -8 \times 3 + (-9) \times (-1) = -15$

$\begin{bmatrix} 0 & -5 \end{bmatrix} \begin{bmatrix} 1 \\ 3 \end{bmatrix} = 0 \times 1 + (-5) \times 3 = -15$

$\begin{bmatrix} 0 & -5 \end{bmatrix} \begin{bmatrix} 2 \\ 2 \end{bmatrix} = 0 \times 2 + (-5) \times 2 = -10$

$$[\,0 \ -5\,]\begin{bmatrix} 3 \\ -1 \end{bmatrix} = 0 \times 3 + (-5) \times (-1) = 5$$

因此 $CA = \begin{bmatrix} -8 & -9 \\ 0 & -5 \end{bmatrix}\begin{bmatrix} 1 & 2 & 3 \\ 3 & 2 & -1 \end{bmatrix}$

$$= \begin{bmatrix} -35 & -34 & -15 \\ -15 & -10 & 5 \end{bmatrix}$$

但是 $AC = \begin{bmatrix} 1 & 2 & 3 \\ 3 & 2 & -1 \end{bmatrix}\begin{bmatrix} -8 & -9 \\ 0 & -5 \end{bmatrix}$ 並沒有意義

如果 S 為 $m \times n$ 型，T 為 $n \times \ell$ 型，ST 有意義，但是 TS 沒有意義，除非 $m = \ell$；但在 $m = \ell$ 時，ST 為 m 階方陣，TS 為 n 階方陣，並不同型，除非 $m = n \ (= \ell)$。即使 S, T 為同階方陣，ST 與 TS 通常不相等。因此乘法交換律不成立。

例 2 　$\begin{bmatrix} 2 & 3 \\ 5 & -7 \end{bmatrix}\begin{bmatrix} 0 & 4 \\ -1 & 3 \end{bmatrix} = \begin{bmatrix} -3 & 17 \\ 7 & -1 \end{bmatrix}$，但是

$$\begin{bmatrix} 0 & 4 \\ -1 & 3 \end{bmatrix}\begin{bmatrix} 2 & 3 \\ 5 & -7 \end{bmatrix} = \begin{bmatrix} 20 & -28 \\ 13 & -24 \end{bmatrix}$$

乘法不（一定）可交換，這可以說是矩陣運算最有趣，最需注意的性質

關於行列式的性質，我們已經說過很多，先擱著，專注意在其他的運算上。

如果 R, T, S 分別是 $\ell \times m, m \times n, n \times g$ 型矩陣，那麼 RS 是 $\ell \times n$ 型，$(RS)T$ 是 $\ell \times g$ 型，同理 $R(ST)$ 也是 $\ell \times g$ 型，實際上：

定 理 1

$$R(ST) = (RS)T \text{（結合律）} \tag{7}$$

證明　取 R, S, T 的元為 r_{ij}, s_{jk}, t_{kh}

RS 的第 (i, k) 元是「取 $r_{ij}s_{jk}$（對種種 j）之和」，所以 $(RS)T$ 的

第 (i, h) 元是乘 t_{kh} 再對種種 k 作的和，即是 $r_{ij}s_{jk}t_{kh}$ 對種種 j、

種種 k 作的和，再同樣計算 $R(ST)$ 的 (i, h) 元，可得與 $(RS)T$

的 (i, h) 元相等的結果

所以(7)式可以省去括弧　　　　　　　　　　　　　　　　■

顯然，

$$(\alpha S)T = \alpha(ST) = S(\alpha T) \tag{8}$$

另外乘法對加法滿足分配律：

$$\left.\begin{array}{l} S(T_1 + T_2) = ST_1 + ST_2 \\ (S_1 + S_2)T = S_1T + S_2T \end{array}\right\} \tag{9}$$

也就是說乘法「可以分配」、「可以疊合」，或者「是線性的」。轉置操作
當然也是線性的：

$$(\beta A)^t = \beta A^t \tag{10}$$

$$(A + B)^t = A^t + B^t \tag{11}$$

這只要考慮一個 (i, j) 元就知道了。

轉置操作又有這個性質：

定　理2

$$(ST)^t = T^t S^t \tag{12}$$

證明　設 S 為 $\ell \times m$ 型，T 為 $m \times n$ 型，那麼 ST 為 $\ell \times n$ 型，因而 $(ST)^t$ 為 $n \times \ell$ 型。右邊呢，T^t 及 S^t 分別是 $n \times m$ 型及 $m \times \ell$ 型，因而 $T^t S^t$ 是 $n \times \ell$ 型，因此⑿式左右同型！今 ST 的 (i, k) 元是

$$s_{ij} t_{jk} \text{ 的和（對 } j \text{ 作和）：} \sum_{j=1}^{m} s_{ij} t_{jk} \tag{13}$$

因而 $(ST)^t$ 的 (k, i) 元如上式

另外 T^t 的 (k, j) 元是 t_{jk}，S^t 的 (j, i) 元是 s_{ij}，因而 $T^t S^t$ 的 (k, i) 元也如⒀式　　　　　　　　　　　　　　　　　　　■

丙、矩陣的意義

矩陣有什麼意義呢？它只不過是把一堆數排成一個陣式而已。雖然「只是」這樣，它卻有「一目了然」的好處。

例3　某次棒球賽中，某隊出場球員的記錄如下表 7–1。這是個矩陣，每一選手的記錄是個列向量，每一項之全隊記錄則是行向量。除了純粹的記錄之外，這種矩陣的加法也可以有意義，對於球隊的經理（或球探，或者球迷），要判斷一個球員的狀況，就須要這種矩陣之和（或者，除以「次數」而得到平均）。

表 7-1

項目 人名	打數	得分	安打	打點	四壞	三振	犧打	失誤
……	6	1	1	0	0	0	0	0
……	6	0	1	1	0	0	0	0
……	5	2	2	2	1	0	0	0
……	4	2	2	2	2	1	0	0
……	5	1	2	1	0	0	1	0
……	4	1	1	1	1	0	0	1
……	5	0	2	0	0	1	0	1
……	4	0	0	0	1	0	0	0
……	5	0	0	0	0	1	0	0

例 4 某公司兩工廠之數據如下（表 7-2）。

表 7-2

工廠	人員	機器數	電力	生產量
A	50	30	1904 kw 時	500 公噸
B	75	50	3510 kw 時	807 公噸

這時「相加」當然也有意義。列向量、行向量，或者矩陣的線性運算（加法及係數乘法）意義差不多一樣。

例 5 到某一咖啡店去談生意，賬單如下（表 7-3）：

表 7-3

	單價	數量	共計
咖啡	25 元	3 杯	75
茶	20 元	2 杯	40
檸檬汁	16 元	4 杯	64
			179

這是最常見的「列向量乘以行向量」；一邊是「單價」，一邊是「數量」：

$$[25 \ 20 \ 16] \begin{bmatrix} 3 \\ 2 \\ 4 \end{bmatrix} = 179$$

■

例6 某三人甲、乙、丙，某日晚餐之食物如表 7–4（單位 0.1 公斤），每單位之營養素如表 7–5，試計算每人所攝營養素。

表 7–4

人 食品	甲	乙	丙
肉	1.5	0	1
魚	0	1	1
蛋	0.6	0.3	0.5
牛乳	1.8	0.5	0

表 7–5

食品 成分	肉	魚	蛋	乳
蛋白	20	20	12	2.8
脂肪	17	8	10.5	4.5
醣	0	0	1.7	6
礦物質	1.3	1.8	1.5	0.7

人 成分	甲	乙	丙
蛋白			
脂肪			
醣			
礦物質			

= ?（應該是表 7–5 × 表 7–4）　■

例7 某傢俱店生產三種傢俱：桌子、椅子、沙發。每一種產品所需要的材料如下表：

	塑膠	鐵	木材	工作時間	其他
桌子	0.5	3.1	2	1	0.2
椅子	2.4	2.1	1	2	0.4
沙發	3	2	4	2.5	0.1

今已知每種材料的單價及運輸費如下表：

	材料單價	運輸費單價
塑膠	0.75	0.2
鐵	1.90	0.3
木材	0.25	0.4
工作時間	3.25	0
其他	0.20	0.5

那麼矩陣乘積

$$\begin{bmatrix} 0.5 & 3.1 & 2 & 1 & 0.2 \\ 2.4 & 2.1 & 1 & 2 & 0.4 \\ 3 & 2 & 4 & 2.5 & 0.1 \end{bmatrix} \cdot \begin{bmatrix} 0.75 & 0.2 \\ 1.90 & 0.3 \\ 0.25 & 0.4 \\ 3.25 & 0 \\ 0.20 & 0.5 \end{bmatrix}$$

$$= \begin{matrix} 材料成本 & 運輸成本 \\ \begin{bmatrix} 10.055 & 1.93 \\ 12.62 & 1.71 \\ 15.195 & 2.85 \end{bmatrix} & \begin{matrix} 桌子 \\ 椅子 \\ 沙發 \end{matrix} \end{matrix}$$

由此我們馬上讀出製造一張桌子需成本 10.055 元，運輸費 1.93 元等

最後我們要指出，利用矩陣的記號與運算可以簡寫一次方程組。例如

$$\begin{cases} a_1 x + b_1 y = c_1 \\ a_2 x + b_2 y = c_2 \end{cases}$$

可以寫成

$$A\mathbf{u} = C$$

其中

$$A = \begin{bmatrix} a_1 & b_1 \\ a_2 & b_2 \end{bmatrix}, \mathbf{u} = \begin{bmatrix} x \\ y \end{bmatrix}, C = \begin{bmatrix} c_1 \\ c_2 \end{bmatrix}$$

又如

$$\begin{cases} a_1x + b_1y + c_1z = d_1 \\ a_2x + b_2y + c_2z = d_2 \\ a_3x + b_3y + c_3z = d_3 \end{cases}$$

可以簡寫成

$$Ax = D$$

其中

$$A = \begin{bmatrix} a_1 & b_1 & c_1 \\ a_2 & b_2 & c_2 \\ a_3 & b_3 & c_3 \end{bmatrix}, x = \begin{bmatrix} x \\ y \\ z \end{bmatrix}, D = \begin{bmatrix} d_1 \\ d_2 \\ d_3 \end{bmatrix}$$

有關這種簡寫的好處，我們留待下一節講述。

事實上，矩陣最重要的用途，在於扮演「**線性映射**」(linear mapping) 的角色，這是線性代數的主題，可惜超乎本課程的範圍，故無法講述。

習　題　7-3

1.求一個二階方陣 S，使得

$$S \cdot \begin{bmatrix} 3 & -7 \\ 8 & 5 \end{bmatrix} = \begin{bmatrix} -4 & 2 \\ -6 & 5 \end{bmatrix}$$

2. $\begin{bmatrix} 3 & -7 \\ 8 & 5 \end{bmatrix} - \begin{bmatrix} -4 & 2 \\ -6 & 5 \end{bmatrix} = ?$

3. $\begin{bmatrix} 3 & 4 & -5 \\ 2 & -3 & 8 \\ 0 & 4 & -1 \\ 1 & 2 & 5 \end{bmatrix} \begin{bmatrix} 5 & 0 & 1 \\ -2 & 1 & 0 \\ -1 & 2 & 0 \end{bmatrix} = ?$

4. $\begin{bmatrix} 1 & 2 \\ 4 & 5 \\ 7 & 8 \end{bmatrix} \begin{bmatrix} 1 & 0 & 1 & 1 \\ -5 & 3 & 2 & 0 \end{bmatrix} = ?$

5. $A = \begin{bmatrix} 0 & 2 \\ 1 & 3 \end{bmatrix}$，求 A^2, A^3, A^4。

6. $A = \begin{bmatrix} \begin{array}{ccc|ccc} 1 & 2 & 3 & 4 & 5 & 6 \\ 2 & -1 & 0 & 0 & 3 & -1 \\ \hline -1 & 2 & 0 & 3 & -1 & 2 \\ 0 & 3 & 1 & -1 & -2 & 0 \end{array} \end{bmatrix}$，

$B = \begin{bmatrix} \begin{array}{ccc|cc} 1 & 2 & 1 & 4 & 0 \\ -1 & 3 & -1 & 1 & 3 \\ 0 & 1 & -2 & 2 & 2 \\ \hline 0 & 2 & -1 & 3 & 0 \\ -2 & 5 & -5 & -1 & 0 \\ 1 & 0 & 0 & 7 & 1 \end{array} \end{bmatrix}$

作「分割」，得 $A = \begin{bmatrix} \begin{array}{c|c} C_{11} & C_{12} \\ \hline C_{21} & C_{22} \end{array} \end{bmatrix}$, $B = \begin{bmatrix} \begin{array}{c|c} D_{11} & D_{12} \\ \hline D_{21} & D_{22} \end{array} \end{bmatrix}$,

試證 $AB = \begin{bmatrix} \begin{array}{c|c} C_{11}D_{11} + C_{12}D_{21} & C_{11}D_{12} + C_{12}D_{22} \\ \hline C_{21}D_{11} + C_{22}D_{21} & C_{21}D_{12} + C_{22}D_{22} \end{array} \end{bmatrix}$。

7. $A \equiv \begin{bmatrix} 0 & 2 \\ 1 & 3 \end{bmatrix}$, $u \equiv \begin{bmatrix} x \\ y \end{bmatrix}$, $b \equiv \begin{bmatrix} 4 \\ -7 \end{bmatrix}$, 試問 $Au = b$ 是什麼意思?

8.設矩陣

$$A = \begin{bmatrix} 3 & 1 & 1 \\ 2 & 1 & 2 \\ 1 & 2 & 3 \end{bmatrix}, B = \begin{bmatrix} 1 & 1 & -1 \\ 2 & -1 & 0 \\ 1 & 0 & 1 \end{bmatrix}$$

計算 AB 及 $AB - BA$。

9.設 $f(\lambda) = \lambda^2 + 5\lambda + 3$, $A = \begin{bmatrix} 2 & -1 \\ -3 & 3 \end{bmatrix}$, 試求 $f(A)$。

10.設矩陣

$$A = [\ 1 \ -1 \ 2 \ ], B = \begin{bmatrix} 2 & -1 & 0 \\ 1 & 1 & 3 \\ 4 & 2 & 1 \end{bmatrix}$$

試求 $AB, (AB)^t$。

11.假設有 m 個地方產煤，要運到 n 個銷售地，從第 i 個產地運到第 j 個銷售地的數量為 a_{ij}，請用矩陣表出整個調運方案。

7-4 逆方陣與克拉瑪法則

根據上節所述,所有 n 階方陣全體 $\mathbf{M}_n$ 形成一個構造很豐富的體系：可以相加、減，可以乘以係數，可以轉置，也可以取行列式。只有最後這個操作, det, 會跑出這個體系外而得到一個數值!

今設 $S \in \mathbf{M}_n$, 那麼可以定義其平方為 $S^2 \equiv SS$, 其立方為 $S^3 = SSS$,

……也可以定義 S 的多項式，看起來很像平常的數，只不過不要忘了兩個要點，一個是不可交換性，一個是不可除性。前一個已經說過了，影響很重大，例如：

$$(S+T)^2 = (S+T)(S+T) = SS + TS + ST + TT$$
$$= S^2 + T^2 + TS + ST \neq S^2 + T^2 + 2ST$$

因為一般說來 $TS \neq ST$。

　　另外除法的問題也是最大麻煩！對實數的情形，除法的問題是：已給兩數 s, t，是否有個 r，使得 $rs = t$? 答案是：若 $s \neq 0$，則令 $r = ts^{-1}$ 就好了。對於方陣的情形，是否有相似的結果？什麼是方陣 S 之「逆方陣」S^{-1} 呢？方陣 S^{-1} 應該是使得 $S^{-1}S = I$ 的東西。那麼這裡的 I 又是什麼呢？

定　理 1

存在有一個方陣 $I_n \in \mathbf{M}_n$，使得對一切 $S \in \mathbf{M}_n$

$$I_n S = S I_n = S \tag{1}$$

我們稱 I_n 為 n 階單位方陣。

現在我們來探求 I_n。先從最簡單的 I_2 求起：

例 1　$I_2 = ?$

解　　今設 $S = \begin{bmatrix} p & q \\ r & s \end{bmatrix}$, $I_2 = \begin{bmatrix} a & b \\ c & d \end{bmatrix}$

　　　則 $SI_2 = \begin{bmatrix} pa+qc & pb+qd \\ ra+sc & rb+sd \end{bmatrix}$ 必須恆等於 $S = \begin{bmatrix} p & q \\ r & s \end{bmatrix}$

　　　故有 $pa + qc \equiv p$, $(p, q$ 任意$)$ 必須 $a = 1, c = 0$

$$rb + sd \equiv s, \ (r, s \text{ 任意}) \text{ 必須 } d = 1, \ b = 0$$

即是 $I_2 = \begin{bmatrix} 1 & 0 \\ 0 & 1 \end{bmatrix}$。反之，若 $I_2 = \begin{bmatrix} 1 & 0 \\ 0 & 1 \end{bmatrix}$，則可算出 $I_2 S \equiv SI_2 \equiv S$

一般而言

$$I_n = \begin{bmatrix} 1 & & & 0 \\ & 1 & & \\ & & \ddots & \\ 0 & & & 1 \end{bmatrix}$$

也就是對角線上的元素，即第 (i, i) 元，均為 1，除外各元均為 0

■

例 2 $\begin{bmatrix} 0 & 1 \\ 0 & 6 \end{bmatrix}\begin{bmatrix} -5 & 4 \\ 0 & 0 \end{bmatrix} = \begin{bmatrix} 0 & 0 \\ 0 & 0 \end{bmatrix} = 0_2$。 ■

一般地，元素全為 0 的矩陣記為 0，叫做**零矩陣**。而 n 階零方陣可記為 0_n，在 $\mathbf{M}_n$ 中，它跟任何元素 S 相加均為 S。很像平常數系中的零，可是非零的方陣相乘，居然可得到零方陣。這和平常的數很不一樣。

當然啦，方陣跟平常的數也有相似的地方。這種「同中之異」以及「異中之同」要很小心加以分辨。讓我們作一個對照表：

表 7–6

數	方陣
$a(b+c) = ab + ac$	$A(B+C) = AB + AC$
$(ab)c = a(bc)$	$(AB)C = A(BC)$
$0 + a = a$	$0 + A = A$，其中 0 表零方陣，每個成分均為 0
$1 \cdot a = a$	$I_n \cdot A = A$，其中 I_n 表 n 階單位方陣 $I_n = \begin{bmatrix} 1 & & 0 \\ & \ddots & \\ 0 & & 1 \end{bmatrix}$，對角線上的成分均為 1，其他成分均為 0

$ab = ba$	但是一般 $AB \neq BA$
$ab = 0 \Rightarrow a = 0$ 或 $b = 0$	當 $AB = 0$ 時，A, B 可能都不為 0，例如 $\begin{bmatrix} 0 & 1 \\ 0 & 0 \end{bmatrix} \cdot \begin{bmatrix} 0 & 2 \\ 0 & 0 \end{bmatrix} = \begin{bmatrix} 0 & 0 \\ 0 & 0 \end{bmatrix}$

定 義

設 $S \in \mathbf{M}_n$（即 S 為一 n 階方陣）。「若在 $\mathbf{M}_n$ 中能找到非零的一個且唯一的方陣 T，使得 $ST = TS = I_n$」，則稱 S 為可逆方陣，T 叫做 S 的逆方陣，記做 $T = s^{-1}$。

在什麼條件下，$S \in \mathbf{M}_n$ 可逆呢？

定 理2

若 $\det S \neq 0$，則 S 可逆，反之亦然。這個定理的證明需要找到一個方陣 T 使得

$$ST = I_n \quad 且 \quad TS = I_n$$

而且 T 是唯一的!

這個證明太「理論」了一些，所以我們省略不提。

例3 設 $S \in M_n$，且其右逆方陣，左逆方陣存在，試證 S 之逆方陣為唯一。

證明 右逆方陣存在，故可找到一個 T 使得 $ST = I_n$

左逆方陣存在，故可找到一個 T' 使得 $T'S = I_n$

而 $T' = T'I_n = T'(ST) = (T'S)T = I_nT = T$

所以 $TS = I_n$

設存在另一方陣 T'' 使得 $T''S = I_n$

而 $T'' = T'' I_n = T''(ST) = (T''S)T = I_n T = T$，所以 T 唯一

故 T 為 S 的唯一逆方陣 ∎

例 4 判斷聯立方程式 $\begin{cases} 2x - 3y = -13 \\ x + 4y = 10 \end{cases}$ 是否有解？

解 上式可寫成 $\begin{bmatrix} 2 & -3 \\ 1 & 4 \end{bmatrix} \begin{bmatrix} x \\ y \end{bmatrix} = \begin{bmatrix} -13 \\ 10 \end{bmatrix}$ 即 $AX = b$

左右各乘上 A 的逆方陣 A^{-1} 即 $A^{-1}AX = A^{-1}b$

$\therefore X = A^{-1}b$，因此 X 有解的條件為 A 的逆方陣存在，而第二章

第二節所提聯立方程組恰好有一解的條件為 $a_1 b_2 - a_2 b_1 \neq 0$，

即 $\det A \neq 0$

$\therefore \det A \neq 0$ 可保證 A 的逆方陣存在

$A = \begin{bmatrix} 2 & -3 \\ 1 & 4 \end{bmatrix}$, $\det A = 2 \cdot 4 + 3 = 11$

故聯立方程組有解 ∎

例 5 $\begin{vmatrix} 2 & 1 & 3 \\ 4 & 5 & 2 \\ 3 & 7 & -6 \end{vmatrix} = -60 + 6 + 84 - 45 + 24 - 28 = -19 \neq 0$，因此，對於

$A = \begin{bmatrix} 2 & 1 & 3 \\ 4 & 5 & 2 \\ 3 & 7 & -6 \end{bmatrix}$，逆方陣 A^{-1} 存在。 ∎

可是 A^{-1} 怎麼求？這定理沒有說清楚！這在定理 3 再說明。

例 6 $A = \begin{bmatrix} 2 & -1 & 3 \\ 4 & 5 & -1 \\ 3 & 7 & -4 \end{bmatrix}$ 是否可逆?

解 計算一下行列式，$\det A = 0$，因此 A 不可逆 ∎

如果 $\det A \neq 0$，則根據定理 2 知，逆方陣 A^{-1} 存在怎麼求 A^{-1} 呢?下面我們給出 A^{-1} 的計算公式，同時也給出克拉瑪法則的一個證明。

設方陣

$$A = [a_{ij}] = \begin{bmatrix} a_{11} & a_{12} & \cdots & a_{1n} \\ a_{21} & a_{22} & \cdots & a_{2n} \\ \vdots & \vdots & & \vdots \\ a_{n1} & a_{n2} & \cdots & a_{nn} \end{bmatrix} \tag{2}$$

則方陣 A 的行列式

$$\det A = |a_{ij}| = \begin{vmatrix} a_{11} & a_{12} & \cdots & a_{1n} \\ a_{21} & a_{22} & \cdots & a_{2n} \\ \vdots & \vdots & & \vdots \\ a_{n1} & a_{n2} & \cdots & a_{nn} \end{vmatrix} \tag{3}$$

即把方陣 A 之 [ ] 符號換成 | | 就得方陣的行列式了!

我們從行列式的展開公式出發: 在行列式 $\det A = |a_{ij}|$ 中，令第 (i, j) 元 a_{ij} 的餘因子為 A_{ij}，並對第 j 行展開則得

$$\det A = \begin{vmatrix} a_{11} & \cdots & a_{1j} & \cdots & a_{1n} \\ a_{21} & \cdots & a_{2j} & \cdots & a_{2n} \\ \vdots & & \vdots & & \vdots \\ a_{n1} & \cdots & a_{nj} & \cdots & a_{nn} \end{vmatrix} = \sum_{i=1}^{n} a_{ij} A_{ij} \tag{4}$$

$$\downarrow$$

$$\text{對第 } j \text{ 行展開}$$

如果在行列式 $\det A$ 中用第 k 行的元 a_{ik} 來代替原第 j 行的元 a_{ij}, $k \neq j$, 則所得的行列式中因第 j 行與第 k 行的對應元全等，其值當然為 0，因此

$$\begin{vmatrix} a_{11} & \cdots & a_{1k} & \cdots & a_{1k} & \cdots & a_{1n} \\ a_{21} & \cdots & a_{2k} & \cdots & a_{2k} & \cdots & a_{2n} \\ \vdots & & \vdots & & \vdots & & \vdots \\ a_{n1} & \cdots & a_{nk} & \cdots & a_{nk} & \cdots & a_{nn} \end{vmatrix} = \sum_{i=1}^{n} a_{ik} A_{ij} = 0, \; j \neq k \tag{5}$$

$$\uparrow \qquad \uparrow$$

$$\text{第 } j \text{ 行} \quad \text{第 } k \text{ 行}$$

(4), (5)兩式合併可以寫成

$$\sum_{i=1}^{n} a_{ik} A_{ij} = \det A \cdot \delta_{jk} \tag{6}$$

其中

$$\delta_{jk} = \begin{cases} 1, & j = k \\ 0, & j \neq k \end{cases}$$

現在另做一個新的方陣 C，它的第 (i, j) 元是 A_{ij}：

即
$$C = [A_{ij}] = \begin{bmatrix} A_{11} & A_{12} & \cdots & A_{1n} \\ A_{21} & A_{22} & \cdots & A_{2n} \\ \vdots & \vdots & & \vdots \\ A_{n1} & A_{n2} & \cdots & A_{nn} \end{bmatrix}$$

那麼它的轉置 C^t 的第 (i, j) 元將是 A_{ij}。再來計算 $C^t A$：

即

$$B = C^t A = \begin{matrix} \\ \\ \\ \text{第 } j \text{ 列} \to \\ \\ \end{matrix} \begin{bmatrix} A_{11} & A_{21} & \cdots & A_{n1} \\ A_{12} & A_{22} & \cdots & A_{n2} \\ \vdots & \vdots & & \vdots \\ A_{1j} & A_{2j} & \cdots & A_{nj} \\ A_{1n} & A_{2n} & \cdots & A_{nn} \end{bmatrix} \cdot \begin{bmatrix} a_{11} & a_{12} & \cdots & a_{1k} & \cdots & a_{1n} \\ a_{21} & a_{22} & \cdots & a_{2k} & \cdots & a_{2n} \\ \vdots & \vdots & & \vdots & & \vdots \\ a_{n1} & a_{n2} & \cdots & a_{nk} & \cdots & a_{nn} \end{bmatrix}$$

$$\downarrow$$
$$\text{第 } k \text{ 行}$$

得 $C^t A$ 的積 B 的第 (j, k) 元為

$$b_{jk} = \sum_{i=1}^{n} A_{ij} a_{ik} = \sum_{i=1}^{n} a_{ik} A_{ij} = \det A \cdot \delta_{jk} \tag{7}$$

（上式的最後一步運算，曾經利用公式(6)）。因此

$$C^t A = B = [b_{jk}] = \det A \begin{bmatrix} 1 & & & 0 \\ & 1 & & \\ & & \ddots & \\ 0 & & & 1 \end{bmatrix} = (\det A) I_n$$

所以在 $\det A \neq 0$ 時，

$$[(\det A)^{-1} C^t] A = I_n$$

同樣的方法計算 AC^t 也可以得到

$$A[(\det A)^{-1}C^t] = I_n$$

因為 $(\det A)^{-1}C^t$ 不論由左邊或右邊乘到 A 都得到 1_n，所以 $(\det A)^{-1}C^t$ 是 A 的逆方陣，即 $A^{-1} = (\det A)^{-1}C^t$。

因此我們得到結論：

定理 3

設方陣 A 的行列式 $\det A \neq 0$，則 A 的逆方陣 A^{-1} 存在，並且可以用下面的方法求出來：

(1)算出行列式 $\det A$ 中所有元的餘因子 A_{ij}，

(2)做出餘因子方陣

$$C = [A_{ij}] = \begin{bmatrix} A_{11} & A_{12} & \cdots & A_{1n} \\ A_{21} & A_{22} & \cdots & A_{2n} \\ \vdots & \vdots & & \vdots \\ A_{n1} & A_{n2} & \cdots & A_{nn} \end{bmatrix} \tag{8}$$

(3)再求出轉置方陣

$$C^t = \begin{bmatrix} A_{11} & A_{21} & \cdots & A_{n1} \\ A_{12} & A_{22} & \cdots & A_{n2} \\ \vdots & \vdots & & \vdots \\ A_{1n} & A_{2n} & \cdots & A_{nn} \end{bmatrix} \tag{9}$$

(4)將 C^t 除以 $\det A$ 就得到逆方陣：$A^{-1} = \dfrac{1}{\det A}C^t$。 $\tag{10}$

例 7 $A = \begin{bmatrix} 2 & 1 & 3 \\ 4 & 5 & 2 \\ 3 & 7 & -6 \end{bmatrix}$ 之逆方陣! 如同例 5，算出

$\det A = -19 \neq 0$，各個餘行列式為 $A_{11} = -44$, $A_{12} = 30$, $A_{13} = 13$,

$A_{21} = 27$, $A_{22} = -21$, $A_{23} = -11$, $A_{31} = -13$, $A_{32} = 8$, $A_{33} = 6$。因此

$$A^{-1} = \begin{bmatrix} -44 & 27 & -13 \\ 30 & -21 & 8 \\ 13 & -11 & 6 \end{bmatrix} \div (-19)$$

$$= \begin{bmatrix} \dfrac{44}{19} & -\dfrac{27}{19} & \dfrac{13}{19} \\ -\dfrac{30}{19} & \dfrac{21}{19} & -\dfrac{8}{19} \\ -\dfrac{13}{19} & \dfrac{11}{19} & -\dfrac{6}{19} \end{bmatrix}$$

例 8 如果 $A, B \in M_n$ 都是可逆的，那麼 AB 也是可逆的，其逆方陣為 $B^{-1}A^{-1}$。

證明 $\because AA^{-1} = A^{-1}A = 1_n$, $BB^{-1} = B^{-1}B = 1_n$

$\therefore ABB^{-1} = A$, $ABB^{-1}A^{-1} = 1_n$

同理 $B^{-1}A^{-1}AB = 1_n$

因此 $(AB)^{-1} = B^{-1}A^{-1}$

今考慮一次方程組

$$\begin{cases} a_{11}x_1 + a_{12}x_2 + \cdots + a_{1n}x_n = b_1 \\ a_{21}x_1 + a_{22}x_2 + \cdots + a_{2n}x_n = b_2 \\ \phantom{a_{11}}\vdots \vdots \vdots \\ a_{n1}x_1 + a_{n2}x_2 + \cdots + a_{nn}x_n = b_n \end{cases} \tag{11}$$

或用矩陣表成 $\qquad AX = b \qquad\qquad$ (12)

其中
$$A = [a_{ij}] = \begin{bmatrix} a_{11} & a_{12} & \cdots & a_{1n} \\ a_{21} & a_{22} & \cdots & a_{2n} \\ \vdots & \vdots & & \vdots \\ a_{n1} & a_{n2} & \cdots & a_{nn} \end{bmatrix}$$

$$X = \begin{bmatrix} x_1 \\ x_2 \\ \vdots \\ x_n \end{bmatrix}, \; b = \begin{bmatrix} b_1 \\ b_2 \\ \vdots \\ b_n \end{bmatrix}$$

利用逆方陣 A^{-1} 可以來求解 $AX = b$，其實這和用克拉瑪法則解方程式是完全一樣的。

我們很欣賞(12)式的簡便，可是，除了簡便外，還有什麼好處嗎？

如果 A 是可逆的，那麼由(12)式得

$$A^{-1}(AX) = A^{-1}b$$

因而

$$X = A^{-1}b \qquad\qquad (13)$$

這就是答案！

這意思就是說，把方程組(11)寫成(12)，不光是簡便而已！它使我們得到類似一元一次方程

$$ax = b \qquad\qquad (14)$$

的形式，同時也就提示我們得到類似於(14)之解法：

$$x = a^{-1}b \ (a \neq b) \tag{15}$$

固然，方陣不是數，可是畢竟它很類似於數，它不是數，所以(13)不可以寫成

$$X = bA^{-1}$$

而(15)可以寫成

$$x = ba^{-1}$$

所以對方陣（矩陣）順序要小心，除外，我們都是儘量要把數的辦法也用上來！而且居然也常行得通，這就是矩陣記號及概念的好處！

如上我們已說明了

定　理 4

若方陣 A 可逆，則方程式

$$AX = b$$

之解存在且唯一，即是

$$X = A^{-1}b$$

證明　我們利用 A 的逆方陣 A^{-1} 可以得到(12)式的解如下：

$$\begin{bmatrix} x_1 \\ x_2 \\ \vdots \\ x_n \end{bmatrix} = X = A^{-1}b = \frac{1}{\det A}C^t b$$

$$= \frac{1}{\det A} \begin{bmatrix} A_{11} & A_{21} & \cdots & A_{n1} \\ A_{12} & A_{22} & \cdots & A_{n2} \\ \vdots & \vdots & & \vdots \\ A_{1j} & A_{2j} & \cdots & A_{nj} \\ A_{1n} & A_{2n} & \cdots & A_{nn} \end{bmatrix} \begin{bmatrix} b_1 \\ b_2 \\ \vdots \\ b_n \end{bmatrix} \tag{16}$$

所以方程組(11)的解 x_j 等於 $A^{-1}b$ 的第 j 個成分，即

$$x_j = (\det A)^{-1} \sum_{i=1}^{n} A_{ij} b_i = (\det A)^{-1} \sum_{i=1}^{n} b_i A_{ij}$$

$$= \frac{\det A_j}{\det A} \tag{17}$$

而 $\qquad\qquad\qquad \det A_j = \sum_{i=1}^{n} b_i A_{ij}$

請注意：

$$\det A = \begin{vmatrix} a_{11} & a_{12} & \cdots & a_{1j} & \cdots & a_{1n} \\ a_{21} & a_{22} & \cdots & a_{2j} & \cdots & a_{2n} \\ \vdots & \vdots & & \vdots & & \vdots \\ a_{n1} & a_{n2} & \cdots & a_{nj} & \cdots & a_{nn} \end{vmatrix} = \sum_{i=1}^{n} a_{ij} A_{ij}$$

$$\uparrow$$

第 j 行展開

因此

$$\det A_j = \sum_{i=1}^{n} b_i A_{ij} = \begin{vmatrix} a_{11} & a_{12} & \cdots & b_1 & \cdots & a_{1n} \\ a_{21} & a_{22} & \cdots & b_2 & \cdots & a_{2n} \\ \vdots & \vdots & & \vdots & & \vdots \\ a_{n1} & a_{n2} & \cdots & b_n & \cdots & a_{nn} \end{vmatrix} \tag{18}$$

$$\uparrow$$

把 $\det A$ 中第 j 行的元 a_{ij} 換成 b_i

就是用行陣 b 代替 $\det A$ 中第 j 行的各元所得的行列式。因此

$$x_j = \frac{\det A_j}{\det A} = \frac{\begin{vmatrix} a_{11} & a_{12} & \cdots & b_1 & \cdots & a_{1n} \\ a_{21} & a_{22} & \cdots & b_2 & \cdots & a_{2n} \\ \vdots & \vdots & & \vdots & & \vdots \\ a_{n1} & a_{n2} & \cdots & b_n & \cdots & a_{nn} \end{vmatrix}}{\begin{vmatrix} a_{11} & a_{12} & \cdots & a_{1j} & \cdots & a_{1n} \\ a_{21} & a_{22} & \cdots & a_{2j} & \cdots & a_{2n} \\ \vdots & \vdots & & \vdots & & \vdots \\ a_{n1} & a_{n2} & \cdots & a_{nj} & \cdots & a_{nn} \end{vmatrix}} \qquad (19)$$

$$\uparrow$$
$$第\ j\ 行$$

這恰好是克拉瑪法則 ∎

(註: 克拉瑪法則有非常重要的理論價值,可是在實用上須異常小心! 只要 $n>4$,它的計算就吃了大虧,寧可平凡地用消去法,至於在 $n<3$ 時,消去法也差不多一樣容易,因此,在電腦之利用上,一般地以消去法為原則。而且,消去法對於 $m \ne n$ 的方程組概念上更為自然!)

例 9 求解一次方程組

$$\begin{cases} 2x + y + 3z = 1 \\ 4x + 5y + 2z = 2 \\ 3x + 7y - 6z = 3 \end{cases}$$

解 改成矩陣記號

$$A \cdot X = b$$

其中

$$A = \begin{bmatrix} 2 & 1 & 3 \\ 4 & 5 & 2 \\ 3 & 7 & -6 \end{bmatrix}, \; X = \begin{bmatrix} x \\ y \\ z \end{bmatrix}, \; b = \begin{bmatrix} 1 \\ 2 \\ 3 \end{bmatrix}$$

由例 5 知

$$A^{-1} = \begin{bmatrix} \dfrac{44}{19} & -\dfrac{27}{19} & \dfrac{13}{19} \\ -\dfrac{30}{19} & \dfrac{21}{19} & -\dfrac{8}{19} \\ -\dfrac{13}{19} & \dfrac{11}{19} & -\dfrac{6}{19} \end{bmatrix}$$

故

$$X = A^{-1}b$$

$$= \begin{bmatrix} \dfrac{44}{19} & -\dfrac{27}{19} & \dfrac{13}{19} \\ -\dfrac{30}{19} & \dfrac{21}{19} & -\dfrac{8}{19} \\ -\dfrac{13}{19} & \dfrac{11}{19} & -\dfrac{6}{19} \end{bmatrix} \begin{bmatrix} 1 \\ 2 \\ 3 \end{bmatrix}$$

$$= \begin{bmatrix} \dfrac{29}{19} \\ -\dfrac{12}{19} \\ -\dfrac{9}{19} \end{bmatrix}$$

$$\therefore x = \frac{29}{19}, \; y = -\frac{12}{19}, \; z = -\frac{9}{19}$$

習　題　7-4

1.試解下述聯立方程組：（利用定理 3，先求係數方陣之逆，計算相當煩，一題就很長了!）

$$\begin{cases} x + y - 2z + w = 10 \\ 2x - y + z + w = 7 \\ x - 3y + 2z - w = 0 \\ 3x + y + 3z + 2w = 19 \end{cases}$$

2.求 $\begin{bmatrix} 1 & 2 & 3 & 0 \\ 0 & -1 & -4 & 2 \\ 0 & 0 & 3 & 1 \\ 0 & 0 & 0 & 2 \end{bmatrix}^{-1} = ?$

3.求 $\begin{bmatrix} 2 & 3 & 5 \\ 4 & 0 & -3 \\ 8 & 1 & -4 \end{bmatrix}^{-1} = ?$

筆記欄

第八章　歸納法

數學或科學的求知活動，通常是在**問題**的引導下，先有**發現** (discovery) 或**大膽的猜測** (bold conjecture)，然後才有**證明** (proof) 或**小心地驗證** (test or justification)，兩者合起來才形成一個完整的探索過程。

但是，一般數學文獻或教科書，絕大多數都把前半段的「**發現過程**」抹掉，只展示後半段的「**證明過程**」。一上來就給出定義、公式、定理，接著就給出證明，形成「**定義、定理、證明**」之三部曲，這是數學讓一般人覺得**抽象**或**面目可憎**的主因。

數學的發現過程，是展現人類創造性思考的絕佳範例。創造性思考含有非常豐富的內涵，最常見的有：**觀察與試驗以找尋規律、嘗試改誤法** (trial and error)、**枚舉歸納法** (enumerative induction)、**類推法** (analogy)、**特殊化法、推廣法、直觀洞悟、想像力，或任何方法都行** (anything goes) 等等。

在證明的階段，採用的是**演繹法** (deduction)，即邏輯推理，由假設條件推導出結論，其中**數學歸納法** (mathematical induction) 就是一種特殊形式的演繹法。

我們常聽說，（枚舉）歸納法與演繹法是探求未知與建立知識的兩種科學方法，可見這兩種方法的重要性。

8–1　枚舉歸納法

所謂**枚舉歸納法**（有時又叫做**不完全歸納法**）就是運用特例的觀察和連繫，猜測出一般規律。這種「推理」或「想像力的飛躍」過程，是探索隱晦奧秘與求生存不可或缺的能力，幾乎可以說是人類的一種「良知良能」。

舉例來說，當我們觀察過一些白色的天鵝之後，就從「有涯」飛躍到「無涯」，歸納出「凡是天鵝都是白色的」。讓我們舉更多的例子。

例 1 自從你認識太陽那天起，你發現那天太陽從東邊出來，第二天太陽也從東邊出來，第三天也是一樣，……，一直到昨天太陽還是從東邊出來，今天你起床發現太陽又從東邊出來。你根據過去和現在對太陽從東邊出來的經驗（特例的觀察），因此你就理足氣壯地斷言：太陽永遠從東邊出來（聯繫對特例觀察的結果，發現了一般規律），這就是枚舉歸納法。現在我們要問，明天後天……還未到，你怎能肯定那時太陽還是從東邊出來？萬一有一天太陽燃燒淨盡或是地球毀滅了，何來太陽從東邊昇起呢？因此根據枚舉歸納法猜測而得的結論不一定成立。∎

例 2 古人對於天候氣象的觀察，積了多年之經驗，歸納出一些規律，而表現於諺語或詩句之中，例如：「黃梅時節雨紛紛」、「山雨欲來風滿樓」、「一雷破九颱」、「月暈而風」等等，這也是枚舉歸納法的運用。∎

這些規律雖然經常表現出經驗式的「智慧」，但是並非百分之百正確。又例如，你觀察了金、銀、銅、鐵加熱會膨脹，於是你就理直氣壯地斷言「所有物質加熱都會膨脹」。這個結論當然是錯的，因為 0°C 的冰加熱反而收縮！因此我們應該客氣一點說：大多數物質加熱會膨脹。

例 3 數學家歐拉 (Euler) 觀察，當 $n = 0, 1, 2, \cdots, 39$ 時，$n^2 + n + 41$ 均為質數，於是就理直氣壯的猜測 $n^2 + n + 41$ 對所有的 $n \in \mathbb{N}$，均為質數。但是卻猜錯了，因為當 $n = 40$ 時，$n^2 + n + 41$ 並非質數！事實上，$40^2 + 40 + 41 = 40^2 + 2 \times 40 + 1 = 41^2$。又如費瑪 (Fermat) 觀察數列 $2^{2^n} + 1, n \in \mathbb{N}$。首四項

$$5, 17, 257, 65537, \cdots$$

均為質數，於是他就猜測 $2^{2^n}+1$ 對所有的 $n \in \mathbb{N}$，均為質數。他拿這個問題去向沃利斯及其他英國數學家挑戰。但是歐拉很快就否定了費瑪的猜測，因為當 $n=5$ 時 $2^{32}+1$ 可被 641 整除！事實上，$2^{32}+1=641\times6700417$。 ■

例 4 觀察下面的特例：

$$
\begin{aligned}
1 &= 1 &= 1^2 \\
1+3 &= 4 &= 2^2 \\
1+3+5 &= 9 &= 3^2 \\
1+3+5+7 &= 16 &= 4^2 \\
1+3+5+7+9 &= 25 &= 5^2
\end{aligned}
$$

於是我們猜測一般規律應該是

$$1+3+5+\cdots+(2n-1)=n^2, \ \forall n \in \mathbb{N} \qquad (1)$$
■

以上的推理過程就是枚舉歸納法的運用。不過對於所有自然數(1)式的對錯我們還不能肯定。在我們還未提出證明之前，我們只能說(1)式是暫時性的，試驗性的。事實上，以後我們會證明(1)式是對的。

例 5 哥德巴赫 (Goldbach) 觀察到：

$2=1+1, \quad 4=1+3=2+2,$

$6=3+3, \quad 8=3+5,$

$10=3+7, \quad 12=5+7,$

$14=7+7, \quad 16=3+13,$

$\cdots, \quad \cdots$

$48=19+29, 100=3+97$ 等等。

於是他在 1742 年寫信給歐拉，宣稱（即歸納出）：

任何大於 2 的偶數皆可表為兩個質數之和

或者

任何大於 4 的偶數皆可表為兩個奇質數之和。

這就是鼎鼎有名的**哥德巴赫猜測**，雖然表面上看起來並不高深，但是至今未能證明或否證。

（註：1 不是質數，2 是唯一的偶質數。）

例 6 大家都知道高斯 (Gauss) 小時候就會利用首尾相加的辦法巧算出 $1 + 2 + 3 + \cdots + 100 = 5050$。推而廣之，

$$1 + 2 + 3 + \cdots + n = \frac{1}{2}n(n+1) \tag{2}$$

作類推就是較不易求和的級數

$$1^2 + 2^2 + 3^2 + \cdots + n^2 = ?$$

如何猜測出這個和呢？我們用已知的(2)式當試金石，令

$$S_n = 1 + 2 + 3 + \cdots + n = \frac{1}{2}n(n+1)$$

$$T_n = 1^2 + 2^2 + 3^2 + \cdots + n^2$$

同時考慮兩個和：

n	1	2	3	4	5	6	$\cdots$
S_n	1	3	6	10	15	21	$\cdots$
T_n	1	5	14	30	55	91	$\cdots$

它們有什麼關係呢？讓我們考慮 $\dfrac{T_n}{S_n}$ 的變化行為

n	1	2	3	4	5	6	$\cdots$
$\dfrac{T_n}{S_n}$	1	$\dfrac{5}{3}$	$\dfrac{7}{3}$	$\dfrac{3}{1}$	$\dfrac{11}{3}$	$\dfrac{13}{3}$	$\cdots$

將這些比值寫成下列形式：

$$\dfrac{T_n}{S_n}: \dfrac{3}{3},\ \dfrac{5}{3},\ \dfrac{7}{3},\ \dfrac{9}{3},\ \dfrac{11}{3},\ \dfrac{13}{3},\ \cdots \tag{3}$$

我們發現似乎有規律，看出規律是最欣喜的事！由(3)式我們大膽地飛躍出

$$\dfrac{T_n}{S_n} = \dfrac{2n+1}{3},\ \forall n \in \mathbb{N} \tag{4}$$

從而我們猜測

$$T_n = 1^2 + 2^2 + 3^2 + \cdots + n^2 = \dfrac{1}{6}n(n+1)(2n+1),\ \forall n \in \mathbb{N} \tag{5}$$

這當然沒有證明(5)式，但上述提供我們一個猜測式的推理。以後我們可以利用數學歸納法，證明(5)式是對的。∎

例 7 在智商測驗 (I.Q. test) 裡，曾出現過這樣的題目：

$$1,\ 4,\ 9,\ 16,\ \square$$

問空格應填多少？

解 令此數列為 $\langle a_n \rangle$，那麼空格的「標準答案」是 $a_5 = 25$，理由是由前四項的值，我們歸納出數列的一般公式為

$$a_n = n^2 \tag{6}$$

即 $\langle a_n \rangle$ 為平方數之數列。但這是一個「平凡」的答案。有一位「天才」學生給出具有「深度」的答案 $a_5 = \pi$，為什麼? 天才的特質之一是「不按牌理出牌」，喜歡出奇制勝，他在 $a_n = n^2$ 的基礎上，再加一項 $k(n-1)(n-2)(n-3)(n-4)$，即考慮

$$a_n = n^2 + k(n-1)(n-2)(n-3)(n-4) \tag{7}$$

其中 k 為待定常數，這樣並不影響首四項之值。現在為了讓 $a_5 = \pi$，由簡單計算知，取 $k = \dfrac{\pi - 25}{24}$ 就好了。因此，一般公式

$$a_n = n^2 + \frac{\pi - 25}{24}(n-1)(n-2)(n-3)(n-4) \tag{8}$$

符合 (fit) 首四項之值，並且第五項為 π。事實上，這個問題的答案可為任何數，只要適當選取 k 之值

結論是: 不要迷信智商測驗 ■

這個例子顯示，我們可以找到無窮多個公式，符合有限多個觀測值。換言之，由有限多個觀測值，可以歸納出無窮多條規律。通常我們必須考量其他因素，從無窮之中選擇出唯一的正確規律，這就是創造力。

例 8 波利亞 (Polya) 在他的 *Induction and Analogy in Mathematics* 一書中，描述邏輯家、數學家、物理學家及工程師四個人一段很有趣的對話。邏輯家先嘲笑數學家說: 「看那位數學家，他觀察 1 到 99 的數均小於 100，於是就應用他所謂的『歸納法』得到所有數均小於 100 的結論」。數學家說: 「看那位物理學家，他竟相

信 60 可被所有的數整除，理由是：他觀察過 60 可被 1, 2, 3, 4,
5, 6 整除，並且也可被他『任取』的 10, 20 與 30 整除，故他相
信實驗的證據充分可以支持他的論點」。然後物理學家開腔了：
「是的，但是你看那位工程師，他認為所有的奇數都是質數，理
由是：1 可視為質數，而 3, 5, 7 也都是質數，可恨的是 9 不是質
數，但這是實驗誤差所致，你看 11 及 13 又是質數了!」　　■

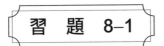

習　題　8-1

1. 觀察下面的特例

$$1 = 1$$
$$1 - 4 = -(1 + 2)$$
$$1 - 4 + 9 = 1 + 2 + 3$$
$$1 - 4 + 9 - 16 = -(1 + 2 + 3 + 4)$$

　試猜測其一般公式。

2. 觀察下面的特例

$$1 + \frac{1}{2} = 2 - \frac{1}{2}$$
$$1 + \frac{1}{2} + \frac{1}{4} = 2 - \frac{1}{4}$$
$$1 + \frac{1}{2} + \frac{1}{4} + \frac{1}{8} = 2 - \frac{1}{8}$$

　試猜測其一般公式。

3.觀察下面的特例

$$1 - \frac{1}{2} = \frac{1}{2}$$

$$(1 - \frac{1}{2})(1 - \frac{1}{3}) = \frac{1}{3}$$

$$(1 - \frac{1}{2})(1 - \frac{1}{3})(1 - \frac{1}{4}) = \frac{1}{4}$$

試猜測其一般公式。

4.有一隻公雞打從出生起，主人每天都餵牠食物，餵了 99 天，於是公雞就歸納說「主人永遠會餵我食物」，這個結論成立嗎？

8-2 數學歸納法

由上述各種例子我們看出，由特例的觀察，歸納得到的一般規律或猜測，有時對，有時錯。這好像是採珠者從海底撈起一大堆砂石與珍珠的混合物，上岸之後，必須再經過篩選，**棄砂存珠**。

對於歸納所得的猜測，如果我們可以提出「**證明**」，那麼猜測就上升為**公式**或**定理**；如果我們可以找到「**反例**」，那麼猜測就被**否證** (falsify)，必須**丟棄**或**修正**，例如只要發現到一隻黑天鵝就推翻了「凡是天鵝都是白色的」這句話；如果既不能證明也不能否證，那麼就仍然保留為「**猜測**」的身分，例如哥德巴赫猜測。

以下我們要來介紹數學歸納法的證明方法。

在 8-1 節例 6 中，我們歸納出

$$1^2 + 2^2 + 3^2 + \cdots + n^2 = \frac{1}{6}n(n + 1)(2n + 1), \ \forall n \in \mathbb{N} \tag{1}$$

怎樣證明呢? 我們知道 $n = 1, 2, 3, 4, 5, 6$ 時，(1)式均成立。如果我們要證明(1)式對於所有自然數均成立，則勢必要再驗證，$n = 7, 8, \cdots,$ 1000000, … 時，(1)式均成立。但是你會碰到一個困難——力不從心，因為自然數的個數無窮，你一輩子也驗證不完! 就算你一秒鐘驗證一個自然數，而你能夠活一百歲，從生下來就開始驗證，不吃飯不睡覺，你也只能驗證 $100 \times 365 \times 24 \times 60 \times 60$ 個自然數，而此數是有限數，往後還有無窮多個自然數比此數大，而你仍未驗證。如何解決這個困難呢?

　　既然我們無法把自然數一個一個拿來驗證，我們就要想一個辦法能夠自動不停的驗證下去，把所有的自然數都驗證完畢。這個自動不停的驗證辦法是: 我們假設(1)式對於任意給定的自然數 k 成立，然後證明(1)式對於次一自然數 $k + 1$ 亦成立。如果這件事能夠辦得到，則因為我們已經知道 $n = 1$ 時(1)式成立，故 $n = 1 + 1 = 2$ 隨之成立; 再用一次上面的辦法，則 $n = 2 + 1 = 3$ 亦成立; 如此反覆運用上面的辦法，我們就驗證了(1)式對於所有自然數均成立了。

　　現在假設 $n = k$ 時，(1)式成立，即

$$1^2 + 2^2 + 3^2 + \cdots + k^2 = \frac{1}{6}k(k+1)(2k+1) \tag{2}$$

由此我們要證明: 當 $n = k + 1$ 時，(1)式亦成立，亦即我們必須證明

$$1^2 + 2^2 + 3^2 + \cdots + k^2 + (k+1)^2 = \frac{1}{6}(k+1)(k+2)(2k+3) \tag{3}$$

為此，將(2)式兩邊同加 $(k+1)^2$ 得到

$$1^2 + 2^2 + 3^2 + \cdots + k^2 + (k+1)^2$$
$$= \frac{1}{6}k(k+1)(2k+1) + (k+1)^2$$

$$= (k+1)[\frac{1}{6}k(2k+1) + (k+1)]$$

$$= (k+1)[\frac{1}{6}(2k^2 + 7k + 6)]$$

$$= \frac{1}{6}(k+1)(k+2)(2k+3)$$

因此，由(2)式我們可推導出(3)式，故(1)式對於所有自然數皆成立。

上面的證明步驟就是**數學歸納法**！其要點有二：

(1)驗證：當 $n = 1$ 時原命題成立。

(2)設 $n = k$ 時，原命題成立，由此證明當 $n = k+1$ 時原命題亦成立。

前者表示數學歸納法的起點，後者表示一個不斷遞推下去的操作。這兩個步驟互相配合就能達於任何自然數。這就是數學歸納法的精神所在！也就是說，我們**由 1 出發，逐次「＋1」，就可以得到任何自然數**，這是自然數的基本性質。再打個比方來說，我們可以把自然數想像成按照 1 號，2 號，3 號，……排列下去的一行人；如果我們知道：1 號拿著一個球，並且任何一個人拿到球一定往後傳，則這個球就會不停地傳下去，達於任何人。

我們注意到，因(1)與(2)兩個步驟，居然就可以化解「無窮」，這真是巧妙！另一方面，(1)與(2)兩者缺一不可！

例 1
$$1 + 2 + 3 + \cdots + n = \frac{1}{2}n(n+1) + 1 \tag{4}$$

這個公式顯然不符合(1)，但是符合(2)：設 $n = k$ 時，(4)式成立，亦即

$$1 + 2 + 3 + \cdots + k = \frac{1}{2}k(k+1) + 1$$

兩邊同加 $(k+1)$，得到

$$1 + 2 + 3 + \cdots + k + (k+1) = \frac{1}{2}k(k+1) + 1 + (k+1)$$

$$= \frac{1}{2}(k+1)(k+2) + 1$$

這就是(4)式當 $n = k+1$ 的情形。

事實上，(4)式對任何自然數都不成立！上一節例 3 告訴我們，光有(1)，沒有(2)，猜測也不成立。　■

隨堂練習　利用數學歸納法證明

$$1 + 2 + \cdots + n = \frac{1}{2}n(n+1), \ \forall n \in \mathbb{N}$$

　　總結上述，我們得到如下的一個數學方法：(1)先利用枚舉歸納法，觀察特例，以發現一般的規律，並寫出此一般規律的命題；(2)然後利用數學歸納法證明上面所得的命題。

例2　設 $x > 0$，試用數學歸納法證明 $(1+x)^n \geq 1 + nx$，對於任意自然數 n 均成立。

證明　(1)當 $n = 1$ 時，左 $= 1 + x$，右 $= 1 + x$

　　　　$\therefore 1 + x \geq 1 + x$，故原命題成立

　　　　(2)設 $n = k$ 時，原命題成立，即

$$(1+x)^k \geq 1 + kx$$

　　上式兩邊同乘以 $1 + x$ 得

$$(1+x)^{k+1} \geq (1+kx)(1+x) = 1+(k+1)x+kx^2$$

$$\therefore (1+x)^{k+1} \geq 1+(k+1)x$$

故 $n = k+1$ 時原命題亦成立

由數學歸納法知，原命題對於所有自然數 n 均成立 ∎

例 3 試證 $1^3 + 2^3 + 3^3 + \cdots + n^3 = [\dfrac{n(n+1)}{2}]^2$ 對於所有自然數 n 均成立。

證明 (1)當 $n = 1$ 時，左 $= 1^3 = 1$，右 $= [\dfrac{1 \cdot (1+1)}{2}]^2 = 1^2 = 1$

$\therefore$ 左 $=$ 右，故原命題成立

(2)設 $n = k$ 時，原命題成立，即

$$1^3 + 2^3 + 3^3 + \cdots + k^3 = [\frac{k(k+1)}{2}]^2$$

上式兩邊同加 $(k+1)^3$，則得

$$1^3 + 2^3 + 3^3 + \cdots + k^3 + (k+1)^3$$

$$= [\frac{k(k+1)}{2}]^2 + (k+1)^3$$

$$= \frac{k^2(k+1)^2 + 4(k+1)^3}{4}$$

$$= \frac{(k+1)^2[k^2 + 4(k+1)]}{4}$$

$$= \frac{(k+1)^2(k+2)^2}{4}$$

$$= [\frac{(k+1)(k+2)}{2}]^2$$

故 $n = k+1$ 時，原命題亦成立。由數學歸納法得證 ∎

例 4 設 n 為自然數，試證 $9^{n+1}-8n-9$ 是 64 的倍數。

證明 ⑴當 $n=1$ 時，$9^{1+1}-8\cdot1-9=64$ 是 64 的倍數

⑵設 $n=k$ 時，$9^{k+1}-8k-9$ 是 64 的倍數，故可令

$9^{k+1}-8k-9=64m$，m 為一自然數

我們必須證明 $9^{k+2}-8(k+1)-9$ 是 64 的倍數

$\because 9^{k+2}-8(k+1)-9$

$=9^{k+1}\cdot9-8k-8-9$

$=9(9^{k+1}-8k-9)+64k+64$

$=9(9^{k+1}-8k-9)+64(k+1)$

$=9\cdot64m+64(k+1)$

$=64(9m+k+1)$

因此當 $n=k+1$ 時，$9^{k+2}-8(k+1)-9$ 亦為 64 的倍數

故由數學歸納法，原命題得證

例 5 試用數學歸納法證明：

$$(1+\frac{3}{1})(1+\frac{5}{4})\cdots(1+\frac{2n+1}{n^2})=(n+1)^2$$

證明 ⑴當 $n=1$ 時，左 $=1+\frac{3}{1}=4$，右 $=(1+1)^2=4$

$\therefore$ 左 = 右，即原命題成立

⑵設 $n=k$ 時原命題成立，即

$$(1+\frac{3}{1})(1+\frac{5}{4})\cdots(1+\frac{2k+1}{k^2})=(k+1)^2$$

上式兩邊各乘以 $[1+\frac{2(k+1)+1}{(k+1)^2}]$ 得

$$(1+\frac{3}{1})(1+\frac{5}{4})\cdots(1+\frac{2k+1}{k^2})[1+\frac{2(k+1)+1}{(k+1)^2}]$$

$$=(k+1)^2[1+\frac{2(k+1)+1}{(k+1)^2}]$$

$$=(k+1)^2+2(k+1)+1=[(k+1)+1]^2$$

∴當 $n=k+1$ 時原命題成立。由數學歸納法，得證 ■

習 題 8-2

1.設 n 為自然數，用數學歸納法證明

$$3+3^2+3^3+\cdots+3^n=\frac{3}{2}(3^n-1)$$

2.試用數學歸納法證明下列的公式：

(1) $1^2+2^2+3^2+\cdots+n^2=\frac{1}{6}n(n+1)(2n+1)$

(2) $1+3+5+\cdots+(2n-1)=n^2$

(3) $1^3+2^3+\cdots+(n-1)^3<\frac{n^4}{4}<1^3+3^3+\cdots+n^3$

3.試以數學歸納法證明下列各式：

(1) $3^{n+1}>2^{n+1}+2(n+1)$

(2) $2+4+6+\cdots+2n=n(n+1)$

(3) $2+6+10+\cdots+2(2n-1)=2n^2$

(4) $1^2-2^2+3^2-4^2+\cdots+(2n-1)^2-(2n)^2=-n(2n+1)$

(5)若 n 為奇數，試證 $(n^2+3)(n^2+7)$ 為 32 的倍數

(6)若 $n\geq3$，試證 $(1-\frac{1}{3})(1-\frac{1}{4})\cdots(1-\frac{1}{n})=\frac{2}{n}$

4.利用數學歸納法證明習題 8–1 的第 1 題至第 3 題歸納所得的公式。

5.利用數學歸納法證明下列各式：

(1) $\dfrac{1}{1\cdot2} + \dfrac{1}{2\cdot3} + \dfrac{1}{3\cdot4} + \cdots + \dfrac{1}{n(n+1)} = \dfrac{n}{n+1}$

(2) $1\cdot2 + 2\cdot3 + 3\cdot4 + \cdots + n(n+1) = \dfrac{n(n+1)(n+2)}{3}$

(3) $\dfrac{1}{1\cdot3} + \dfrac{1}{3\cdot5} + \dfrac{1}{5\cdot7} + \cdots + \dfrac{1}{(2n-1)(2n+1)} = \dfrac{n}{2n+1}$

(4) $1\cdot3 + 3\cdot5 + 5\cdot7 + \cdots + (2n-1)(2n+1) = \dfrac{n(4n^2+6n-1)}{3}$

6.平面上 n 條直線，最多將平面分割成幾個區域？

7.設 a_1, a_2, $\cdots$, a_n 為任意 n 個正數，試證

$$\frac{a_1 + a_2 + \cdots + a_n}{n} \geq \sqrt[n]{a_1 a_2 \cdots a_n}$$

（算術平均大於等於幾何平均不等式）

8.利用數學歸納法證明棣美佛公式

$$(\cos\theta + i\sin\theta)^n = \cos n\theta + i\sin n\theta$$

第九章　排列與組合

組合學 (combinatorics) 所研究的問題很廣泛，舉凡涉及**有限的**或**離散的數學** (Finite or Discrete mathematics) 都有它的蹤跡。相對地，微積分是研究無窮的、連續的數學。

本章我們僅限於討論排列與組合，這是組合學中最基礎的部分，它所要研究的問題是：在給定條件下定出了一個有限集合，欲**點算** (count) 其元素的個數。

這樣的問題可以很簡易，也可以很深奧。我們要講究如何系統地、藝術地點算。排列與組合也是往後「點算機率論」的基礎。

機率論學家凡蒂 (de Finetti) 說：「數學是一種藝術，專教人們不要使用蠻力以作計算的學問。」特別地，組合學是一種「點算的藝術」，講究不用點算之點算 (to count without counting)。

9-1 點算的基本原理

要言之，所謂**點算**就是計算一個有限集合 A 的元素之個數。我們用記號 $n(A)$ 表示有限集合 A 的元素之個數，這是一個自然數。

（註：空集合 $\varnothing$，不含元素，故規定 $n(\varnothing) = 0$。）

甲、加法原理

當 $A \cap B = \varnothing$，即 A, B 互斥 (disjoint) 時，

$$n(A \cup B) = n(A) + n(B) \tag{1}$$

例 1 丟兩個骰子，點數和為 3 或 5 共有幾種情形？

解 $A = \{(1, 2), (2, 1)\}$，$B = \{(1, 4), (2, 3), (3, 2), (4, 1)\}$

$\therefore n(A \cup B) = n(A) + n(B) = 2 + 4 = 6$

(1)式可以推廣到 n 個事件的情形：

設 $A_1, A_2, \cdots, A_n$ 為兩兩互斥的事件，那麼就有

$$n(A_1 \cup A_2 \cup \cdots \cup A_n) = n(A_1) + n(A_2) + \cdots + n(A_n) \tag{2}$$

隨堂練習 問不等式 $|x| + |y| < 100$ 共有多少組整數解？（當 $x \neq y$ 時，(x, y) 與 (y, x) 視為兩組不同解。）

如果 A, B 有共同的元素，即交集不空，則(1)式的加法原理就推廣為

乙、排容原理 (inclusion and exclusion principle)

$$n(A \cup B) = n(A) + n(B) - n(A \cap B) \tag{3}$$

對於三個事件 A, B, C 的情形就是

$$n(A \cup B \cup C) = n(A) + n(B) + n(C) - n(A \cap B) - n(B \cap C)$$
$$- n(C \cap A) + n(A \cap B \cap C) \tag{4}$$

例2 設 $A = \{n \mid n \in \mathbb{N},\ n < 100,\ n\ 可被\ 4\ 整除\}$，

$B = \{n \mid n \in \mathbb{N},\ n < 100,\ n\ 可被\ 6\ 整除\}$，

試求 $n(A \cup B)$。

解 我們先注意到 $n(A) = 24, n(B) = 16$。因為 A, B 有共同的元素，如 12，故 $n(A \cup B)$ 不等於 $24 + 16 = 40$。A, B 的共同元素是小於 100 且可被 12（4 及 6 的最小公倍數）整除的自然數。因此 $n(A \cap B) = 8$，而

$$n(A \cup B) = n(A) + n(B) - n(A \cap B)$$
$$= 24 + 16 - 8 = 32$$

■

隨堂練習　(1) $n(A_1 \cup A_2 \cup \cdots \cup A_n) = ?$

(2)求下列各圖單位正方形中陰影部分的面積。

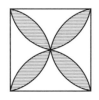 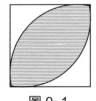 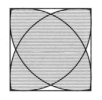

圖 9–1

丙、鴿籠原理 (Pigeonhole principle)

「三人同行必有我師」，這句話不見得成立；但「三人同行必有同性」卻是對的，這叫做鴿籠原理，又叫做狄利克雷原理 (Dirichlet principle)。

例3　一年有 365 天，並且這裡有 n 個人。若 $n > 365$，則鐵定會有兩人以上是同一天生日。　　　　　■

隨堂練習　假設人的頭髮少於兩百萬根,試證臺北市民至少有兩人具有同樣多根的頭髮。

*推廣的鴿籠原理：將 $2n+1$ 個元素任意置於 n 個甕中，則至少有一個甕含有 3 個（或 3 個以上）的元素。同理將 $3n+1$ 個元素任意置於 n 個甕中，則至少有一個甕含有 4 個（或 4 個以上）的元素。

*下面重要定理是鴿籠原理的應用：

定 理 1

（拉姆賽定理）(Ramsey Theory)

在六個人中，必有三人（或三人以上）互相都認識，或者有三人（或三人以上）互相都不認識。

證明 留作習題 ∎

例 4 給定 n 個整數，試證其中有一個數是 n 的倍數或者有幾個數之和是 n 的倍數。

證明 設 n 個整數為 $a_1, a_2, \cdots, a_n$。定義

$$S_1 = a_1$$
$$S_2 = a_1 + a_2$$
$$\vdots$$
$$S_n = a_1 + a_2 + \cdots + a_n$$

如果 $S_1, S_2, \cdots, S_n$ 之中有一個數是 n 的倍數，則證明完成。假設 $S_1, S_2, \cdots, S_n$ 都不是 n 的倍數，它們被 n 除之，可能的餘數為 $1, 2, \cdots, n-1$。由鴿籠原理知，$S_1, S_2, \cdots, S_n$ 中至少有兩數，不妨令其為 S_i, S_{i+j}，被 n 除之，得到的餘數相等。從而

$$S_{i+j} - S_i = a_{i+1} + a_{i+2} + \cdots + a_{i+j}$$

可被 n 整除，證畢 ∎

丁、乘法原理

> ### 定 義
>
> （兩集合的笛卡兒乘積）
>
> 設 A 與 B 為兩個集合，則 A, B 的笛卡兒乘積是指所有數對 (a, b) 所成的集合，其中 $a \in A, b \in B$。A 與 B 的笛卡兒乘積通常記為 $A \times B$，即
>
> $$A \times B = \{(a, b) \mid a \in A \text{ 且 } b \in B\}$$

（註：這裡的數對 (a, b) 跟 a, b 的先後次序有關，例如 (a, b) 與 (b, a) 可能就不同！特別是當 A, B 互斥時，(b, a) 絕不可能屬於 $A \times B$。另外，平面可以看成 $R \times R$，簡記為 R^2。）

笛卡兒乘積也可以推廣：

$$A \times B \times C = \{(a, b, c) \mid a \in A, b \in B, c \in C\}$$

例5 若 $A = \{a \mid a \text{ 為偶數}\}$，$B = \{b \mid b \text{ 為奇數}\}$

則 $A \times B = \{(a, b) \mid a \text{ 為偶數且 } b \text{ 為奇數}\}$

因此 $(2, 1) \in A \times B$, $(-6, 101) \in A \times B$ 等等，但是

$(1, 2) \notin A \times B$, $(101, -6) \notin A \times B$。∎

例6 設 $A = \{1, 3, 5\}$，$B = \{a, b\}$，則

$$A \times B = \{(1, a), (1, b), (3, a), (3, b), (5, a), (5, b)\}$$

共有 $3 \times 2 = 6$ 個元素。∎

在定義中，B 也可以等於 A，因此我們可以求 $A \times A$：

例7 設 $A = \{a,\ b,\ c\}$，則 $A \times A = \{(a,\ a),\ (a,\ b),\ (a,\ c),\ (b,\ a),$
$(b,\ b),\ (b,\ c),\ (c,\ a),\ (c,\ b),\ (c,\ a)\}$。 ■

下面是一個實際應用的例子：

例8 設 $A = \{$藍，白，紅$\}$，$B = \{$牛，羊，馬$\}$
則 $A \times B = \{($藍，牛$),\ ($藍，羊$),\ ($藍，馬$),\ ($白，牛$),\ ($白，羊$),$
$($白，馬$),\ ($紅，牛$),\ ($紅，羊$),\ ($紅，馬$)\}$。我們可以想像 $($藍，牛$)$ 是
指藍色的牛等等。 ■

如果我們知道 A 及 B 的元素個數，怎樣求 $A \times B$ 的元素個數呢？觀察上面的例子，我們得到下面的結果：

定 理2

設 A 及 B 為兩個有限集合，則 $n(A \times B) = n(A) \times n(B)$。

證明 設 $A = \{a_1,\ a_2,\ \cdots,\ a_m\}$，$B = \{b_1,\ b_2,\ \cdots,\ b_n\}$
則我們可將 $A \times B$ 的元素排成長方形陣勢

	b_1	b_2	$\cdots$	b_n
a_1	$(a_1,\ b_1)$	$(a_1,\ b_2)$	$\cdots$	$(a_1,\ b_n)$
a_2	$(a_2,\ b_1)$	$(a_2,\ b_2)$	$\cdots$	$(a_2,\ b_n)$
$\vdots$	$\vdots$	$\vdots$		$\vdots$
a_m	$(a_m,\ b_1)$	$(a_m,\ b_2)$	$\cdots$	$(a_m,\ b_n)$

這些數對正好有 m 行，n 列，因此

$$n(A \times B) = n(A) \times n(B)$$ ■

(註：本定理中的 A、B 不必是互斥的。當 $A = B$ 時，則 $n(A \times A) = [n(A)]^2$。)

例 9 $\{1, 2, 3\} \times \{1, 2, 3, 4\}$

$$= \begin{Bmatrix} (1,1) & (1,2) & (1,3) & (1,4) \\ (2,1) & (2,2) & (2,3) & (2,4) \\ (3,1) & (3,2) & (3,3) & (3,4) \end{Bmatrix}。$$ ■

例 10 一副撲克牌有四色及十三種不同的面值，每一張牌是由面值與牌色所決定。因此共有 $4 \times 13 = 52$ 張。 ■

例 11 甲村到乙村有兩條路可走，乙村到丙村有 3 條路可走，問從甲村到丙村有幾種不同的走法？

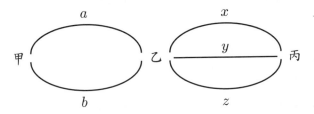

圖 9–2

解 在圖 9–2 中，設甲村到乙村的兩條路為 a 及 b；乙村到丙村的三條路為 x, y, z，則甲村到丙村有 $(a, x), (a, y), (a, z), (b, x),$ $(b, y), (b, z)$，共有 $2 \times 3 = 6$ 種不同的走法 ■

定　理 3

（乘法原理）

設有 A, B 兩事件，A 的完成與否跟 B 的完成與否不相干（此時叫 A, B 互相獨立），完成 A 有 m 種方法，完成 B 有 n 種方法，則同時完成 A 及 B 有 $m \times n$ 種方法。

證明　我們可以想像完成 A 事件的 m 種方法為 $a_1, a_2, \cdots, a_m$；完成 B 事件的 n 種方法為 $b_1, b_2, \cdots, b_n$

令 $R = \{a_1, a_2, \cdots, a_m\}$, $S = \{b_1, b_2, \cdots, b_n\}$，則

$$R \times S = \{(a_1, b_1), (a_1, b_2), \cdots, (a_m, b_1), \cdots, (a_m, b_n)\}$$

其中每一元素 (a_i, b_j), $1 \le i \le m$, $1 \le j \le n$，代表同時完成 A 及 B 的一種方法。反之同時完成 A 及 B 的一種方法一定對應 $R \times S$ 的某一個元素，即 $R \times S$ 的元素個數等於同時完成 A 及 B 的方法數。根據定理 2 得知

$$n(R \times S) = n(R) \times n(S) = m \times n$$

故同時完成 A 及 B 的方法有 $m \times n$ 種　　　　■

這個原理還可以推廣成如下：

設有 $A_1, A_2, \cdots, A_r$ 等 r 個事件，完成 A_1 有 n_1 種方法，完成 A_2 有 n_2 種方法，$\cdots\cdots$，完成 A_r 有 n_r 種方法，則同時完成 $A_1, A_2, \cdots, A_r$，共有 $n_1 \times n_2 \times \cdots \times n_r$ 種方法。

例 12 我們聽說過「狡兔有三窟」，說明兔子的深謀遠慮。今假設兔穴有 3 個出口，問兔子不經由同一處進出的方法有幾種?

解 兔子要完成進出一次的路程，必須同時完成兩件事：甲、進入；乙、出來。今兔子進入兔穴的方法，因可由任一處進入，故有 3 種方法。又因兔子自某一處進入後，就不能再從此處出來，而只能從剩餘的兩處出來，故兔子不經由同一處進出的方法有 $3 \times 2 = 6$ 種　　■

例 13 八卦是由「--」及「—」（前者代表陰，後者代表陽）兩種符號上下六個並列而作成之各種「卦」，如 ☰, ☷ 等各是一個卦，問總共可作成多少卦?

解 要完成一個卦，必須完成六件事，即在上下六個位置上排上符號「--」或「—」。因此完成每一件事均有 2 種方法，故由乘法原理知，總共有 $2 \times 2 \times 2 \times 2 \times 2 \times 2 = 2^6 = 64$ 卦　　■

例 14 丟一個骰子及一枚銅幣，問共有幾種情形出現?

解 一個骰子出現的情形有六種，即 1, 2, 3, 4, 5, 6；一個銅幣出現的情形有兩種，即正面及反面。因此由乘法原理知，共有 $6 \times 2 = 12$ 種出現情形，即 (1, 正), (1, 反), …, (6, 正), (6, 反)　　■

例 15 將每個人按性別（男或女），婚姻狀況（已婚或未婚），以及職業狀況來分類，若總共有 17 種職業，問可分成幾類人? 例如：(男性, 未婚, 商), (女性, 已婚, 公) 各是一類。

解 $2 \times 2 \times 17 = 68$ 類　　■

例 16 將 r 個球任意置入 n 個袋中，問有多少種方法？

解 對每個球我們都要選一個袋子來裝它，今有 n 個袋子，故對每一個球都有 n 種選袋子的方法，因此由乘法原理知，總共有

$$\underbrace{n \times n \times \cdots \times n}_{r \text{ 個}} = n^r$$

種方法 ■

（註：r 個球置入 n 個袋中的問題，以後我們還要詳細討論。）

例 17 r 面不同顏色的旗子，欲置於 n 根旗桿上，每一桿上可置多面旗。問可得多少種不同旗式的表現？（不考慮置旗於桿上的絕對位置）

解 每一種旗式的表現是經過 r 個步驟做成的，其中每一步驟置一面旗於旗桿上。今第一面旗有 n 種置法。置上第一面旗後，此旗就將該旗桿分隔為兩段，上下均可再置旗，因此第二面旗有 $n+1$ 種置法。同理，第三面旗有 $n+2$ 種置法，……，第 r 面旗有 $(n+r-1)$ 種置法，故由乘法原理知，總共的旗式有 $n(n+1)(n+2)\cdots(n+r-1)$ 種 ■

例 18 垃圾車從村落的入口處 A 進來，從出口處 B 出去，要走過所有巷路（如圖 9-3 所示），問各有幾種走法？

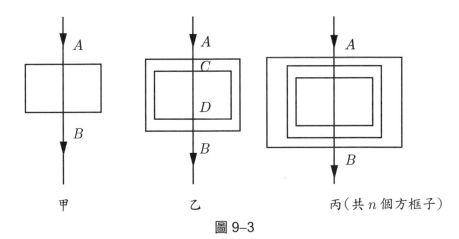

甲　　　　　　　乙　　　　　　丙（共 n 個方框子）

圖 9–3

解　甲、從 A 處進巷路有 3 條路可走，但不能由這 3 條之一馬上從
出口處 B 出去，必須從另外其他 2 條巷路出去，故總共有
$3 \times 2 = 6$ 種走法

乙、由甲可知 C, D 之間有 6 種走法，因此共有 $6 \cdot 6 = 36$ 種走法

丙、仿乙的方法可得知，共有 $6 \cdot 6 \cdots 6 = 6^n$ 種走法　■

習　題　9–1

1. 設 A 表小於 100 的奇數集，B 表小於 100 而可被 3 整除的數集，試求
$n(A \cup B)$。

2. 設 H 表某校選讀歷史課的學生所成的集合，B 表選讀生物課的學生所
成的集合；再設 $n(H) = 30, n(B) = 75$。

　(1)若 $H \cap B = \varnothing$，求 $n(H \cup B)$。

　(2)若 $n(H \cap B) = 10$，求 $n(H \cup B)$。

3. 在第 2 題中，求 $n(H - B)$ 及 $n(B - H)$。

4. 在第 2 題(2)中，再設 E 表選讀英語課的學生所成的集合，且 $n(E) = 25$。
若 $n(E \cap H) = 7$, $n(E \cap B) = 12$, $n(E \cap B \cap H) = 4$，求 $n(E \cup B \cup H)$。

5. 設 A, B 為兩個有限集合，可能有共同元素，也可能互斥，試證 $A - B$ 與 $A \cap B$ 互斥，且 $n(A) = n(A - B) + n(A \cap B)$。

6. 試證 $n(A \cup B) = n(A) + n(B) - n(A \cap B)$。

7. 設 A, B, C 為三個有限集合，試證
$$n(A \cup B \cup C) = n(A) + n(B) + n(C) - n(A \cap B) - n(A \cap C)$$
$$- n(B \cap C) + n(A \cap B \cap C)$$

8. 問 7 個女人與 10 個男人可以搭配成多少對夫婦？

9. 由 60 個人組成的委員會中，選出一個主席與一個副主席，問可有多少種選取法？

(1) 若一人不能兼兩職。

(2) 若一人可兼兩職。

10. 袋中有 100 個球，從 1 號編至 100 號。今同時取出兩個球，問取出的可能數對有多少個？

11. 甲袋中有編好號碼的 100 個黑球，乙袋中有編好號碼的 50 個白球，今從甲、乙兩袋中各取出一球，問由黑球與白球所組成的數對有多少個？

12. 一個紅色的骰子與一個綠色的骰子同時擲出：

(1) 問有多少種不同的結果會發生？

(2) 問一個不能分辨出紅色與綠色的色盲人，能夠觀察出多少種不同的結果？

(3) 在(1)中，問有多少種結果的點數和為 7？

13. 某機關的職位有兩個出缺，今有 10 個人來應徵。若第一個職位這 10 個人均合格，第二個職位只有其中 6 個人合格，而且一人不能夠兼兩職，問有多少種任命這兩個職位的方法？

14. 從 52 張撲克牌中，取出兩張的方法有 $52 \times 51 = 2652$ 種，問有多少不同「手」牌？即無序數對的個數若干？

15. 從 n 張牌中任取出兩張，試證共有 $\dfrac{n(n-1)}{2}$ 種不同的手牌。

9-2 排　列

甲、相異物的排列

考慮「人、狗、咬」三個字作各種不同的排列，得到

人咬狗，人狗咬

狗咬人，狗人咬

咬人狗，咬狗人

除此之外再也沒有其他的情形了，因此共有六種排法。上面的每一種排法叫做一個排列 (permutation)。

一般而言，從 n 個不同的東西，取出 r 個來排列 $(r \leq n)$，問有幾種排法？

（註：所謂排列是指計較順序的意思。）

定　理 1

從含 n 個不同元素的集合中取出 r 個來排列，則其排列數為

$$n(n-1)(n-2)\cdots(n-r+1)$$

證明 我們可以想像有 r 個空位的一排椅子，要從這 n 個人中取 r 個人排坐上去，第一個座位每一個人都有資格坐，故有 n 種坐法；第一個座位坐好後，剩下的 $n-1$ 個人，都有資格坐第二個座位（已坐在第一個座位的人除外），故有 $n-1$ 種坐法，……如此繼續下去；第 r 個座位有 $n-r+1$ 種坐法。根據乘法原理，所有的排列數為 $n(n-1)(n-2)\cdots(n-r+1)$ ∎

我們記排列數為

$$P_r^n = n(n-1)\cdots(n-r+1) \tag{1}$$

特別地，當 $r=n$ 時，P_n^n 又記成 $n!$，讀做「n 的階乘」，亦即

$$n! = n(n-1)\cdots 3\cdot 2\cdot 1 \tag{2}$$

例 1 將「人、狗、咬」三個字作排列，可得 $3!=6$ 種排列法。將「風吹草低見牛羊」七個字作排列，共有 $7!=5040$ 種排列法。將「落花流水春去也」取出三個字來排列，共有 $P_3^7 = 7\times 6\times 5 = 210$ 種排法。 ∎

例 2 6 個男孩與 6 個女孩排成一列。

(1)若可任意排列。　　　　　(2)若男女必須間隔。

問各有多少種排法？

解 (1) $12! = 479001600$

(2)我們要利用乘法原理,首先決定第一個位置排上某男孩或某女孩，這有兩種方法。首位一決定後，則所有的位置要排上什麼性別就完全確定了

今將 6 個男孩排到 6 個位置上去有 6! 種方法，而 6 個女孩排

到其他 6 個位置上去也有 6! 種方法，故總共的排法有

$$2 \cdot (6!) \cdot (6!) = 2 \cdot (6!)^2 = 1036800$$ ■

例 3　設 $P_4^{n+2} : P_3^{2n} = 3 : 2$，試求 n 之值。

解　這個問題是要測試讀者對記號 P_r^n 的認識

由假設得

$$(n+2)(n+1)n(n-1) : 2n(2n-1)(2n-2) = 3 : 2$$

$$\Rightarrow (n+2)(n+1) : 4(2n-1) = 3 : 2$$

$$\Rightarrow 2(n+2)(n+1) = 12(2n-1)$$

$$\Rightarrow n^2 - 9n + 8 = 0$$

$$\Rightarrow (n-8)(n-1) = 0$$

$$\Rightarrow n = 8 \ 或 \ n = 1$$

因 n 不能小於 2，故 $n = 1$ 不合，因此 $n = 8$ 為所求 ■

例 4　四本不同的數學書，六本不同的物理書，兩本不同的化學書，在

書架上排成一列。

(1)若相同科目的書必須排在一起，問有幾種排法？

(2)若只有數學要排在一起，問有幾種排法？

解　(1)將四本數學書，六本物理書，兩本化學書，各看成是一巨冊，

先將這三巨冊排列，共有 $P_3^3 = 3! = 6$ 種方法。對於每一種這樣

的排列又可將數學書作 4! 種排列，物理書作 6! 種排列，化學書

作 2! 種排列。由乘法原理知，總共有 $6 \times 4! \times 6! \times 2! = 207360$

種排法

(2)將四本數學書看成一巨冊，與其他的八本書（物理六本化學兩本）共九本來排列，有 9! 種排法，每種排法數學書又可作 4! 種排法。故總共有 $9!4! = 8709120$ 種排法 ■

例 5　甲、乙、丙、丁、戊五人排成一列，甲不排首，乙必排中，問有幾種排法？

解　乙必排中，故只有一種排法。剩下四個人任意排列共有 4! 種方法，但是其中有甲排首者，必須扣掉。今甲排首的排列方法是先將甲排上首位，只有一種方法，剩下三個人任意排列有 3! 種方法，故甲排首的排列法有 $1 \times 3! = 6$ 種。故所欲求的排法有

$$4! - 3! = 18 \text{ 種}$$ ■

例 6　用七種不同的顏色塗下列各英文字母所示的區域，相鄰的區域不得塗同色，問共有幾種塗法？

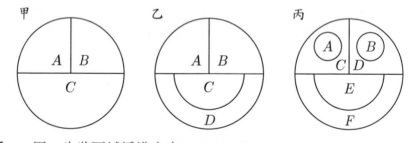

解　甲、先將區域編排次序，A, B, C

　　　A 域有 7 種塗法，B 域有 6 種塗法，C 域有 5 種塗法，故共有 $7 \times 6 \times 5 = 210$ 種塗法

　　乙、因 A, B, C, D 四域均互相鄰接，不得塗同色，故其塗法相當於從 7 色中取出 4 色來排列的方法，因此共有

　　　$P_4^7 = 840$ 種塗法

丙、因 A, B, C, D, E, F 有些區域不相鄰，故可塗相同的顏色，

而做起來比較麻煩

今 A 域有 7 種塗法；C 域與 A 域相鄰，故有 6 種塗法；D

域與 C 域相鄰，故有 6 種塗法；B 域與 D 域相鄰，故有 6

種塗法；E 域與 C, D 域相鄰，故有 5 種塗法；F 域與 E,

C, D 域相鄰，故有 4 種塗法。因此總共有

$7 \times 6^3 \times 5 \times 4 = 30240$ 種塗法 ■

例 7　20 個人組成一隊，若每日以不同之排列出場，需多少日才能將
一切排法排完？

解　$P_{20}^{20} = 20!$，即需 20! 日

若一年以 365 日計，則約需 6661 兆年才可排完 ■

　　在日常生活中，相信每個人都遇到過請客這件事，客人就坐時常常
是你推我讓的，現在我們要問推讓來推讓去，可得多少種不同的坐法？
這就是**環狀排列**的問題。

　　所謂環狀排列是指排列數不因為座位旋轉而不同。例如大家起立向
右移動三個位置，所得的環狀排列與原先的環狀排列視為相同。也就是
說，環狀排列只注重每個人的左右關係人，而不考慮實際上所坐的位子。
如果每個人的左右關係人都相同，則不管位子如何旋轉，都視為同一環
狀排列。例如下面這兩種環狀排列是相同的：

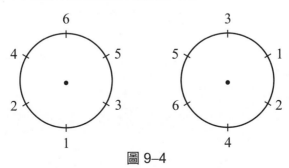

圖 9–4

例 8 三個男人與三個女人圍一圓桌而坐，

(1)若可任意坐。

(2)若男女必須間隔。

(3)設六人中，有一對男女主人，若此對男女主人必須對面而坐，而其餘的人男女相間。

問各有多少種不同的環狀 (cyclic) 排法？

解 (1)因為我們只要計算環狀的次序關係共有多少種，故可以先令某一個人就座，然後計算相對於這個人的環狀次序關係的種類。當此人就座後，剩下五個人都有機會坐到此人的左邊，故有五種方法；坐到再其次左邊的位置有四種方法，……，等等。由乘法原理得知，共有 $5! = 120$ 種不同的環狀排列

(2)若男女必須相間，則可令任何一個人，比如說一個女人先就座，這樣並不影響環狀的排列數。其次剩下的五個位置，已經固定三個位置給三個男人坐，二個位置給二個女人坐，前者有 $3! = 6$ 種排法，後者有 $2! = 2$ 種排法。由乘法原理知，在此限制下共有 $2 \cdot 6 = 12$ 種環狀排列

(3)先讓男女主人對面就座，這並不影響本問題的環狀排列數。剩下女主人身邊的兩個位置由其餘兩位男人就座，有 $2! = 2$ 種方法，男主人身邊的兩個位置由其餘兩位女人就座，也有 $2! = 2$ 種方法。故由乘法原理知，共有 $2 \times 2 = 4$ 種環狀排列 ∎

根據上例(1)之論證法，可得下面的結果：

定 理 2

n 個不同元素的環狀排列總數為 $(n-1)!$。

例 9　8 個人圍圓桌而坐，問有幾種坐法？

解　$(8-1)! = 7!$ 種坐法 ∎

例 10　跳土風舞時，男生 20 人，女生 16 人，圍成一圓圈，但女生不得相鄰，問共有幾種排法？

解　先將男生 20 人作環狀排列共有 $(20-1)! = 19!$ 種排法。次將 16 個女生插入 20 個男生的間隔，但每個間隔至多只能排一個女生，故女生排法有 P^{20}_{16}。因此總共有 $19! \times P^{20}_{16}$ 種排法 ∎

例 11　將 n 個不同顏色的珠子串成一個項鍊，問有多少種串法？

解　先將 n 個珠子作環狀排列，共有 $(n-1)!$ 種排列，但一種環狀排列，翻轉一次就得到另一種環狀排列，可是這兩種環狀排列事實上表同一項鍊，因此總共有 $\dfrac{(n-1)!}{2}$ 種串法 ∎

例 12　7 個人圍一個圓桌而坐，

⑴若可任意坐。

⑵若其中有兩人不能相鄰而坐。

問各有幾種坐法？

解　⑴有 $(7-1)! = 6! = 720$ 種坐法

⑵利用反面做法較易。先算兩人相鄰而坐的方法：將這兩人視為 1 人，因此總共剩下 6 人圍坐，有 5! 種方法，而這兩人可交換，故又有 $2! = 2$ 種方法，因此共有 $2 \times 5! = 240$ 種相鄰的坐法。由此可知兩人不相鄰的坐法有 $720 - 240 = 480$ 種 ∎

　　以上我們所講的排列，其元素都是不准重複的，即排過的元素就不准再排了。今我們要來討論，元素**准許重複**的情形。

　　假設有 n 個不同的元素，取出 r 個來排列，准許元素重複使用，問有幾種排法？

　　想像有 r 個位置，第一個位置可有 n 種排法，第二個位置也可有 n 種排法，……，一直到第 r 個位置還是有 n 種排法，依乘法原理，總共有 n^r 種排列法。因此我們有如下的

定　理 3

從 n 個不同的元素中，取出 r 個來排列，准許重複，則其排列數為 n^r。

例 13 將 a, b, c 三個元素排列，准許重複，問共有幾種排法？

解　　由定理 3 知，共有 $3^3 = 27$ 種排法

實際排列如下：

aaa	bba	bbb
aab	acc	ccc
aba	cac	bbc
baa	cca	bcb
aac	abc	cbb
aca	acb	bca
caa	cab	bcc
abb	cba	cbc
bab	bac	ccb

乙、含有相同元素的排列

假設 n 個元素中有 r_1 個是第一類，r_2 個第二類，……，r_k 個第 k 類，$r_1 + r_2 + \cdots + r_k = n$。每一類的元素看成相同，將這 n 個元素拿來排列，問可有多少種排法？

讓我們來比較 n 個不同元素的排列數及上述條件下的排列數。後者每一種排列都可再將其中 r_1 個第一類元素，r_2 個第二類元素，……，r_k 個第 k 類元素排列，故對應前者 $r_1! r_2! \cdots r_k!$ 種不同的排列。因此在上述條件下的排列數為 $\dfrac{n!}{r_1! r_2! \cdots r_k!}$。故得

定 理 4

假設 n 個元素中，有 r_1 個第一類，r_2 個第二類，……，r_k 個第 k 類，$r_1 + r_2 + \cdots + r_k = n$。則此 n 個元素的排列數為

$$\frac{n!}{r_1! r_2! \cdots r_k!}$$

例 14 將「庭院深深深幾許」七個字任意排列，問有幾種排法？又若三個「深」字不完全連在一起（即不能三個「深」字連在一起，其他情形均可），問有幾種排法？

解 因七個字中有三個字相同，故由定理 4 可得知，共有 $\dfrac{7!}{3!} = 840$ 種排法。又三個「深」字不完全連在一起，我們可先考慮反面的情形，即三個「深」字連在一起的情形。此時將三個「深」字看成一個字，故七個字變成五個字，其排法有 5! 種，將這些排法從 840 種排法中扣去，則得 720 種，是為所求 ■

例 15 將「冷冷清清的落照」排列，問有多少種排法？

解 $\dfrac{7!}{2!2!} = 1260$ 種排法 ∎

例 16 毛筆 5 枝，鉛筆 6 枝，鋼筆 9 枝，分給 20 個兒童，各給一枝，問有多少種給法？

解 20 枝筆中有 5 枝為毛筆，6 枝為鉛筆，9 枝為鋼筆，故為含相同元素之排列，每一種排列為一種給法，故共有 $\dfrac{20!}{5!6!9!}$ 種給法 ∎

例 17 圍棋盤形的街道，有 8 條直街，4 條橫街。今有一人由街的東南角欲往西北角，試求其不同走法有幾種？

解 如右圖，每一條直街被橫街分成 3 段，每一條橫街被直街分成 7 段，今無論如何走法，從 A 點到 B 點必須經過直街 3 小段，橫街 7 小段。設 aaa 表直街 3 小段，$bbbbbbb$ 表橫街 7 小段，則 3 個 a 與 7 個 b 的任一種排列就表示從 A 到 B 的一種走法，故共有 $\dfrac{10!}{3!7!} = 120$ 種不同的走法 ∎

$$\boxed{習 \quad 題 \quad 9\text{-}2}$$

1.試計算下列各數：

(1) $13!$

(2) $\dfrac{7!}{5!2!}$

(3) $\dfrac{10!}{8!}$

(4) $\dfrac{52!}{50!2!}$

(5) $\dfrac{100!}{98!}$

(6) $\dfrac{156!}{154!}$

2.從「清泉石上流」五個字中取出字來排列，可能全取，可能取四個字，……，一個字。問共有多少種排法？

3.利用 0, 1, 2, 3, 4, 5, 6, 7, 8, 9 十個數字，造 10 位數，但每一個數字不能重複使用，問可造出多少個 10 位數？（例如 1320578946 就是一個 10 位數，但 0145789326 就不是。）

4.從 {1, 2, 3, 4, 5} 中取出三個數字（可重複選取）來造三位數，問可造出多少個不同的三位數？

5.在上題中若不准重複選取，問可選多少個不同的三位數？

6. （環狀排列）七顆不同顏色的珠寶串成項鍊，問可得多少種不同的項鍊？

7.在第 3 題中，問有多少個 10 位數其第六位上是 6 者？

8.設 $n \in \mathbb{N}$，試證下列各式：

(1) $n! + (n+1)! = (n+2)(n!)$

(2) $(n+1)! - n! = n(n!)$

(3) $n(n-1)\{(n-2)!\} = n!$

9.設 n 與 k 為任意自然數，且 $k < n$，試證：

$$\frac{n(n-1)(n-2)\cdots(n-k+1)}{1\cdot 2\cdot 3\cdots k} = \frac{n!}{k!(n-k)!}$$

10. 對於任意兩自然數 m 及 n，試證：

$$\frac{(m+n)!}{m!n!} = \frac{(m+n-1)!}{m!(n-1)!} + \frac{(m+n-1)!}{(m-1)!n!}$$

11. 假設甲地到乙地有三條路可走，乙地到丙地有四條路可走

　(1) 問從甲地到丙地有多少條路可走？

　(2) 問從甲地經過乙地到丙地的來回旅行有多少條不同的路線？

　(3) 在(2)中，若回來的路線與去的路線重複，問有幾條不同路線可走？

12. 從 $\{1, 2, 3, 4\}$ 選出數字來造一個數，

　(1) 可重複選取。　　　　　(2) 不准重複選取。

　問分別可造出多少個小於 2000 的數來？

13. 三個女人與兩個男人排成一行照相，

　(1) 若排法不限制。　　　　(2) 若某一人必須站中間。

　(3) 若男女必須相間。　　　(4) 若某一人必須站中間，且男女必須相間。

　問各有多少種排列法？

9–3　組　合

　　從若干件東西中，取出某些件的方法有幾種？這怎麼計算呢？說得更明白一點，譬如說，你約了九個朋友，共十人，組織一個數學研究會，要推舉兩個人做幹事，這有多少方法呢？這就是一個組合的問題。選出 {張三, 李四} 與 {李四, 張三} 的方法是相同的組合，也就是只能算一種組合；但從排列的觀點看來，這是兩種不同的排列。再如從 52 張撲克牌中取出 13 張的方法有多少？這也是一個組合的問題。

　　一般而言，從 n 件不同東西中，取出 r 件東西時，若只論及選取的方法而不論選出之次序，這就是一個組合問題。每一種選取方法就是一種組合。我們的目標是要來計算組合數。

令組合的方法數為 C_r^n（或 $\begin{pmatrix} n \\ r \end{pmatrix}$），因為每一種組合都可以產生 $r!$ 種排列，故 C_r^n 與 P_r^n 的關係為

$$C_r^n \cdot r! = P_r^n$$

從而得到組合公式:

$$C_r^n = \frac{P_r^n}{r!} = \frac{n!}{r!(n-r)!} = \begin{pmatrix} n \\ r \end{pmatrix}$$

我們又稱 C_r^n 為**二項係數** (binomial coefficient)。因此我們得到

定　理 1

從 n 件不同的東西中，取出 r 件來的組合數為

$$C_r^n = \begin{pmatrix} n \\ r \end{pmatrix} = \frac{n!}{r!(n-r)!} \qquad (1)$$

⑴當 $r = n$ 時; 顯然 $C_n^n = 1$，（n 件東西取 n 件出來的方法只有一種也!）而為使公式⑴成立，則必須

$$\frac{n!}{n!(n-n)!} = \frac{n!}{n!0!} = 1$$

故我們規定 $0! = 1$。

⑵當 $r = 0$ 時，

$$C_0^n = \frac{n!}{0!(n-0)!} = \frac{n!}{0!n!} = 1$$

因此 $C_0^n = C_n^n = 1$。有了這個規定，則公式⑴對於 $r = n$, $r = 0$ 的情形都不用去擔心了。

從 n 件東西中，取出 r 件來的每一種組合，就對應到由此 n 件東西中，取出剩餘的 $n-r$ 件來的一種組合，反之亦然。故我們有

定 理 2

若 $r+s=n$，則 $C_r^n = C_s^n$；或若 $0 \le r \le n$，則 $C_r^n = C_{n-r}^n$。

其實這個結果，我們也可以利用公式(1)來加以證明。由(1)式知

$$C_{n-r}^n = \frac{n!}{(n-r)![n-(n-r)]!} = \frac{n!}{(n-r)!r!} = C_r^n$$

我們也可以從另外一個觀點來探究「從 n 件不同的東西中，取出 r 件來的組合數 C_r^n」。這些組合可以分成含與不含某一件特定的東西。含某一件特定東西的組合相當於從 $n-1$ 件東西中取出 $r-1$ 件，故其組合數為 C_{r-1}^{n-1}；不含某一特定東西的組合，相當於從 $n-1$ 件東西中，取出 r 件，故其組合數為 C_r^{n-1}。因此我們有

定 理 3

（巴斯卡公式）(Pascal formula)

$$C_r^n = C_{r-1}^{n-1} + C_r^{n-1} \tag{2}$$

例 1 從 100 個電燈泡中，選取 10 個，問有多少種不同的選取法？（這類問題，在品質管制的工作中常出現。）

解 由公式(1)得知，不同的選取法共有

$$C_{10}^{100} = \frac{100!}{10!90!} \text{ 種}$$

此數約為 1.73×10^{13}

例 2 從 52 張撲克牌中選取 13 張，問有多少種不同選取法？

解 今由公式(1)知不同的選取法有

$$C_{13}^{52} = \frac{52!}{13!39!}$$

約為 635000000000 種 ∎

例 3 丟一枚銅幣 10 次，在所有出現結果中間正好有三次出現正面的情形有多少種？

解 這相當於從 10 個銅幣中選取 3 個作為出現正面的方法數，故有

$$C_3^{10} = \frac{10!}{3!7!} = 120 \text{ 種情形} \quad ∎$$

例 4 從 10 個民主黨員與 8 個共和黨員中，要選出 3 個民主黨員與 2 個共和黨員，組成一委員會，問有若干方法？

解 這是計算組合數與笛卡兒乘積的元素之個數兩種情形之配合。先作組合：從 10 個民主黨員中選取 3 個，與從 8 個共和黨員中選取 2 個；其組合數分別為

$$C_3^{10} = \frac{10!}{3!7!}, \quad C_2^8 = \frac{8!}{2!6!}$$

因此有 $\frac{10!}{3!7!} \cdot \frac{8!}{2!6!} = 3360$ 種不同的委員會 ∎

例 5 含 n 個元素的集合，問其所有子集有幾個？

解 今先考慮子集的構成是從 n 個元素中取出某些元素來造成的。設 n 個元素為

$$a_1 \quad a_2 \quad a_3 \quad \cdots \quad a_n$$

取　　取　　取　　$\cdots$　　取

，　　，　　，　　　　，

不取　不取　不取　$\cdots$　不取

對每個元素有取與不取兩種情形，每同時完成 n 個步驟的取與不取的工作就得到一個子集，例如：不取，取，取，$\cdots\cdots$，取，所得的子集就是 $\{a_2, a_3, \cdots, a_n\}$。因此總共有 $2 \times 2 \times \cdots \times 2 = 2^n$ 個子集（由乘法原理！）

另外從組合的觀點來看，不含元素的子集有 C_0^n 個，含一個元素的子集有 C_1^n 個，含二個元素的子集有 C_2^n 個，$\cdots\cdots$，含 n 個元素的子集有 C_n^n 個，故共有子集的個數為 $C_0^n + C_1^n + \cdots + C_n^n$。因此 $C_0^n + C_1^n + C_2^n + \cdots + C_n^n = 2^n$　∎

例6 用 1 公斤、2 公斤、4 公斤、8 公斤及 16 公斤五種重量的鐵錘，可配成多少種不同的重量？共重若干公斤？

解 對每一種重量的鐵錘均有取與不取兩種情形，但全部不取的情形應該扣掉，故配成不同重量的方法有 $2^5 - 1 = 31$ 種。因這 31 種的重量分別為 1 公斤，2 公斤，3 公斤，$\cdots\cdots$，31 公斤，故總重量為

$$(1 + 2 + 3 + \cdots + 31) = \frac{31}{2}(1 + 31) = 496 \text{ 公斤}$$　∎

例 7　有五元紙幣 6 張，一元紙幣 4 張，一角硬幣 5 個，問可組成多少種不同的款額？

解　對 6 張五元紙幣，我們可以不取，取一張，取二張，……，取六張共 $(6+1)=7$ 種取法，同理對 4 張一元紙幣有 $(4+1)=5$ 種取法，5 個一角硬幣有 $(5+1)=6$ 種取法。但全部不取的情形應該扣掉，故總共可組成 $(6+1)(4+1)(5+1)-1=209$ 種款額　■

例 8　設有五角幣 3 枚，一元幣 2 枚，五元幣 4 枚，十元幣 2 枚，問可組成多少種不同的款額？

解　本題與上題有一點差別，不能急忙就事，要仔細考慮一下。因五角幣 2 枚與一元幣 1 枚等值，又五元幣 2 枚與十元幣 1 枚等值，故若按上題的方法來做，則有些款額會重複。今只要調整一下各幣的枚數即可，原有的錢幣可視為五角幣 1 枚，一元幣 3 枚，五元幣 8 枚，故總共可組成 $(1+1)(3+1)(8+1)-1=71$ 種款額　■

例 9　某人請客，請好友五人中的一人或數人，問共有多少種請法？

解　請一人的方法有 C_1^5，請二人的方法有 C_2^5，請五人的方法有 C_5^5，故總共有 $C_1^5+C_2^5+\cdots+C_5^5=2^5-1=31$ 種請客方法。本題當然也可以用例 6 及例 7 的方法來做　■

＊ 例 10　試問 770 的正因數的數目共有幾個？

解　將 770 分解如下：

$$770 = 2 \cdot 5 \cdot 7 \cdot 11$$

2, 5, 7, 11 都是 770 的正因數，可是 $2 \times 5 = 10$, $2 \times 11 = 22$, … 等也都是 770 的正因數啊！也就是說，770 的正因數，都是由 2, 5, 7, 11 四個數目中任取出一個，二個，三個，四個來乘在一起所得數的個數，故共有

$$C_1^4 + C_2^4 + C_3^4 + C_4^4 = 2^4 - 1 = 15$$

但是 1 也是 770 的正因數，故還要加上一個，得到 $15 + 1 = 16$ 個正因數 ∎

習　題　9-3

1. 試計算下列各數：

　　(1) C_3^{10} 　　　　　　　　　　(2) C_2^7

　　(3) C_4^{11} 　　　　　　　　　　(4) C_0^{112}

　　(5) C_{26}^{52} 　　　　　　　　　　(6) C_5^5

2. 從 52 張牌中，取出 5 張的方法有多少？

3. 10 個可以彼此分辨的銅幣，全部一次丟出，問出現的結果為四個正面及六個反面的情形有若干？占所有情形的比例為若干？

4. 從 52 張牌中，取出 5 張，並且這 5 張包含 2 張么牌，問有多少取法？

5. 12 個燈泡，其中有 2 個是壞的，今任取出 8 個燈泡：

　　(1) 問這 8 個均為好燈泡的取法為若干？

　　(2) 若這 8 個燈泡恰好有 1 個是壞的，問取法為若干？

6. 100 個真空管，其中有 3 個是壞的，今任取出 5 個真空管：

⑴問有多少取法？

⑵若 5 個都是好的，問有多少取法？若 5 個中恰好有 1 個壞的，問有多少取法？若恰好包含有 2 個壞的呢？恰好 3 個壞的呢？

⑶問 5 個中恰好有 1 個壞的取法，占所有取法的比例為若干？

7. 一個信號（如電報），由點與線段構成（如 …－－…－），准許點與線段重複。

⑴問由 10 個點或線段所構成的信號，有多少種？

⑵問由 10 個點或線段所構成的信號，或由 10 個以下的點或線段所構成的信號，共有若干種？

8. 6 件東西，任意分堆的方法有 64 種，問每一堆均含有 2 件東西的分法有幾種？

9. 9 種東西，任意分堆的方法有幾種？又問每一堆至少含有 3 件東西的分法占比例多少？

10. 種子店試驗一小袋裝有 16 個種子的發芽率，從每一袋中，任取 4 個來播種，若這 4 個均發芽，則此種子店就賣出剩餘的 12 個種子，並且保證說這 12 個種子至少有 8 個會發芽：

⑴問選取 4 個種子來試驗的方法有若干？

⑵若一袋中有 5 個壞種子（不能發芽），則至少取到一個壞種子的方法為若干？占全部方法的比例為若干？

11. 某箱蘋果有 90 個是好的，10 個是壞的，今任取出 10 個，若這 10 個都不含壞的，問有多少取法？

*9–4 重複組合

我們從兩個對偶 (dual) 觀點來提出問題：

⑴假設有 n 類不同的事物，每一類皆可無限制供應，我們要從中取
出 r 個，但允許重複選取同一類事物，問共有幾種不同的選法？

⑵假設有 r 個相同的東西，要分配給 n 個人，每個人都可重複分配
（分到 0 個、1 個、……、r 個皆可），問總共有幾種不同的分配
法？

本質上，這兩個問題是相同的，叫做重複組合。我們採用三個觀點
來探索重複組合的解答。

甲、重複組合化成普通組合

讓我們先觀察一個實際例子。假設有香蕉、橘子、蘋果三種水果，
你可以任選兩個，允許重複選取，問你有幾種不同的吃水果法？

由於數字不大，我們可以全部展示出來：

$$(香, 香)、(蘋, 蘋)、(橘, 橘)$$
$$(香, 蘋)、(香, 橘)、(蘋, 橘)$$

總共有六種不同的吃法，我們記成

$$H_2^3 = 6$$

對於一般情形，如何求出 H_r^n 的公式呢？

上述的列舉法，對我們並沒有什麼幫助。顯然，我們需要新的觀點。
我們突發奇想，問是否可以將重複組合化約成平常熟悉的非重複組合，
用已知來表達未知？

為此，我們還是回頭仔細分析上述的特例。特例的徹底了解，往往能夠啟發我們解決一般問題。

我們將三種水果編號為 1, 2, 3，吃兩個的六種重複組合為

$$(1, 1), (2, 2), (3, 3)$$
$$(1, 2), (1, 3), (2, 3)$$

為了有系統地將坐標改成相異的數，我們將第一個坐標加 0，第二個坐標加 1，得到

$$(1, 2), (2, 3), (3, 4)$$
$$(1, 3), (1, 4), (2, 4)$$

這些恰好是從 {1, 2, 3, 4} 中，任意取出兩個的六種組合方法數。

換言之，從三種事物中，取出兩個的一種重複組合就對應從四種東西中取出兩個的一種組合，反之亦然。因此，

$$H_2^3 = C_2^{3+2-1} = C_2^4 = 6$$

這個新觀點恰好可以推展到一般情形。

我們將 n 類事物編號為 1, 2, 3, $\cdots$, n，從中任取 r 個的重複組合，例如第一類取 3 個，第二類不取，第三類取 1 個，第四類取 1 個，第五類取 2 個，$\cdots\cdots$，第 n 類取 1 個，一共取 r 個，記成

$$(1, 1, 1, 3, 4, 5, 5, \cdots, n)$$

將第 1 個至第 r 個坐標分別加上 0, 1, 2, $\cdots$, $r-1$，得到

$$(1, 2, 3, 6, 8, 10, 11, \cdots, n+r-1)$$

這就是從 $n+r-1$ 個東西中，任取出 r 個的一種組合。兩者之間形成**對射** (bijection)。因此，

$$H_r^n = C_r^{n+r-1} \tag{1}$$

是為重複組合公式。注意到，r 可以大於 n。

乙、置旗於旗桿上的圖解

考慮 r 面旗置於 n 根旗桿上，問有幾種旗式？

第一面旗有 n 種插法，第二面旗有 $n+1$ 種插法，……，第 r 面旗有 $n+r-1$ 種插法。

今若旗皆不同，依乘法原理，共有 $n(n+1)\cdots(n+r-1)$ 種旗式。

若旗皆相同，則有 $\dfrac{n(n+1)\cdots(n+r-1)}{r!}$ 種旗式，要緊的是，每一種旗式對應一種重複組合，例如下面的旗式

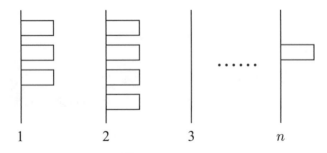

表示第一類事物取 3 個，第二類取 4 個，第三類不取，……，第 n 類取 1 個，所對應的一種重複組合。因此，

$$H_r^n = \frac{n(n+1)\cdots(n+r-1)}{r!} = C_r^{n+r-1} \tag{2}$$

（註：C_r^n 與 H_r^n 在形式上的相仿，前者 $C_r^n = \dfrac{n(n-1)\cdots(n-r+1)}{r!}$ 的分子是由 n 往下降 $r-1$ 次，後者是由 n 上昇 $r-1$ 次，很容易記住。）

丙、解代數方程的觀點

假設第一類事物取 x_1 個，第二類事物取 x_2 個，……，第 n 類事物取 x_n 個，於是

$$x_1 + x_2 + \cdots + x_n = r \tag{3}$$

此方程式的一組非負整數解就對應一種重複組合，反之亦然。

今將⑶式兩邊同加 n，並且令 $y_1 = x_1 + 1,\ y_2 = x_2 + 1,\ \cdots,\ y_n = x_n + 1$，得到

$$y_1 + y_2 + \cdots + y_n = n + r \tag{4}$$

於是⑷式的一組正整數解就對應一種重複組合。這相當於 $n + r$ 個石頭排成一列，要分成 n 堆，每堆至少要分到一個，亦即從 $n + r - 1$ 個間隔取出 $n - 1$ 個間隔，將 $n + r$ 個石頭分成 n 堆，總共有

$$C_{n-1}^{n+r-1} = C_r^{n+r-1} = H_r^n$$

種分堆法。總結上述，因此我們得到

定　理

從 n 件東西中，准許重複，取出 r 件的方法為

$$C_{n-1}^{n+r-1} = C_r^{n+r-1} \tag{5}$$

（註：⑸式之 r 大於 n 亦可！）

由這個定理知，本節開始所提那種吃水果的方法有

$$C_{3-1}^{3+2-1} = C_2^4 = 6$$

例 1 三枚銅幣（不可分辨）分給甲、乙兩個小孩，問有多少方法？

解 我們可以將這三枚銅幣全部分給甲或乙，或作其他分法。這個問題相當於從兩件東西（甲、乙）可重複選取 3 件來的方法。因為我們須選甲、乙來接受這三個銅幣。例如我們選到甲甲乙，則表示分兩個銅幣給甲，分一枚給乙。因此總共的分法有

$$C_3^{2+3-1} = C_3^4 = 4$$

∎

例 2 丟 10 個骰子，若這 10 個骰子不能分辨出彼此來，問有多少種結果？

解 這相當於從 6 件東西中（一個骰子可能出現的六個面），可重複取出 10 件來的方法，故由公式(5)得

$$C_{10}^{6+10-1} = C_{10}^{15} = C_5^{15} = 3003$$

∎

例 3 滿足 $x+y+z+u=10$ 之正整數解有幾組？

解 依定理得

$$C_{4-1}^{10-1} = C_3^9 = 84$$

∎

例 4 試求 $x+y+z+u=15$ 之非負整數解的個數。

解 由 $x+y+z+u=15$ 得

$$(x+1)+(y+1)+(z+1)+(u+1) = 19$$

令 $x'=x+1, y'=y+1, z'=z+1, u'=u+1$

則原方程式之非負整數解之個數即為方程式

$$x' + y' + z' + u' = 19$$

之正整數解之個數。依定理得，其解的個數為

$$C_{4-1}^{19-1} = C_3^{18} = 816$$

習　題　9-4

1. 試計算下列各小題的分布方法數：
   (1) 10 個相同的球置於 7 個袋中。
   (2) 7 個相同的球置於 10 個袋中。

2. 在一個倒霉的下午，某少棒隊犯了 6 次錯誤（每隊有 9 人），問這 6 個錯誤的可能分布情形有多少種？

3. 書店中有 8 種有價值的課外讀物出售，每種均為一冊裝，某教師欲購買 5 冊以嘉獎其五個學生，每人一冊，問共有多少種選法？

4. 方程式 $x + y + z + u + v + w = 12$ 有多少組非負的整數解？有多少組正整數解？

5. 福利社供應香草、芒果、楊梅、可可、巧克力、牛奶等六種冰淇淋。今有同學十二人同住，每人各要冰淇淋一份，問售貨者取出之冰淇淋可有多少種不同之方式？

6. 有一空儲蓄筒，全家父、母、兄、弟、姊、妹六人每人均投一枚硬幣，硬幣之種類有一角、二角、五角及一元等四類，問筒中之錢幣可有多少種不同之情形？

7. 將 $\{A, A, A\}$ 分割成兩堆，其中可能有空堆，問有多少種分法？

   （註：這相當於 3 個相同的球，置於 2 個袋中的問題。）

9–5 二項式定理

在代數中，我們常常會碰到二項式 $x+y$，以及二項式的各次方，例如 $(x+y)^3$，$(x+y)^{10}$ 等等。次方越高，要展開就越麻煩。本節我們要來探討 $(x+y)^n$ 的展開，這個問題與組合很有關係。

例 1
$$\begin{aligned}
(x+y)^2 &= (x+y)(x+y) \\
&= x(x+y) + y(x+y) \\
&= xx + xy + yx + yy \\
&= x^2 + 2xy + y^2 \\
&= C_0^2 x^2 + C_1^2 xy + C_2^2 y^2
\end{aligned}$$

這是我們很熟悉的一個公式。

例 2 展開 $(x+y)^3$。

解
$$\begin{aligned}
(x+y)^3 &= (x+y)(x+y)(x+y) \\
&= x(x+y)(x+y) + y(x+y)(x+y) \\
&= xx(x+y) + xy(x+y) + yx(x+y) + yy(x+y) \\
&= xxx + xxy + xyx + xyy + yxx + yxy + yyx + yyy \\
&= x^3 + 3x^2 y + 3xy^2 + y^3 \\
&= C_0^3 x^3 + C_1^3 x^2 y + C_2^3 xy^2 + C_3^3 y^3
\end{aligned}$$

定　理

（二項式定理）

對任意自然數 n，恆有

$$(x+y)^n = C_0^n x^n + C_1^n x^{n-1} y + \cdots + C_r^n x^{n-r} y^r + \cdots + C_{n-1}^n xy^{n-1} + C_n^n y^n \qquad (1)$$

證明　利用數學歸納法

(1) $n = 1$ 時，左項 $= (x+y)^1 = x+y$

右項 $= C_0^1 x + C_1^1 y = x + y$

$\therefore$ 左項 $=$ 右項

(2) 假設 $n = k$ 時，(1)式成立，即

$$(x+y)^k = C_0^k x^k + C_1^k x^{k-1} y + C_2^k x^{k-2} y^2 + \cdots + C_{k-1}^k x y^{k-1} + C_k^k y^k$$

兩邊同乘以 $x+y$，得到

$$(x+y)^{k+1} = (x+y)(x+y)^k$$
$$= x(x+y)^k + y(x+y)^k$$
$$= C_0^k x^{k+1} + C_1^k x^k y + \cdots + C_k^k x y^k$$
$$\quad + C_0^k x^k y + \cdots + C_{k-1}^k x y^k + C_k^k y^{k+1}$$
$$= C_0^k x^{k+1} + [C_1^k + C_0^k] x^k y + \cdots +$$
$$\quad [C_r^k + C_{r-1}^k] x^{k-r} y^r + \cdots + C_k^k y^{k+1}$$

由巴斯卡公式（9–3 節定理 3）及 $C_0^k = C_0^{k+1} = 1$，$C_k^k = C_{k+1}^{k+1} = 1$，

得到

$$(x+y)^{k+1} = C_0^{k+1} x^{k+1} + \cdots + C_r^{k+1} x^{k-r} y^r + \cdots + C_{k+1}^{k+1} y^{k+1}$$

這就是(1)式當 $n = k+1$ 的情形，因此由數學歸納法我們就證

明了二項式定理　　　　　　　　　　　　　　　■

對於 $n = 0, 1, 2, \cdots$ 的二項式定理，將二項係數排成下面之三角形：

$$C_0^0$$
$$C_0^1 \quad C_1^1$$
$$C_0^2 \quad C_1^2 \quad C_2^2$$
$$C_0^3 \quad C_1^3 \quad C_2^3 \quad C_3^3$$
$$\cdots\cdots\cdots\cdots\cdots\cdots$$

或者

$$
\begin{array}{ccccccccc}
 & & & & 1 & & & & \\
 & & & 1 & & 1 & & & \\
 & & 1 & & 2 & & 1 & & \\
 & 1 & & 3 & & 3 & & 1 & \\
1 & & 4 & & 6 & & 4 & & 1 \\
\end{array}
$$

．．．．．．．．．．．．．．．．

這叫做**巴斯卡三角形**或**算術三角形**，它含有許多有趣的數學。

隨堂練習 (1) $11^0 = 1$, $11^1 = 11$, $11^2 = 121$, $11^3 = 1331$, $11^4 = 14641$

　　　　　　 $11^5 = ?$　 $11^6 = ?$

　　　　(2)如下圖之街道，問從 A 點到 B 點的最短路徑有幾條？

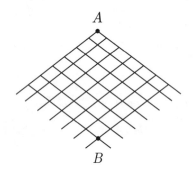

例3　試展開 $(a-2b)^3$。

解　　在二項式公式中，令 $n = 3$, $x = a$, $y = -2b$，得

$$(a-2b)^3 = C_3^3 a^3 + C_2^3 a^2(-2b) + C_1^3 a(-2b)^2 + C_0^3 (-2b)^3$$

$$= a^3 - 6a^2 b + 12ab^2 - 8b^3$$

例 4　求展開 $(2x - y^2)^6$ 時，x^4y^4 的係數。

解　在 $(x+y)^n$ 的展式中，我們發現第一項為 $C_n^n x^n$，第二項為 $C_{n-1}^n x^{n-1}y$，第三項為 $C_{n-2}^n x^{n-2}y^2$，……，第 $r+1$ 項為 $C_r^n x^{n-r}y^r$。

今設 x^4y^4 為 $(2x - y^2)^6$ 展式之第 $r+1$ 項，故

$$C_r^6 (2x)^{6-r}(-y^2)^r = C_r^6 2^{6-r}x^{6-r}(-1)^r y^{2r}$$
$$= (-1)^r C_r^6 \cdot 2^{6-r}x^{6-r}y^{2r}$$

今 x 與 y 的次方必須等於 4，即 $\begin{cases} 6 - r = 4 \\ 2r = 4 \end{cases}$

由此得 $r = 2$，故 x^4y^4 的係數為

$$(-1)^2 C_2^6 2^{6-2} = 15 \times 16 = 240$$

例 5　求 $(2x + \dfrac{1}{x})^{20}$ 展式中，不含 x 之項的係數。

解　因 $(2x + \dfrac{1}{x})^{20}$ 展式中之 $r+1$ 項為

$$C_r^{20}(2x)^r (\frac{1}{x})^{20-r} = C_r^{20} 2^r x^{2r-20}$$

欲求不含 x 之項的係數令 $2r - 20 = 0$ 得 $r = 10$

故其係數為

$$C_{10}^{20} 2^{10} = \frac{2^{10} \cdot 20!}{(10!)^2}$$

例 6 試求 $(x - \frac{m}{x})^{11}$ 展式中，x^{-3} 項的係數。

解 因 $(x - \frac{m}{x})^{11}$ 展式中之第 $r + 1$ 項為

$$C_r^{11} x^r (-\frac{m}{x})^{11-r} = C_r^{11} (-1)^{11-r} m^{11-r} x^{2r-11}$$

令 $2r - 11 = -3 \Rightarrow r = 4$

$\therefore x^{-3}$ 項的係數為

$$C_4^{11} (-1)^{11-4} m^{11-4} = -C_4^{11} m^7 = -330 m^7$$

例 7 試證 $C_0^n - C_1^n + C_2^n - \cdots + (-1)^n C_n^n = 0$。

證明 由二項式公式知

$$(x + y)^n = C_0^n x^n + C_1^n x^{n-1} y + \cdots + C_n^n y^n$$

令 $x = 1$, $y = -1$ 代入上式得

$$0 = C_0^n - C_1^n + \cdots + (-1)^n C_n^n$$

例 8 試證 $C_0^n + C_2^n + C_4^n + \cdots = C_1^n + C_3^n + \cdots = 2^{n-1}$。

證明 因 $C_0^n + C_1^n + C_2^n + \cdots + C_n^n = 2^n$ …… ①

又由上例知

$C_0^n - C_1^n + C_2^n - \cdots + (-1)^n C_n^n = 0$ …… ②

① + ②得

$2[C_0^n + C_2^n + \cdots] = 2^n$

$\Rightarrow C_0^n + C_2^n + C_4^n + \cdots = 2^{n-1}$ …… ③

① － ③得 $C_1^n + C_3^n + C_5^n + \cdots = 2^n - 2^{n-1} = 2^{n-1}$

例 9 試求下列兩式的值：

$(1)\ C_0^n + 2C_1^n + 4C_2^n + 8C_3^n + \cdots + 2^n C_n^n$

$(2)\ C_0^n + \dfrac{1}{2}C_1^n + \dfrac{1}{4}C_2^n + \dfrac{1}{8}C_3^n + \cdots + \dfrac{1}{2^n}C_n^n$

解 由二項式公式

$$(x+y)^n = C_0^n x^n + C_1^n x^{n-1}y + C_2^n x^{n-2}y^2 + \cdots + C_n^n y^n$$

(1)令 $x = 1,\ y = 2$ 得

$$3^n = C_0^n + 2C_1^n + 4C_2^n + 8C_3^n + \cdots + 2^n C_n^n$$

(2)令 $x = 1,\ y = \dfrac{1}{2}$ 得

$$(\dfrac{3}{2})^n = C_0^n + \dfrac{1}{2}C_1^n + \dfrac{1}{4}C_2^n + \dfrac{1}{8}C_3^n + \cdots + \dfrac{1}{2^n}C_n^n$$

例 10 試證明： $C_1^n + 2C_2^n + 3C_3^n + \cdots + nC_n^n = n2^{n-1}$。

證明 因 $C_r^n = C_{n-r}^n$, ∴ $C_1^n = C_{n-1}^n,\ C_2^n = C_{n-2}^n,\ \cdots$ 等等

令 $S = C_1^n + 2C_2^n + 3C_3^n + \cdots + nC_n^n$ …… ①

則 $S = nC_0^n + (n-1)C_1^n + (n-2)C_2^n + \cdots + C_{n-1}^n$ …… ②

① + ②得

$$2S = nC_0^n + nC_1^n + \cdots + nC_{n-1}^n + nC_n^n$$
$$= n[C_0^n + C_1^n + \cdots + C_{n-1}^n + C_n^n]$$
$$= n \cdot 2^n$$

∴ $S = n2^{n-1}$

例 11 應用二項式公式求

    (1) $(0.99)^3$ (2) 99^4

解   (1) $(0.99)^3 = (1 - 0.01)^3$

$$= 1 - 3 \times 0.01 + 3 \times (0.01)^2 - (0.01)^3$$

$$= 1 - 0.03 + 0.0003 - 0.000001$$

$$= 0.970299$$

    (2) $99^4 = (100 - 1)^4$

$$= 100^4 - 4 \cdot 100^3 + 6 \cdot 100^2 - 4 \cdot 100 + 1$$

$$= 100000000 - 4000000 + 60000 - 400 + 1$$

$$= 96059601$$

例 12 若 $(ax^3 + \dfrac{2}{x^2})^4$ 展式中 x^2 項的係數為 6，試定 a 之值。

解 $(ax^3 + \dfrac{2}{x^2})^4$ 展式之第 $r+1$ 項為

$$C_r^4 (ax^3)^r (\frac{2}{x^2})^{4-r} = C_r^4 a^r 2^{4-r} x^{5r-8}$$

x^2 項即為 $5r - 8 = 2$ 的情形，故 $r = 2$

又 x^2 的係數為 6，故

$$C_2^4 a^2 2^2 = 6$$

$$\Rightarrow 24a^2 = 6 \Rightarrow a^2 = \frac{1}{4}$$

$$\Rightarrow a = \pm \frac{1}{2}$$

習　題　9-5

1. 利用二項式公式展開下列各式:

(1) $(x+y)^4$　　　　　(2) $(x+y)^r$　　　　　(3) $(x+y)^{12}$

(4) $(a-b)^5$　　　　　(5) $(1+x)^8$　　　　　(6) $(1-x)^9$

2. n 個元素的集合,一共有多少個子集合? (空集合也算是一個子集合)

3. 假設有 12 個糖果,欲將其分成兩堆 (准許其中有一堆分 0 個),試對

下列各題,求總共分法有多少:

(1)第一堆正好分到 4 個糖果。

(2)第一堆至少分到 4 個糖果。

(3)第一堆至多分到 4 個糖果。

(4)第一堆分到 0 個糖果。

(5)第一堆至多分到 5 個糖果。

4. (1)證明 $C^n_{r+1} = \dfrac{n-r}{r+1} C^n_r$。

(2)利用上式及 $C^{30}_0 = 1$ 計算 C^{30}_{r+1},當 $r+1 = 1, 2, 3, 4$ 的情形。

5. 在 $(\dfrac{k}{x} - x)^{11}$ 之展式中,求 x^{-5} 項之係數。

6. 在 $(\dfrac{1}{x^2} - x)^{18}$ 的展式中,求常數項。

附　錄
三角函數表

角	正弦 (sin)	餘弦 (cos)	正切 (tan)	角	正弦 (sin)	餘弦 (cos)	正切 (tan)
0°	0.0000	1.0000	0.0000	45°	0.7071	0.7071	1.0000
1°	0.0175	0.9998	0.0175	46°	0.7193	0.6947	1.0355
2°	0.0349	0.9994	0.0349	47°	0.7314	0.6820	1.0724
3°	0.0523	0.9986	0.0524	48°	0.7431	0.6691	1.1106
4°	0.0698	0.9976	0.0699	49°	0.7547	0.6561	1.1504
5°	0.0872	0.9962	0.0875	50°	0.7660	0.6428	1.1918
6°	0.1045	0.9945	0.1051	51°	0.7771	0.6293	1.2349
7°	0.1219	0.9925	0.1228	52°	0.7880	0.6157	1.2799
8°	0.1392	0.9903	0.1405	53°	0.7986	0.6018	1.3270
9°	0.1564	0.9877	0.1584	54°	0.8090	0.5878	1.3764
10°	0.1736	0.9848	0.1763	55°	0.8192	0.5736	1.4281
11°	0.1908	0.9816	0.1944	56°	0.8290	0.5592	1.4826
12°	0.2079	0.9781	0.2126	57°	0.8387	0.5446	1.5399
13°	0.2250	0.9744	0.2309	58°	0.8480	0.5299	1.6003
14°	0.2419	0.9703	0.2493	59°	0.8572	0.5150	1.6643
15°	0.2588	0.9659	0.2679	60°	0.8660	0.5000	1.7321
16°	0.2756	0.9613	0.2867	61°	0.8746	0.4848	1.8040
17°	0.2924	0.9563	0.3057	62°	0.8829	0.4695	1.8807
18°	0.3090	0.9511	0.3249	63°	0.8910	0.4540	1.9626
19°	0.3256	0.9455	0.3443	64°	0.8988	0.4384	2.0503
20°	0.3420	0.9397	0.3640	65°	0.9063	0.4226	2.1445
21°	0.3584	0.9336	0.3839	66°	0.9135	0.4067	2.2460
22°	0.3746	0.9272	0.4040	67°	0.9205	0.3907	2.3559
23°	0.3907	0.9205	0.4245	68°	0.9272	0.3746	2.4751
24°	0.4067	0.9135	0.4452	69°	0.9336	0.3584	2.6051
25°	0.4226	0.9063	0.4663	70°	0.9397	0.3420	2.7475
26°	0.4384	0.8988	0.4877	71°	0.9455	0.3256	2.9042
27°	0.4540	0.8910	0.5095	72°	0.9511	0.3090	3.0777
28°	0.4695	0.8829	0.5317	73°	0.9563	0.2924	3.2709
29°	0.4848	0.8746	0.5543	74°	0.9613	0.2756	3.4874
30°	0.5000	0.8660	0.5774	75°	0.9659	0.2588	3.7321
31°	0.5150	0.8572	0.6009	76°	0.9703	0.2419	4.0108
32°	0.5299	0.8480	0.6249	77°	0.9744	0.2250	4.3315
33°	0.5446	0.8387	0.6494	78°	0.9781	0.2079	4.7046
34°	0.5592	0.8290	0.6745	79°	0.9816	0.1908	5.1446
35°	0.5736	0.8192	0.7002	80°	0.9848	0.1736	5.6713
36°	0.5878	0.8090	0.7265	81°	0.9877	0.1564	6.3138
37°	0.6018	0.7986	0.7536	82°	0.9903	0.1392	7.1154
38°	0.6157	0.7880	0.7813	83°	0.9925	0.1219	8.1443
39°	0.6293	0.7771	0.8098	84°	0.9945	0.1045	9.5144
40°	0.6428	0.7660	0.8391	85°	0.9962	0.0872	11.4301
41°	0.6561	0.7547	0.8693	86°	0.9976	0.0698	14.3007
42°	0.6691	0.7431	0.9004	87°	0.9986	0.0523	19.0811
43°	0.6820	0.7314	0.9325	88°	0.9994	0.0349	28.6363
44°	0.6947	0.7193	0.9657	89°	0.9998	0.0175	57.2900
45°	0.7071	0.7071	1.0000	90°	1.0000	0.0000	∞

五位常用對數表 （$\log_{10} N$ 或 $\log N$）

100–155

No.	L	0	1	2	3	4	5	6	7	8	9
100	00	000	043	087	130	173	217	260	303	346	389
101		432	475	518	561	604	647	689	732	775	817
102		860	903	945	988	*030	*072	*115	*157	*199	*242
103	01	284	326	368	410	452	494	536	578	620	662
104		703	745	787	828	870	912	953	995	*036	*078
105	02	119	160	202	243	284	325	366	408	449	490
106		531	572	612	653	694	735	776	816	857	898
107		938	979	*019	*060	*100	*141	*181	*222	*262	*302
108	03	342	383	423	463	503	543	583	623	663	703
109		743	782	822	862	902	941	981	*021	*060	*100
110	04	139	179	218	258	297	336	376	415	454	493
111		532	571	610	650	689	727	766	805	844	883
112		922	961	999	*038	*077	*115	*154	*192	*231	*269
113	05	308	346	385	423	461	500	538	576	614	652
114		690	729	767	805	843	881	918	956	994	*032
115	06	070	108	145	183	221	258	296	333	371	408
116		446	483	521	558	595	633	670	707	744	781
117		819	856	893	930	967	*004	*041	*078	*115	*151
118	07	188	225	262	298	335	372	408	445	482	518
119		555	591	628	644	700	737	773	809	846	882
120		918	954	990	*027	*063	*099	*135	*171	*207	*243
121	08	279	314	350	386	422	458	493	529	565	600
122		636	672	707	743	778	814	849	884	920	955
123		991	*026	*061	*096	*132	*167	*202	*237	*272	*307
124	09	342	377	412	447	482	517	552	587	621	656
125		691	726	760	795	830	864	899	934	968	*003
126	10	037	072	106	140	175	209	243	278	312	346
127		380	415	449	483	517	551	585	619	653	687
128		721	755	789	823	857	890	924	958	992	*025
129	11	059	093	126	160	193	227	261	294	327	361
130		394	428	461	494	528	561	594	628	661	694
131		727	760	793	826	860	893	926	959	992	*024
132	12	057	090	123	156	189	222	254	287	320	353
133		385	418	450	483	516	548	581	613	646	678
134		710	743	775	808	840	872	905	937	969	*001
135	13	033	066	098	130	162	194	226	258	290	322
136		354	386	418	450	481	513	545	577	609	640
137		672	704	735	767	799	830	862	893	925	956
138		988	*019	*051	*082	*114	*145	*176	*208	*239	*270
139	14	301	333	364	395	426	457	489	520	551	582
140		613	644	675	706	737	768	799	829	860	891
141		922	953	983	*014	*045	*076	*106	*137	*168	*198
142	15	229	259	290	320	351	381	412	442	473	503
143		534	564	594	625	655	685	715	746	776	806
144		836	866	897	927	957	987	*017	*047	*077	*107
145	16	137	167	197	227	256	286	316	346	376	406
146		435	465	495	524	554	584	613	643	673	702
147		732	761	791	820	850	879	909	938	967	997
148	17	026	056	085	114	143	173	202	231	260	289
149		319	348	377	406	435	464	493	522	551	580
150		609	638	667	696	725	754	782	811	840	869
151		898	926	955	984	*013	*041	*070	*099	*127	*156
152	18	184	213	241	270	299	327	355	384	412	441
153		469	498	526	554	583	611	639	667	696	724
154		752	780	808	837	865	893	921	949	977	*005
155	19	033	061	089	117	145	173	201	229	257	285
No.	L	0	1	2	3	4	5	6	7	8	9

比例部分

	44	43	42
1	4.4	4.3	4.2
2	8.8	8.6	8.4
3	13.2	12.9	12.6
4	17.6	17.2	16.8
5	22.0	21.5	21.0
6	26.4	25.8	25.2
7	30.8	30.1	29.4
8	35.2	34.4	33.6
9	39.6	38.7	37.8

	41	40	39
1	4.1	4.0	3.9
2	8.2	8.0	7.8
3	12.3	12.0	11.7
4	16.4	16.0	15.6
5	20.5	20.0	19.5
6	24.6	24.0	23.4
7	28.7	28.0	27.3
8	32.8	32.0	31.2
9	36.9	36.0	35.1

	38	37	36
1	3.8	3.7	3.6
2	7.6	7.4	7.2
3	11.4	11.1	10.8
4	15.2	14.8	14.4
5	19.0	18.5	18.0
6	22.8	22.2	21.6
7	26.6	25.9	25.2
8	30.4	29.6	28.8
9	34.2	33.3	32.4

	35	34	33
1	3.5	3.4	3.3
2	7.0	6.8	6.6
3	10.5	10.2	9.9
4	14.0	13.6	13.2
5	17.5	17.0	16.5
6	21.0	20.4	19.8
7	24.5	23.8	23.1
8	28.0	27.2	26.4
9	31.5	30.6	29.7

	32	31	30
1	3.2	3.1	3.0
2	6.4	6.2	6.0
3	9.6	9.3	9.0
4	12.8	12.4	12.0
5	16.0	15.5	15.0
6	19.2	18.6	18.0
7	22.4	21.7	21.0
8	25.6	24.8	24.0
9	28.8	27.9	27.0

* 表示首兩位小數要變更

五位常用對數表（續）

155–210

No.	L	0	1	2	3	4	5	6	7	8	9
155	19	033	061	089	117	145	173	201	229	257	285
156		312	340	368	396	424	451	479	507	535	562
157		590	618	645	673	700	728	756	783	811	838
158		866	893	921	948	976	*003	*030	*058	*085	*112
159	20	140	167	194	222	249	276	303	330	358	385
160		412	439	466	493	520	548	575	602	629	656
161		683	710	737	763	790	817	844	871	898	925
162		952	978	*005	*032	*059	*085	*112	*139	*165	*192
163	21	219	245	272	299	325	352	378	405	431	458
164		484	511	537	564	590	617	643	669	696	722
165		748	775	801	827	854	880	906	932	958	985
166	22	011	037	063	089	115	141	168	194	220	246
167		272	298	324	350	376	401	427	453	479	505
168		531	557	583	608	634	660	686	712	737	763
169		789	814	840	866	891	917	943	968	994	*019
170	23	045	070	096	121	147	172	198	223	249	274
171		300	325	350	376	401	426	452	477	502	528
172		553	578	603	629	654	679	704	729	754	776
173		805	830	855	880	905	930	955	980	*005	*030
174	24	055	080	105	130	155	180	204	229	254	279
175		304	329	353	378	403	428	452	477	502	527
176		551	576	601	625	650	674	699	724	748	773
177		797	822	846	871	895	920	944	969	993	*018
178	25	042	066	091	115	139	164	188	212	237	261
179		285	310	334	358	382	406	431	455	479	503
180		527	551	575	600	624	648	672	696	720	744
181		768	792	816	840	864	888	912	935	959	983
182	26	007	031	055	079	102	126	150	174	198	221
183		245	269	293	316	340	364	387	411	435	458
184		482	505	529	553	576	600	623	647	670	694
185		717	741	764	788	811	834	858	881	905	928
186		951	975	998	*021	*045	*068	*091	*114	*138	*161
187	27	184	207	231	254	277	300	323	346	370	393
188		416	439	462	485	508	531	554	577	600	623
189		646	669	692	715	738	761	784	807	830	853
190		875	898	921	944	967	990	*012	*035	*058	*081
191	28	103	126	149	172	194	217	240	262	285	308
192		330	353	375	398	421	443	466	488	511	533
193		556	578	601	623	646	668	691	713	735	758
194		780	803	825	847	870	892	914	937	959	981
195	29	003	026	048	070	092	115	137	159	181	203
196		226	248	270	292	314	336	358	380	403	425
197		447	469	491	513	535	557	579	601	623	645
198		667	688	710	732	754	776	798	820	842	863
199		885	907	929	951	973	994	*016	*038	*060	*081
200	30	103	125	146	168	190	211	233	255	276	298
201		320	341	363	384	406	428	449	471	492	514
202		535	557	578	600	621	643	664	685	707	728
203		750	771	792	814	835	856	878	899	920	942
204		963	984	*006	*027	*048	*069	*091	*112	*133	*154
205	31	175	197	218	239	260	281	302	323	345	366
206		387	408	429	450	471	492	513	534	555	576
207		597	618	639	660	681	702	723	744	765	785
208		806	827	848	869	890	911	931	952	973	994
209	32	015	035	056	077	098	118	139	160	181	201
210		222	243	263	284	305	325	346	366	387	408
No.	L	0	1	2	3	4	5	6	7	8	9

比例部分

	29	28
1	2.9	2.8
2	5.8	5.6
3	8.7	8.4
4	11.6	11.2
5	14.5	14.0
6	17.4	16.8
7	20.3	19.6
8	23.2	22.4
9	26.1	25.2

	27	26
1	2.7	2.6
2	5.4	5.2
3	8.1	7.8
4	10.8	10.4
5	13.5	13.0
6	16.2	15.6
7	18.9	18.2
8	21.6	20.8
9	24.3	23.4

	25
1	2.5
2	5.0
3	7.5
4	10.0
5	12.5
6	15.0
7	17.5
8	20.0
9	22.5

	24
1	2.4
2	4.8
3	7.2
4	9.6
5	12.0
6	14.4
7	16.8
8	19.2
9	21.6

	23
1	2.3
2	4.6
3	6.9
4	9.2
5	11.5
6	13.8
7	16.1
8	18.4
9	20.7

	22
1	2.2
2	4.4
3	6.6
4	8.8
5	11.0
6	13.2
7	15.4
8	17.6
9	19.8

* 表示首兩位小數要變更

五位常用對數表（續）

210–265

No.	L	0	1	2	3	4	5	6	7	8	9	比例部分
210	32	222	243	263	284	305	325	346	366	387	408	
211		428	449	469	490	511	531	552	572	593	613	
212		634	654	675	695	715	736	756	777	797	818	
213		838	858	879	899	919	940	960	980	*001	*021	
214	33	041	062	082	102	122	143	163	183	203	224	
215		244	264	284	304	325	345	365	385	405	425	21
216		445	465	486	506	526	546	566	586	606	626	1 | 2.1
217		646	666	686	706	726	746	766	786	806	826	2 | 4.2
218		846	866	885	905	925	945	965	985	*005	*025	3 | 6.3
219	34	044	064	084	104	124	143	163	183	203	223	4 | 8.4
220		242	262	282	301	321	341	361	380	400	420	5 | 10.5
221		439	459	479	498	518	537	557	577	596	616	6 | 12.6
222		635	655	674	694	713	733	753	772	792	811	7 | 14.7
223		830	850	869	889	908	928	947	967	986	*005	8 | 16.8
224	35	025	044	064	083	102	122	141	160	180	199	9 | 18.9
225		218	238	257	276	295	315	334	353	372	392	
226		411	430	449	468	488	507	526	545	564	583	
227		603	622	641	660	679	698	717	736	755	774	
228		793	813	832	851	870	889	908	927	946	965	20
229		984	*003	*021	*040	*059	*078	*097	*116	*135	*154	1 | 2.0
230	36	173	192	211	229	248	267	286	305	324	342	2 | 4.0
231		361	380	399	418	436	455	474	493	511	530	3 | 6.0
232		549	568	586	605	624	642	661	680	698	717	4 | 8.0
233		736	754	773	791	810	829	847	866	884	903	5 | 10.0
234		922	940	959	977	996	*014	*033	*051	*070	*088	6 | 12.0
235	37	107	125	144	162	181	199	218	236	254	273	7 | 14.0
236		291	310	328	346	365	383	401	420	438	457	8 | 16.0
237		475	493	511	530	548	566	585	603	621	639	9 | 18.0
238		658	676	694	712	731	749	767	785	803	822	
239		840	858	876	894	912	931	949	967	985	*003	
240	38	021	039	057	075	093	112	130	148	166	184	19
241		202	220	238	256	274	292	310	328	346	364	1 | 1.9
242		382	399	417	435	453	471	489	507	525	543	2 | 3.8
243		561	579	596	614	632	650	668	686	703	721	3 | 5.7
244		739	757	775	792	810	828	846	863	881	899	4 | 7.6
245		917	934	952	970	987	*005	*023	*041	*058	*076	5 | 9.5
246	39	094	111	129	146	164	182	199	217	235	252	6 | 11.4
247		270	287	305	322	340	358	375	393	410	428	7 | 13.3
248		445	463	480	498	515	533	550	568	585	602	8 | 15.2
249		620	637	655	672	690	707	724	742	759	777	9 | 17.1
250		794	811	829	846	863	881	898	915	933	950	
251		967	985	*002	*019	*037	*054	*071	*088	*106	*123	
252	40	140	157	175	192	209	226	243	261	278	295	
253		312	329	346	364	381	398	415	432	449	466	18
254		483	500	518	535	552	569	586	603	620	637	1 | 1.8
255		654	671	688	705	722	739	756	773	790	807	2 | 3.6
256		824	841	858	875	892	909	926	943	960	976	3 | 5.4
257		993	*010	*027	*044	*061	*078	*095	*111	*128	*145	4 | 7.2
258	41	162	179	196	212	229	246	263	280	296	313	5 | 9.0
259		330	347	364	380	397	414	430	447	464	481	6 | 10.8
260		497	514	531	547	564	581	597	614	631	647	7 | 12.6
261		664	681	697	714	731	747	764	780	797	814	8 | 14.4
262		830	847	863	880	896	913	929	946	963	979	9 | 16.2
263		996	*012	*029	*045	*062	*078	*095	*111	*127	*144	
264	42	160	177	193	210	226	243	259	275	292	308	
265		325	341	357	374	390	406	423	439	456	472	
No.	L	0	1	2	3	4	5	6	7	8	9	比例部分

* 表示首兩位小數要變更

五位常用對數表（續）

265–320

No.	L	0	1	2	3	4	5	6	7	8	9
265	42	325	341	357	374	390	406	423	439	456	472
266		488	504	521	537	553	570	586	602	619	635
267		651	667	684	700	716	732	749	765	781	797
268		813	830	846	862	878	894	911	927	943	959
269		975	991	*008	*024	*040	*056	*072	*088	*104	*120
270	43	136	152	169	185	201	217	233	249	265	281
271		297	313	329	345	361	377	393	409	425	441
272		457	473	489	505	521	537	553	569	584	600
273		616	632	648	664	680	696	712	727	743	759
274		775	791	807	823	838	854	870	886	902	917
275	44	933	949	965	981	996	*012	*028	*044	*059	*075
276		091	107	122	138	154	170	185	201	217	232
277		248	264	279	295	311	326	342	358	373	389
278		404	420	436	451	467	483	498	514	529	545
279		560	576	592	607	623	638	654	669	685	700
280		716	731	747	762	778	793	809	824	840	855
281		871	886	902	917	932	948	963	979	994	*010
282	45	025	040	056	071	086	102	117	133	148	163
283		179	194	209	225	240	255	271	286	301	317
284		332	347	362	378	393	408	423	439	454	469
285		484	500	515	530	545	561	576	591	606	621
286		637	652	667	682	697	712	728	743	758	773
287		788	803	818	834	849	864	879	894	909	924
288		939	954	969	984	*000	*015	*030	*045	*060	*075
289	46	090	105	120	135	150	165	180	195	210	225
290		240	255	270	285	300	315	330	345	359	374
291		389	404	419	434	449	464	479	494	509	523
292		538	553	568	583	598	613	627	642	657	672
293		687	702	716	731	746	761	776	790	805	820
294		835	850	864	879	894	909	923	938	953	967
295	47	982	997	*012	*026	*041	*056	*070	*085	*100	*115
296		129	144	159	173	188	202	217	232	246	261
297		276	290	305	319	334	349	363	378	392	407
298		422	436	451	465	480	494	509	524	538	553
299		567	582	596	611	625	640	654	669	683	698
300		712	727	741	756	770	784	799	813	828	842
301		857	871	886	900	914	929	943	958	972	986
302	48	001	015	029	044	058	073	087	101	116	130
303		144	159	173	187	202	216	230	245	259	273
304		287	302	316	330	344	359	373	387	402	416
305		430	444	458	473	487	501	515	530	544	558
306		572	586	601	615	629	643	657	671	686	700
307		714	728	742	756	770	785	799	813	827	841
308		855	869	883	897	911	926	940	954	968	982
309		996	*010	*024	*038	*052	*066	*080	*094	*108	*122
310	49	136	150	164	178	192	206	220	234	248	262
311		276	290	304	318	332	346	360	374	388	402
312		415	429	443	457	471	485	499	513	527	541
313		554	568	582	596	610	624	638	651	665	679
314		693	707	721	734	748	762	776	790	803	817
315		831	845	859	872	886	900	914	927	941	955
316		969	982	996	*010	*024	*037	*051	*065	*079	*092
317	50	106	120	133	147	161	174	188	202	215	229
318		243	256	270	284	297	311	325	338	352	365
319		279	393	406	420	433	447	461	474	488	501
320		515	529	542	556	569	583	596	610	623	637
No.	L	0	1	2	3	4	5	6	7	8	9

比例部分

17		16		15		14	
1	1.7	1	1.6	1	1.5	1	1.4
2	3.4	2	3.2	2	3.0	2	2.8
3	5.1	3	4.8	3	4.5	3	4.2
4	6.8	4	6.4	4	6.0	4	5.6
5	8.5	5	8.0	5	7.5	5	7.0
6	10.2	6	9.6	6	9.0	6	8.4
7	11.9	7	11.2	7	10.5	7	9.8
8	13.6	8	12.8	8	12.0	8	11.2
9	15.3	9	14.4	9	13.5	9	12.6

* 表示首兩位小數要變更

五位常用對數表（續）

320–375

No.	L	0	1	2	3	4	5	6	7	8	9
320	50	515	529	542	556	569	583	596	610	623	637
321		651	664	678	691	705	718	732	745	759	772
322		786	799	813	826	840	853	866	880	893	907
323		920	934	947	961	974	987	*001	*014	*028	*041
324	51	055	068	081	095	108	121	135	148	162	175
325		188	202	215	228	242	255	268	282	295	308
326		322	335	348	362	375	388	402	415	428	441
327		455	468	481	495	508	521	534	548	561	574
328		587	601	614	627	640	654	667	680	693	706
329		720	733	746	759	772	786	799	812	825	838
330		851	865	878	891	904	917	930	943	957	970
331		983	996	*009	*022	*035	*048	*061	*075	*088	*101
332	52	114	127	140	153	166	179	192	205	218	231
333		244	257	271	284	297	310	323	336	349	362
334		375	388	401	414	427	440	453	466	479	492
335		504	517	530	543	556	569	582	595	608	621
336		634	647	660	673	686	699	711	724	737	750
337		763	776	789	802	815	827	840	853	866	879
338		892	905	917	930	943	956	969	982	994	*007
339	53	020	033	046	058	071	084	097	110	122	135
340		148	161	173	186	199	212	224	237	250	263
341		275	288	301	314	326	339	352	365	377	390
342		403	415	428	441	453	466	479	491	504	517
343		529	542	555	567	580	593	605	618	631	643
344		656	668	681	694	706	719	732	744	757	769
345		782	795	807	820	832	845	857	870	883	895
346		908	920	933	945	958	970	983	995	*008	*020
347	54	033	045	058	070	083	095	108	120	133	145
348		158	170	183	195	208	220	233	245	258	270
349		283	295	307	320	332	345	357	370	382	394
350		407	419	432	444	456	469	481	494	506	518
351		531	543	555	568	580	593	605	617	630	642
352		654	667	679	691	704	716	728	741	753	765
353		777	790	802	814	827	839	851	864	876	888
354		900	913	925	937	949	962	974	986	998	*011
355	55	023	035	047	060	072	084	096	108	121	133
356		145	157	169	182	194	206	218	230	242	255
357		267	279	291	303	315	328	340	352	364	376
358		388	400	413	425	437	449	461	473	485	497
359		509	522	534	546	558	570	582	594	606	618
360		630	642	654	666	678	691	703	715	727	739
361		751	763	775	787	799	811	823	835	847	859
362		871	883	895	907	919	931	943	955	967	979
363		991	*003	*015	*027	*038	*050	*062	*074	*086	*098
364	56	110	122	134	146	158	170	182	194	205	217
365		229	241	253	265	277	289	301	313	324	336
366		348	360	372	384	396	407	419	431	443	455
367		467	478	490	502	514	526	538	549	561	573
368		585	597	608	620	632	644	656	667	679	691
369		703	714	726	738	750	761	773	785	797	808
370		820	832	844	855	867	879	891	902	914	926
371		937	949	961	972	984	996	*008	*019	*031	*043
372	57	054	066	078	089	101	113	124	136	148	159
373		171	183	194	206	217	229	241	252	264	276
374		287	299	310	322	334	345	357	368	380	392
375		403	415	426	438	449	461	473	484	496	507

| No. | L | 0 | 1 | 2 | 3 | 4 | 5 | 6 | 7 | 8 | 9 |

比例部分：

	14
1	1.4
2	2.8
3	4.2
4	5.6
5	7.0
6	8.4
7	9.8
8	11.2
9	12.6

	13
1	1.3
2	2.6
3	3.9
4	5.2
5	6.5
6	7.8
7	9.1
8	10.4
9	11.7

	12
1	1.2
2	2.4
3	3.6
4	4.8
5	6.0
6	7.2
7	8.4
8	9.6
9	10.8

* 表示首兩位小數要變更

五位常用對數表（續）

375–430

No.	L	0	1	2	3	4	5	6	7	8	9	比例部分
375	57	403	415	426	438	449	461	473	484	496	507	
376		519	530	542	553	565	577	588	600	611	623	
377		634	646	657	669	680	692	703	715	726	738	
378		749	761	772	784	795	807	818	830	841	852	
379		864	875	887	898	910	921	933	944	956	967	
380		978	990	*001	*013	*024	*035	*047	*058	*070	*081	
381	58	093	104	115	127	138	149	161	172	184	195	
382		206	218	229	240	252	263	275	286	297	309	
383		320	331	343	354	365	377	388	399	411	422	
384		433	444	456	467	478	490	501	512	524	535	
385		546	557	569	580	591	602	614	625	636	647	
386		659	670	681	692	704	715	726	737	749	760	
387		771	782	794	805	816	827	838	850	861	872	
388		883	894	906	917	928	939	950	961	973	984	
389		995	*006	*017	*028	*040	*051	*062	*073	*084	*095	11
390	59	106	118	129	140	151	162	173	184	195	207	1 1.1
391		218	229	240	251	262	273	284	295	306	318	2 2.2
392		329	340	351	362	373	384	395	406	417	428	3 3.3
393		439	450	461	472	483	494	506	517	528	539	4 4.4
394		550	561	572	583	594	605	616	627	638	649	5 5.5
395		660	671	682	693	704	715	726	737	748	759	6 6.6
396		770	780	791	802	813	824	835	846	857	868	7 7.7
397		879	890	901	912	923	934	945	956	966	977	8 8.8
398		988	999	*010	*021	*032	*043	*054	*065	*076	*086	9 9.9
399	60	097	108	119	130	141	152	163	173	184	195	
400		206	217	228	239	249	260	271	282	293	304	
401		314	325	336	347	358	369	379	390	401	412	
402		423	433	444	455	466	477	487	498	509	520	
403		531	541	552	563	574	584	595	606	617	627	
404		638	649	660	670	681	692	703	713	724	735	
405		746	756	767	778	788	799	810	821	831	842	
406		853	863	874	885	895	906	917	927	938	949	
407		959	970	981	991	*002	*013	*023	*034	*045	*055	
408	61	066	077	087	098	109	119	130	140	151	162	
409		172	183	194	204	215	225	236	247	257	268	10
410		278	289	300	310	321	331	342	352	363	374	1 1.0
411		384	395	405	416	426	437	448	458	469	479	2 2.0
412		490	500	511	521	532	542	553	563	574	584	3 3.0
413		595	606	616	627	637	648	658	669	679	690	4 4.0
414		700	711	721	731	742	752	763	773	784	794	5 5.0
415		805	815	826	836	847	857	868	878	888	899	6 6.0
416		909	920	930	941	951	962	972	982	993	*003	7 7.0
417	62	014	024	034	045	055	066	076	086	097	107	8 8.0
418		118	128	138	149	159	170	180	190	201	211	9 9.0
419		221	232	242	252	263	273	284	294	304	315	
420		325	335	346	356	366	377	387	397	408	418	
421		428	439	449	459	469	480	490	500	511	521	
422		531	542	552	562	572	583	593	603	614	624	
423		634	644	655	665	675	685	696	706	716	726	
424		737	747	757	767	778	788	798	808	818	829	
425		839	849	859	870	880	890	900	910	921	931	
426		941	951	961	972	982	992	*002	*012	*022	*033	
427	63	043	053	063	073	083	094	104	114	124	134	
428		144	155	165	175	185	195	205	215	225	236	
429		246	256	266	276	286	296	306	317	327	337	
430		347	357	367	377	387	397	407	417	428	438	
No.	L	0	1	2	3	4	5	6	7	8	9	比例部分

* 表示首兩位小數要變更

五位常用對數表（續）

430–485

No.	L	0	1	2	3	4	5	6	7	8	9	比例部分
430	63	347	357	367	377	387	397	407	417	428	438	
431		448	458	468	478	488	498	508	518	528	538	
432		548	558	568	579	589	599	609	619	629	639	
433		649	659	669	679	689	699	709	719	729	739	
434		749	759	769	779	789	799	809	819	829	839	
435		849	859	869	879	889	899	909	919	929	939	
436		949	959	969	979	988	998	*008	*018	*028	*038	
437	64	048	058	068	078	088	098	108	118	128	137	
438		147	157	167	177	187	197	207	217	227	237	
439		246	256	266	276	286	296	306	316	326	335	
440		345	355	365	375	385	395	404	414	424	434	
441		444	454	464	473	483	493	503	513	523	532	
442		542	552	562	572	582	591	601	611	621	631	
443		640	650	660	670	680	689	699	709	719	729	**10**
444		738	748	758	768	777	787	797	807	816	826	1|1.0
445		836	846	856	865	875	885	895	904	914	924	2|2.0 3|3.0
446	65	933	943	953	963	972	982	992	*002	*011	*021	4|4.0
447		031	040	050	060	070	079	089	099	108	118	5|5.0 6|6.0
448		128	137	147	157	167	176	186	196	205	215	7|7.0
449		225	234	244	254	263	273	283	292	302	312	8|8.0 9|9.0
450		321	331	341	350	360	369	379	389	398	408	
451		418	427	437	447	456	466	475	485	495	504	
452		514	523	533	543	552	562	571	581	591	600	
453		610	619	629	639	648	658	667	677	686	696	
454		706	715	725	734	744	753	763	773	782	792	
455		801	811	820	830	839	849	858	868	877	887	
456		896	906	916	925	935	944	954	963	973	982	
457	66	992	*001	*011	*020	*030	*039	*049	*058	*068	*077	
458		087	096	106	115	124	134	143	153	162	172	
459		181	191	200	210	219	229	238	247	257	266	
460		276	285	295	304	314	323	332	342	351	361	
461		370	380	389	398	408	417	427	436	445	455	
462		464	474	483	492	502	511	521	530	539	549	
463		558	567	577	586	596	605	614	624	633	642	
464		652	661	671	680	689	699	708	717	727	736	**9**
465		745	755	764	773	783	792	801	811	820	829	1|0.9
466		839	848	857	867	876	885	894	904	913	922	2|1.8 3|2.7
467	67	932	941	950	960	969	978	987	997	*006	*015	4|3.6
468		025	034	043	052	062	071	080	090	099	108	5|4.5 6|5.4
469		117	127	136	145	154	164	173	182	191	201	7|6.3
470		210	219	228	238	247	256	265	274	284	293	8|7.2 9|8.1
471		302	311	321	330	339	348	357	367	376	385	
472		394	403	413	422	431	440	449	459	468	477	
473		486	495	504	514	523	532	541	550	560	569	
474		578	587	596	605	614	624	633	642	651	660	
475		669	679	688	697	706	715	724	733	742	752	
476		761	770	779	788	797	806	815	825	834	843	
477		852	861	870	879	888	897	906	916	925	934	
478	68	943	952	961	970	979	988	997	*006	*015	*024	
479		034	043	052	061	070	079	088	097	106	115	
480		124	133	142	151	160	169	178	187	196	205	
481		215	224	233	242	251	260	269	278	287	296	
482		305	314	323	332	341	350	359	368	377	386	
483		395	404	413	422	431	440	449	458	467	476	
484		485	494	502	511	520	529	538	547	556	565	
485		574	583	592	601	610	619	628	637	646	655	
No.	L	0	1	2	3	4	5	6	7	8	9	比例部分

* 表示首兩位小數要變更

五位常用對數表（續）

485–540

No.	L	0	1	2	3	4	5	6	7	8	9
485	68	574	583	592	601	610	619	628	637	646	655
486		664	673	682	690	699	708	717	726	735	744
487		753	762	771	780	789	797	806	815	824	833
488		842	851	860	869	878	886	895	904	913	922
489		931	940	949	958	966	975	984	993	*002	*011
490	69	020	028	037	046	055	064	073	082	090	099
491		108	117	126	135	144	152	161	170	179	188
492		197	205	214	223	232	241	249	258	267	276
493		285	294	302	311	320	329	338	346	355	364
494		373	381	390	399	408	417	425	434	443	452
495		461	469	478	487	496	504	513	522	531	539
496		548	557	566	574	583	592	601	609	618	627
497		636	644	653	662	671	679	688	697	705	714
498		723	732	740	749	758	767	775	784	793	801
499		810	819	827	836	845	854	862	871	880	888
500		897	906	914	923	932	940	949	958	966	975
501	70	984	992	*001	*010	*018	*027	*036	*044	*053	*062
502		070	079	088	096	105	114	122	131	140	148
503		157	165	174	183	191	200	209	217	226	234
504		243	252	260	269	278	286	295	303	312	321
505		329	338	346	355	364	372	381	389	398	406
506		415	424	432	441	449	458	467	475	484	492
507		501	509	518	526	535	544	552	561	569	578
508		586	595	603	612	621	629	638	646	655	663
509		672	680	689	697	706	714	723	731	740	749
510		757	766	774	783	791	800	808	817	825	834
511		842	851	859	868	876	885	893	902	910	919
512		927	935	944	952	961	969	978	986	995	*003
513	71	012	020	029	037	046	054	063	071	079	088
514		096	105	113	122	130	139	147	155	164	172
515		181	189	198	206	214	223	231	240	248	257
516		265	273	282	290	299	307	315	324	332	341
517		349	357	366	374	383	391	399	408	416	425
518		433	441	450	458	467	475	483	492	500	508
519		517	525	533	542	550	559	567	575	584	592
520		600	609	617	625	634	642	650	659	667	675
521		684	692	700	709	717	725	734	742	750	759
522		767	775	784	792	800	809	817	825	834	842
523		850	858	867	875	883	892	900	908	917	925
524		933	941	950	958	966	975	983	991	999	*008
525	72	016	024	032	041	049	057	066	074	082	090
526		099	107	115	123	132	140	148	156	165	173
527		181	189	198	206	214	222	230	239	247	255
528		263	272	280	288	296	305	313	321	329	337
529		346	354	362	370	378	387	395	403	411	419
530		428	436	444	452	460	469	477	485	493	501
531		509	518	526	534	542	550	559	567	575	583
532		591	599	607	616	624	632	640	648	656	665
533		673	681	689	697	705	713	722	730	738	746
534		754	762	770	779	787	795	803	811	819	827
535		835	844	852	860	868	876	884	892	900	908
536		916	925	933	941	949	957	965	973	981	989
537		997	*006	*014	*022	*030	*038	*046	*054	*062	*070
538	73	078	086	094	102	111	119	127	135	143	151
539		159	167	175	183	191	199	207	215	223	231
540		239	247	255	264	272	280	288	296	304	312
No.	L	0	1	2	3	4	5	6	7	8	9

比例部分

	9
1	0.9
2	1.8
3	2.7
4	3.6
5	4.5
6	5.4
7	6.3
8	7.2
9	8.1

	8
1	0.8
2	1.6
3	2.4
4	3.2
5	4.0
6	4.8
7	5.6
8	6.4
9	7.2

*表示首兩位小數要變更

五位常用對數表（續）

540–595

No.	L	0	1	2	3	4	5	6	7	8	9	比例部分
540	73	239	247	255	264	272	280	288	296	304	312	
541		320	328	336	344	352	360	368	376	384	392	
542		400	408	416	424	432	440	448	456	464	472	
543		480	488	496	504	512	520	528	536	544	552	
544		560	568	576	584	592	600	608	616	624	632	
545		640	648	656	664	672	679	687	695	703	711	
546		719	727	735	743	751	759	767	775	783	791	
547		799	807	815	823	830	838	846	854	862	870	
548		878	886	894	902	910	918	926	934	941	949	9
549		957	965	973	981	989	997	*005	*013	*020	*028	1 | 0.9
550	74	036	044	052	060	068	076	084	092	099	107	2 | 1.8
551		115	123	131	139	147	155	162	170	178	186	3 | 2.7
552		194	202	210	218	225	233	241	249	257	265	4 | 3.6
553		273	280	288	296	304	312	320	327	335	343	5 | 4.5
554		351	359	367	374	382	390	398	406	414	421	6 | 5.4
555		429	437	445	453	461	468	476	484	492	500	7 | 6.3
556		507	515	523	531	539	547	554	562	570	578	8 | 7.2
557		586	593	601	609	617	624	632	640	648	656	9 | 8.1
558		663	671	679	687	695	702	710	718	726	733	
559		741	749	757	764	772	780	788	796	803	811	
560		819	827	834	842	850	858	865	873	881	889	
561		896	904	912	920	927	935	943	950	958	966	
562		974	981	989	997	*005	*012	*020	*028	*035	*043	
563	75	051	059	066	074	082	089	097	105	113	120	
564		128	136	143	151	159	166	174	182	189	197	8
565		205	213	220	228	236	243	251	259	266	274	1 | 0.8
566		282	289	297	305	312	320	328	335	343	351	2 | 1.6
567		358	366	374	381	389	397	404	412	420	427	3 | 2.4
568		435	442	450	458	465	473	481	488	496	504	4 | 3.2
569		511	519	526	534	542	549	557	565	572	580	5 | 4.0
570		587	595	603	610	618	626	633	641	648	656	6 | 4.8
571		664	671	679	686	694	702	709	717	724	732	7 | 5.6
572		740	747	755	762	770	778	785	793	800	808	8 | 6.4
573		815	823	831	838	846	853	861	868	876	884	9 | 7.2
574		891	899	906	914	921	929	937	944	952	959	
575		967	974	982	989	997	*005	*012	*020	*027	*035	
576	76	042	050	057	065	072	080	087	095	103	110	
577		118	125	133	140	148	155	163	170	178	185	
578		193	200	208	215	223	230	238	245	253	260	
579		268	275	283	290	298	305	313	320	328	335	7
580		343	350	358	365	373	380	388	395	403	410	1 | 0.7
581		418	425	433	440	448	455	462	470	477	485	2 | 1.4
582		492	500	507	515	522	530	537	545	552	559	3 | 2.1
583		567	574	582	589	597	604	612	619	626	634	4 | 2.8
584		641	649	656	664	671	678	686	693	701	708	5 | 3.5
585		716	723	730	738	745	753	760	768	775	782	6 | 4.2
586		790	797	805	812	819	827	834	842	849	856	7 | 4.9
587		864	871	879	886	893	901	908	916	923	930	8 | 5.6
588		938	945	953	960	967	975	982	990	997	*004	9 | 6.3
589	77	012	019	026	034	041	048	056	063	070	078	
590		085	093	100	107	115	122	129	137	144	151	
591		159	166	173	181	188	195	203	210	218	225	
592		232	240	247	254	262	269	276	283	291	298	
593		305	313	320	327	335	342	349	357	364	371	
594		379	386	393	401	408	415	422	430	437	444	
595		452	459	466	474	481	488	495	503	510	517	
No.	L	0	1	2	3	4	5	6	7	8	9	比例部分

* 表示首兩位小數要變更

五位常用對數表（續）

595–650

No.	L	0	1	2	3	4	5	6	7	8	9	比例部分
595	77	452	459	466	474	481	488	495	503	510	517	
596		525	532	539	546	554	561	568	576	583	590	
597		597	605	612	619	627	634	641	648	656	663	
598		670	677	685	692	699	706	714	721	728	735	
599		743	750	757	764	772	779	786	793	801	808	
600		815	822	830	837	844	851	859	866	873	880	
601		887	895	902	909	916	924	931	938	945	952	
602		960	967	974	981	989	996	*003	*010	*017	*025	
603	78	032	039	046	053	061	068	075	082	089	097	
604		104	111	118	125	132	140	147	154	161	168	
605		176	183	190	197	204	211	219	226	233	240	
606		247	254	262	269	276	283	290	297	305	312	
607		319	326	333	340	347	355	362	369	376	383	
608		390	398	405	412	419	426	433	440	447	455	
609		462	469	476	483	490	497	505	512	519	526	
610		533	540	547	554	561	569	576	583	590	597	8
611		604	611	618	625	633	640	647	654	661	668	1 | 0.8
612		675	682	689	696	704	711	718	725	732	739	2 | 1.6
613		746	753	760	767	774	781	789	796	803	810	3 | 2.4
614		817	824	831	838	845	852	859	866	873	880	4 | 3.2
												5 | 4.0
615		888	895	902	909	916	923	930	937	944	951	6 | 4.8
616		958	965	972	979	986	993	*000	*007	*014	*021	7 | 5.6
617	79	029	036	043	050	057	064	071	078	085	092	8 | 6.4
618		099	106	113	120	127	134	141	148	155	162	9 | 7.2
619		169	176	183	190	197	204	211	218	225	232	
620		239	246	253	260	267	274	281	288	295	302	
621		309	316	323	330	337	344	351	358	365	372	
622		379	386	393	400	407	414	421	428	435	442	
623		449	456	463	470	477	484	491	498	505	512	
624		518	525	532	539	546	553	560	567	574	581	
625		583	595	602	609	616	623	630	637	644	651	
626		657	664	671	678	685	692	699	706	713	720	
627		727	734	741	748	754	761	768	775	782	789	
628		796	803	810	817	824	831	837	844	851	858	
629		865	872	879	886	893	900	906	913	920	927	7
630		934	941	948	955	962	969	975	982	989	996	1 | 0.7
631	80	003	010	017	024	030	037	044	051	058	065	2 | 1.4
632		072	079	085	092	099	106	113	120	127	134	3 | 2.1
633		140	147	154	161	168	175	182	188	195	202	4 | 2.8
634		209	216	223	229	236	243	250	257	264	271	5 | 3.5
												6 | 4.2
635		277	284	291	298	305	312	318	325	332	339	7 | 4.9
636		346	353	359	366	373	380	387	393	400	407	8 | 5.6
637		414	421	428	434	441	448	455	462	468	475	9 | 6.3
638		482	489	496	502	509	516	523	530	536	543	
639		550	557	564	570	577	584	591	598	604	611	
640		618	625	632	638	645	652	659	665	672	679	
641		686	693	699	706	713	720	726	733	740	747	
642		754	760	767	774	781	787	794	801	808	814	
643		821	828	835	841	848	855	862	868	875	882	
644		889	895	902	909	916	922	929	936	943	949	
645		956	963	969	976	983	990	996	*003	*010	*017	
646	81	023	030	037	043	050	057	064	070	077	084	
647		090	097	104	111	117	124	131	137	144	151	
648		158	164	171	178	184	191	198	204	211	218	
649		224	231	238	245	251	258	265	271	278	285	
650		291	298	305	311	318	325	331	338	345	351	
No.	L	0	1	2	3	4	5	6	7	8	9	比例部分

* 表示首兩位小數要變更

五位常用對數表（續）

650–705

No.	L	0	1	2	3	4	5	6	7	8	9	比例部分
650	81	291	298	305	311	318	325	331	338	345	351	
651		358	365	371	378	385	391	398	405	411	418	
652		425	431	438	445	451	458	465	471	478	485	
653		491	498	505	511	518	525	531	538	544	551	
654		558	564	571	578	584	591	598	604	611	618	
655		624	631	637	644	651	657	664	671	677	684	
656		690	697	704	710	717	723	730	737	743	750	
657		757	763	770	776	783	790	796	803	809	816	
658		823	829	836	842	849	856	862	869	875	882	
659		889	895	902	908	915	921	928	935	941	948	
660		954	961	968	974	981	987	994	*000	*007	*014	
661	82	020	027	033	040	046	053	060	066	073	079	
662		086	092	099	105	112	119	125	132	138	145	
663		151	158	164	171	178	184	191	197	204	210	7
664		217	223	230	236	243	250	256	263	269	276	1｜0.7
665		282	289	295	302	308	315	321	328	334	341	2｜1.4
666		347	354	360	367	374	380	387	393	400	406	3｜2.1
667		413	419	426	432	439	445	452	458	465	471	4｜2.8
668		478	484	491	497	504	510	517	523	530	536	5｜3.5
669		543	549	556	562	569	575	582	588	595	601	6｜4.2 7｜4.9
670		607	614	620	627	633	640	646	653	659	666	8｜5.6
671		672	679	685	692	698	705	711	718	724	730	9｜6.3
672		737	743	750	756	763	769	776	782	789	795	
673		802	808	814	821	827	834	840	847	853	860	
674		866	872	879	885	892	898	905	911	918	924	
675		930	937	943	950	956	963	969	975	982	988	
676		995	*001	*008	*014	*020	*027	*033	*040	*046	*052	
677	83	059	065	072	078	085	091	097	104	110	117	
678		123	129	136	142	149	155	161	168	174	181	
679		187	193	200	206	213	219	225	232	238	245	
680		251	257	264	270	276	283	289	296	302	308	
681		315	321	327	334	340	347	353	359	366	372	
682		378	385	391	398	404	410	417	423	429	436	
683		442	448	455	461	468	474	480	487	493	499	
684		506	512	518	525	531	537	544	550	556	563	
685		569	575	582	588	594	601	607	613	620	626	6
686		632	639	645	651	658	664	670	677	683	689	1｜0.6
687		696	702	708	715	721	727	734	740	746	753	2｜1.2
688		759	765	771	778	784	790	797	803	809	816	3｜1.8
689		822	828	835	841	847	853	860	866	872	879	4｜2.4 5｜3.0
690		885	891	898	904	910	916	923	929	935	942	6｜3.6
691		948	954	960	967	973	979	986	992	998	*004	7｜4.2
692	84	011	017	023	029	036	042	048	055	061	067	8｜4.8
693		073	080	086	092	098	105	111	117	123	130	9｜5.4
694		136	142	148	155	161	167	173	180	186	192	
695		198	205	211	217	223	230	236	242	248	255	
696		261	267	273	280	286	292	298	305	311	317	
697		323	330	336	342	348	354	361	367	373	379	
698		386	392	398	404	410	417	423	429	435	442	
699		448	454	460	466	473	479	485	491	497	504	
700		510	516	522	528	535	541	547	553	559	566	
701		572	578	584	590	597	603	609	615	621	628	
702		634	640	646	652	658	665	671	677	683	689	
703		696	702	708	714	720	726	733	739	745	751	
704		757	763	770	776	782	788	794	800	807	813	
705		819	825	831	837	844	850	856	862	868	874	
No.	L	0	1	2	3	4	5	6	7	8	9	比例部分

* 表示首兩位小數要變更

五位常用對數表（續）

705-760

No.	L	0	1	2	3	4	5	6	7	8	9	比例部分
705	84	819	825	831	837	844	850	856	862	868	874	
706		880	887	893	899	905	911	917	924	930	936	
707		942	948	954	960	967	973	979	985	991	997	
708	85	003	009	016	022	028	034	040	046	052	059	
709		065	071	077	083	089	095	101	107	114	120	
710		126	132	138	144	150	156	163	169	175	181	
711		187	193	199	205	211	217	224	230	236	242	
712		248	254	260	266	272	278	285	291	297	303	
713		309	315	321	327	333	339	345	352	358	364	
714		370	376	382	388	394	400	406	412	418	425	
715		431	437	443	449	455	461	467	473	479	485	
716		491	497	503	510	516	522	528	534	540	546	
717		552	558	564	570	576	582	588	594	600	606	
718		612	618	625	631	637	643	649	655	661	667	
719		673	679	685	691	697	703	709	715	721	727	
720		733	739	745	751	757	763	769	775	781	788	
721		794	800	806	812	818	824	830	836	842	848	
722		854	860	866	872	878	884	890	896	902	908	
723		914	920	926	932	938	944	950	956	962	968	
724		974	980	986	992	998	*004	*010	*016	*022	*028	
725	86	034	040	046	052	058	064	070	076	082	088	
726		094	100	106	112	118	124	130	136	141	147	
727		153	159	165	171	177	183	189	195	201	207	
728		213	219	225	231	237	243	249	255	261	267	
729		273	279	285	291	297	303	308	314	320	326	
730		332	338	344	350	356	362	368	374	380	386	6
731		392	398	404	410	416	421	427	433	439	445	1 0.6
732		451	457	463	469	475	481	487	493	499	504	2 1.2
733		510	516	522	528	534	540	546	552	558	564	3 1.8
734		570	576	581	587	593	599	605	611	617	623	4 2.4
735		629	635	641	646	652	658	664	670	676	682	5 3.0
736		688	694	700	705	711	717	723	729	735	741	6 3.6
737		747	753	759	764	770	776	782	788	794	800	7 4.2
738		806	812	817	823	829	835	841	847	853	859	8 4.8
739		864	870	876	882	888	894	900	906	911	917	9 5.4
740		923	929	935	941	947	953	958	964	970	976	
741		982	988	994	999	*005	*011	*017	*023	*029	*035	
742	87	040	046	052	058	064	070	075	081	087	093	
743		099	105	111	116	122	128	134	140	146	151	
744		157	163	169	175	181	186	192	198	204	210	
745		216	221	227	233	239	245	251	256	262	268	
746		274	280	286	291	297	303	309	315	320	326	
747		332	338	344	350	355	361	367	373	379	384	
748		390	396	402	408	413	419	425	431	437	442	
749		448	454	460	466	471	477	483	489	495	500	
750		506	512	518	523	529	535	541	547	552	558	
751		564	570	576	581	587	593	599	604	610	616	
752		622	628	633	639	645	651	656	662	668	674	
753		680	685	691	697	703	708	714	720	726	731	
754		737	743	749	754	760	766	772	777	783	789	
755		795	800	806	812	818	823	829	835	841	846	
756		852	858	864	869	875	881	887	892	898	904	
757		910	915	921	927	933	938	944	950	955	961	
758		967	973	978	984	990	996	*001	*007	*013	*018	
759	88	024	030	036	041	047	053	059	064	070	076	
760		081	087	093	099	104	110	116	121	127	133	
No.	L	0	1	2	3	4	5	6	7	8	9	比例部分

* 表示首兩位小數要變更

五位常用對數表（續）

760–815

No.	L	0	1	2	3	4	5	6	7	8	9
760	88	081	087	093	099	104	110	116	121	127	133
761		138	144	150	156	161	167	173	178	184	190
762		196	201	207	213	218	224	230	235	241	247
763		252	258	264	270	275	281	287	292	298	304
764		309	315	321	326	332	338	343	349	355	360
765		366	372	378	383	389	395	400	406	412	417
766		423	429	434	440	446	451	457	463	468	474
767		480	485	491	497	502	508	514	519	525	530
768		536	542	547	553	559	564	570	576	581	587
769		593	598	604	610	615	621	627	632	638	643
770		649	655	660	666	672	677	683	689	694	700
771		705	711	717	722	728	734	739	745	750	756
772		762	767	773	779	784	790	795	801	807	812
773		818	824	829	835	840	846	852	857	863	868
774		874	880	885	891	897	902	908	913	919	925
775		930	936	941	947	953	958	964	969	975	981
776		986	992	997	*003	*009	*014	*020	*025	*031	*037
777	89	042	048	053	059	064	070	076	081	087	092
778		098	104	109	115	120	126	131	137	143	148
779		154	159	165	170	176	182	187	193	198	204
780		209	215	221	226	232	237	243	248	254	260
781		265	271	276	282	287	293	298	304	310	315
782		321	326	332	337	343	348	354	360	365	371
783		376	382	387	393	398	404	409	415	421	426
784		432	437	443	448	454	459	465	470	476	481
785		487	493	498	504	509	515	520	526	531	537
786		542	548	553	559	564	570	575	581	586	592
787		597	603	609	614	620	625	631	636	642	647
788		653	658	664	669	675	680	686	691	697	702
789		708	713	719	724	730	735	741	746	752	757
790		763	768	774	779	785	790	796	801	807	812
791		818	823	829	834	840	845	851	856	862	867
792		873	878	883	889	894	900	905	911	916	922
793		927	933	938	944	949	955	960	966	971	977
794		982	988	993	998	*004	*009	*015	*020	*026	*031
795	90	037	042	048	053	059	064	069	075	080	086
796		091	097	102	108	113	119	124	129	135	140
797		146	151	157	162	168	173	179	184	189	195
798		200	206	211	217	222	227	233	238	244	249
799		255	260	266	271	276	282	287	293	298	304
800		309	314	320	325	331	336	342	347	352	358
801		363	369	374	380	385	390	396	401	407	412
802		417	423	428	434	439	445	450	455	461	466
803		472	477	482	488	493	499	504	509	515	520
804		526	531	536	542	547	553	558	563	569	574
805		580	585	590	596	601	607	612	617	623	628
806		634	639	644	650	655	660	666	671	677	682
807		687	693	698	704	709	714	720	725	730	736
808		741	747	752	757	763	768	773	779	784	789
809		795	800	806	811	816	822	827	832	838	843
810		849	854	859	865	870	875	881	886	891	897
811		902	907	913	918	924	929	934	940	945	950
812		956	961	966	972	977	982	988	993	998	*004
813	91	009	014	020	025	030	036	041	046	052	057
814		062	068	073	078	084	089	094	100	105	110
815		116	121	126	132	137	142	148	153	158	164
No.	L	0	1	2	3	4	5	6	7	8	9

比例部分

	6
1	0.6
2	1.2
3	1.8
4	2.4
5	3.0
6	3.6
7	4.2
8	4.8
9	5.4

	5
1	0.5
2	1.0
3	1.5
4	2.0
5	2.5
6	3.0
7	3.5
8	4.0
9	4.5

*表示首兩位小數要變更

五位常用對數表（續）

815–870

No.	L	0	1	2	3	4	5	6	7	8	9	比例部分
815	91	116	121	126	132	137	142	148	153	158	164	
816		169	174	180	185	190	196	201	206	212	217	
817		222	228	233	238	243	249	254	259	265	270	
818		275	281	286	291	297	302	307	312	318	323	
819		328	334	339	344	350	355	360	365	371	376	
820		381	387	392	397	403	408	413	418	424	429	
821		434	440	445	450	455	461	466	471	477	482	
822		487	492	498	503	508	514	519	524	529	535	
823		540	545	551	556	561	566	572	577	582	587	
824		593	598	603	609	614	619	624	630	635	640	
825		645	651	656	661	666	672	677	682	687	693	
826		698	703	709	714	719	724	730	735	740	745	
827		751	756	761	766	772	777	782	787	793	798	
828		803	808	814	819	824	829	834	840	845	850	
829		855	861	866	871	876	882	887	892	897	903	
830		908	913	918	924	929	934	939	944	950	955	
831		960	965	971	976	981	986	991	997	*002	*007	
832	92	012	018	023	028	033	038	044	049	054	059	
833		065	070	075	080	085	091	096	101	106	111	
834		117	122	127	132	137	143	148	153	158	163	
835		169	174	179	184	189	195	200	205	210	215	
836		221	226	231	236	241	247	252	257	262	267	
837		273	278	283	288	293	298	304	309	314	319	
838		324	330	335	340	345	350	355	361	366	371	
839		376	381	387	392	397	402	407	412	418	423	
840		428	433	438	443	449	454	459	464	469	474	
841		480	485	490	495	500	505	511	516	521	526	
842		531	536	542	547	552	557	562	567	572	578	
843		583	588	593	598	603	609	614	619	624	629	
844		634	639	645	650	655	660	665	670	675	681	
845		686	691	696	701	706	711	717	722	727	732	
846		737	742	747	752	758	763	768	773	778	783	
847		788	793	799	804	809	814	819	824	829	834	
848		840	845	850	855	860	865	870	875	881	886	
849		891	896	901	906	911	916	921	927	932	937	
850		942	947	952	957	962	967	973	978	983	988	
851		993	998	*003	*008	*013	*018	*024	*029	*034	*039	
852	93	044	049	054	059	064	069	075	080	085	090	
853		095	100	105	110	115	120	125	131	136	141	
854		146	151	156	161	166	171	176	181	186	192	
855		197	202	207	212	217	222	227	232	237	242	
856		247	252	258	263	268	273	278	283	288	293	
857		298	303	308	313	318	323	328	334	339	344	
858		349	354	359	364	369	374	379	384	389	394	
859		399	404	409	414	420	425	430	435	440	445	
860		450	455	460	465	470	475	480	485	490	495	
861		500	505	510	515	520	526	531	536	541	546	
862		551	556	561	566	571	576	581	586	591	596	
863		601	606	611	616	621	626	631	636	641	646	
864		651	656	661	666	671	677	682	687	692	697	
865		702	707	712	717	722	727	732	737	742	747	
866		752	757	762	767	772	777	782	787	792	797	
867		802	807	812	817	822	827	832	837	842	847	
868		852	857	862	867	872	877	882	887	892	897	
869		902	907	912	917	922	927	932	937	942	947	
870		952	957	962	967	972	977	982	987	992	997	
No.	L	0	1	2	3	4	5	6	7	8	9	比例部分

比例部分：

	6
1	0.6
2	1.2
3	1.8
4	2.4
5	3.0
6	3.6
7	4.2
8	4.8
9	5.4

	5
1	0.5
2	1.0
3	1.5
4	2.0
5	2.5
6	3.0
7	3.5
8	4.0
9	4.5

＊表示首兩位小數要變更

五位常用對數表 （續）

870–925

No.	L	0	1	2	3	4	5	6	7	8	9	比例部分
870	93	952	957	962	967	972	977	982	987	992	997	
871	94	002	007	012	017	022	027	032	037	042	047	
872		052	057	062	067	072	077	082	087	091	096	
873		101	106	111	116	121	126	131	136	141	146	
874		151	156	161	166	171	176	181	186	191	196	
875		201	206	211	216	221	226	231	236	240	245	
876		250	255	260	265	270	275	280	285	290	295	
877		300	305	310	315	320	325	330	335	340	345	
878		349	354	359	364	369	374	379	384	389	394	
879		399	404	409	414	419	424	429	433	438	443	
880		448	453	458	463	468	473	478	483	488	493	
881		498	503	507	512	517	522	527	532	537	542	
882		547	552	557	562	567	571	576	581	586	591	
883		596	601	606	611	616	621	626	630	635	640	5
884		645	650	655	660	665	670	675	680	685	689	1 | 0.5
885		694	699	704	709	714	719	724	729	734	738	2 | 1.0
886		743	748	753	758	763	768	773	778	783	787	3 | 1.5
887		792	797	802	807	812	817	822	827	832	836	4 | 2.0
888		841	846	851	856	861	866	871	876	880	885	5 | 2.5
889		890	895	900	905	910	915	919	924	929	934	6 | 3.0
890		939	944	949	954	959	963	968	973	978	983	7 | 3.5
891		988	993	998	*002	*007	*012	*017	*022	*027	*032	8 | 4.0
892	95	036	041	046	051	056	061	066	071	075	080	9 | 4.5
893		085	090	095	100	105	109	114	119	124	129	
894		134	139	143	148	153	158	163	168	173	177	
895		182	187	192	197	202	207	211	216	221	226	
896		231	236	240	245	250	255	260	265	270	274	
897		279	284	289	294	299	303	308	313	318	323	
898		328	332	337	342	347	352	357	361	366	371	
899		376	381	386	390	395	400	405	410	415	419	
900		424	429	434	439	444	448	453	458	463	468	
901		472	477	482	487	492	497	501	506	511	516	
902		521	525	530	535	540	545	550	554	559	564	
903		569	574	578	583	588	593	598	602	607	612	
904		617	622	626	631	636	641	646	650	655	660	4
905		665	670	674	679	684	689	694	698	703	708	1 | 0.4
906		713	718	722	727	732	737	742	746	751	756	2 | 0.8
907		761	766	770	775	780	785	789	794	799	804	3 | 1.2
908		809	813	818	823	828	832	837	842	847	852	4 | 1.6
909		856	861	866	871	875	880	885	890	895	899	5 | 2.0
910		904	909	914	918	923	928	933	938	942	947	6 | 2.4
911		952	957	961	966	971	976	980	985	990	995	7 | 2.8
912		999	*004	*009	*014	*019	*023	*028	*033	*038	*042	8 | 3.2
913	96	047	052	057	061	066	071	076	080	085	090	9 | 3.6
914		095	099	104	109	114	118	123	128	133	137	
915		142	147	152	156	161	166	171	175	180	185	
916		190	194	199	204	209	213	218	223	227	232	
917		237	242	246	251	256	261	265	270	275	280	
918		284	289	294	298	303	308	313	317	322	327	
919		332	336	341	346	350	355	360	365	369	374	
920		379	384	388	393	398	402	407	412	417	421	
921		426	431	435	440	445	450	454	459	464	468	
922		473	478	483	487	492	497	501	506	511	515	
923		520	525	530	534	539	544	548	553	558	563	
924		567	572	577	581	586	591	595	600	605	609	
925		614	619	624	628	633	638	642	647	652	656	
No.	L	0	1	2	3	4	5	6	7	8	9	比例部分

＊表示首兩位小數要變更

五位常用對數表（續）

925–980

No.	L	0	1	2	3	4	5	6	7	8	9	比例部分
925	96	614	619	624	628	633	638	642	647	652	656	
926		661	666	670	675	680	685	689	694	699	703	
927		708	713	717	722	727	731	736	741	745	750	
928		755	759	764	769	774	778	783	788	792	797	
929		802	806	811	816	820	825	830	834	839	844	
930		848	853	858	862	867	872	876	881	886	890	
931		895	900	904	909	914	918	923	928	932	937	
932		942	946	951	956	960	965	970	974	979	984	
933		988	993	997	*002	*007	*011	*016	*021	*025	*030	
934	97	035	039	044	049	053	058	063	067	072	077	
935		081	086	090	095	100	104	109	114	118	123	
936		128	132	137	142	146	151	155	160	165	169	
937		174	179	183	188	192	197	202	206	211	216	
938		220	225	230	234	239	243	248	253	257	262	**5**
939		267	271	276	280	285	290	294	299	304	308	1 | 0.5
940		313	317	322	327	331	336	341	345	350	354	2 | 1.0
941		359	364	368	373	377	382	387	391	396	400	3 | 1.5
942		405	410	414	419	424	428	433	437	442	447	4 | 2.0
943		451	456	460	465	470	474	479	483	488	493	5 | 2.5
944		497	502	506	511	516	520	525	529	534	539	6 | 3.0
945		543	548	552	557	562	566	571	575	580	585	7 | 3.5
946		589	594	598	603	607	612	617	621	626	630	8 | 4.0
947		635	640	644	649	653	658	663	667	672	676	9 | 4.5
948		681	685	690	695	699	704	708	713	717	722	
949		727	731	736	740	745	750	754	759	763	768	
950		772	777	782	786	791	795	800	804	809	813	
951		818	823	827	832	836	841	845	850	855	859	
952		864	868	873	877	882	887	891	896	900	905	
953		909	914	918	923	928	932	937	941	946	950	
954		955	959	964	968	973	978	982	987	991	996	
955	98	000	005	009	014	019	023	028	032	037	041	
956		046	050	055	059	064	069	073	078	082	087	
957		091	096	100	105	109	114	118	123	127	132	
958		137	141	146	150	155	159	164	168	173	177	
959		182	186	191	195	200	205	209	214	218	223	**4**
960		227	232	236	241	245	250	254	259	263	268	1 | 0.4
961		272	277	281	286	290	295	299	304	308	313	2 | 0.8
962		318	322	327	331	336	340	345	349	354	358	3 | 1.2
963		363	367	372	376	381	385	390	394	399	403	4 | 1.6
964		408	412	417	421	426	430	435	439	444	448	5 | 2.0
965		453	457	462	466	471	475	480	484	489	493	6 | 2.4
966		498	502	507	511	516	520	525	529	534	538	7 | 2.8
967		543	547	552	556	561	565	570	574	579	583	8 | 3.2
968		588	592	597	601	605	610	614	619	623	628	9 | 3.6
969		632	637	641	646	650	655	659	664	668	673	
970		677	682	686	691	695	700	704	709	713	717	
971		722	726	731	735	740	744	749	753	758	762	
972		767	771	776	780	785	789	793	798	802	807	
973		811	816	820	825	829	834	838	843	847	851	
974		856	860	865	869	874	878	883	887	892	896	
975		900	905	909	914	918	923	927	932	936	941	
976		945	949	954	958	963	967	972	976	981	985	
977		989	994	998	*003	*007	*012	*016	*021	*025	*029	
978	99	034	038	043	047	052	056	061	065	069	074	
979		078	083	087	092	096	100	105	109	114	118	
980		123	127	131	136	140	145	149	154	158	162	比例部分
No.	L	0	1	2	3	4	5	6	7	8	9	

* 表示首兩位小數要變更

五位常用對數表（續）

980–1000

No.	L	0	1	2	3	4	5	6	7	8	9	比例部分
980	99	123	127	131	136	140	145	149	154	158	162	
981		167	171	176	180	185	189	193	198	202	207	
982		211	216	220	224	229	233	238	242	247	251	
983		255	260	264	269	273	277	282	286	291	295	
984		300	304	308	313	317	322	326	330	335	339	
985		344	348	352	357	361	366	370	374	379	383	
986		388	392	397	401	405	410	414	419	423	427	
987		432	436	441	445	449	454	458	463	467	471	
988		476	480	484	489	493	498	502	506	511	515	
989		520	524	528	533	537	542	546	550	555	559	
990		564	568	572	577	581	585	590	594	599	603	
991		607	612	616	621	625	629	634	638	642	647	
992		651	656	660	664	669	673	677	682	686	691	
993		695	699	704	708	712	717	721	726	730	734	
994		739	743	747	752	756	760	765	769	774	778	
995		782	787	791	795	800	804	808	813	817	822	
996		826	830	835	839	843	848	852	856	861	865	
997		870	874	878	883	887	891	896	900	904	909	
998		913	917	922	926	930	935	939	944	948	952	
999		957	961	965	970	974	978	983	987	991	996	
1000	00	000	004	009	013	017	022	026	030	035	039	
No.	L	0	1	2	3	4	5	6	7	8	9	比例部分

比例部分

	5
1	0.5
2	1.0
3	1.5
4	2.0
5	2.5
6	3.0
7	3.5
8	4.0
9	4.5

	4
1	0.4
2	0.8
3	1.2
4	1.6
5	2.0
6	2.4
7	2.8
8	3.2
9	3.6

* 表示首兩位小數要變更

生活無處不科學

潘震澤　著

◆ 科學人雜誌書評推薦
◆ 中國時報開卷新書推薦
◆ 中央副刊每日一書推薦

　　本書作者如是說：科學應該是受過教育者的一般素養，而不是某些人專屬的學問。在日常生活中，科學可以是「無所不在，處處都在」的！

　　且看作者如何以其所學，介紹並解釋一般人耳熟能詳的呼吸、進食、生物時鐘、體重控制、糖尿病、藥物濫用等名詞，以及科學家的愛恨情仇，你會發現——生活無處不科學！

兩極紀實

位夢華　著

◆ 行政院新聞局中小學生課外優良讀物推介

　　本書收錄了作者一九八二年在南極和一九九一年獨闖北極時寫下的科學散文和考察隨筆中所精選出來的文章，不僅生動地記述了兩極的自然景觀、風土人情、企鵝的可愛、北冰洋的嚴酷、南極大陸的暴風、愛斯基摩人的風情，而且還詳細地描繪了作者的親身經歷，以及立足兩極，放眼全球，對人類與生物、社會與自然、中國與世界　、現在與未來的思考和感悟。

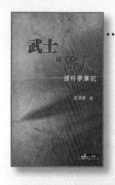

武士與旅人 —— 續科學筆記

高涌泉 著

◆ 第五屆吳大猷科普獎佳作

誰是武士？誰是旅人？不同風格的湯川秀樹與朝永振一郎是 20 世紀日本物理界的兩大巨人。對於科學研究，朝永像是不敗的武士，如果沒有戰勝的把握，便會等待下一場戰役，因此他贏得了所有的戰役；至於湯川，就像是奔波於途的孤獨旅人，無論戰役贏不贏得了，他都會迎上前去，相信最終會尋得他的理想。 本書作者長期從事科普創作，他的文字風趣且富啟發性。在這本書中，他娓娓道出多位科學家的學術風格及彼此之間的互動，例如特胡夫特與其老師維特曼之間微妙的師徒情結、愛因斯坦與波耳在量子力學從未間斷的論戰……等，讓我們看到風格的差異不僅呈現在其人際關係中，更影響了他們在科學上的追尋探究之路。

科學讀書人 —— 一個生理學家的筆記

潘震澤 著

◆ 民國 93 年金鼎獎入圍，科學月刊、科學人雜誌書評推薦

「科學」如何貼近日常生活？這是身為生理學家的作者所在意的！透過他淺顯的行文，我們得以一窺人體生命的奧祕，且知道幾位科學家之間的心結，以及一些藥物或疫苗的發明經過。

親近科學的新角度！

另一種鼓聲 —— 科學筆記

高涌泉　著

◆ 100 本中文物理科普書籍推薦，科學人雜誌、中央副刊書評、聯合報讀書人新書推薦

你知道嗎？從一個方程式可以看全宇宙！瞧瞧一位喜歡電影與棒球的物理學者筆下的牛頓、愛因斯坦、費曼……，是如何發現他們偉大的創見！這些有趣的故事，可是連作者在科學界的同事，也會覺得新鮮有趣！

說數

張海潮　著

◆ 2006 好書大家讀年度最佳少年兒童讀物獎，2007 年 3 月科學人雜誌專文推薦

數學家張海潮長期致力於數學教育，他深切體會許多人學習數學時的挫敗感，也深知許多人在離開中學後，對數學的認識只剩加減乘除。因此，他期望以大眾所熟悉的語言和題材來介紹數學，讓人能夠看見數學的真實面貌。

人生的另一種可能
台灣技職人的奮鬥故事

吳　京　主持
紀麗君　採訪
尤能傑　攝影

本書由前教育部部長吳京主持，採訪了十九位由技職院校畢業的優秀人士。這十九位技職人，憑藉著他們在學校中所習得的知識，和其不屈不撓的奮鬥精神，在工作崗位、人生歷練、創業過程中，都獲得令人敬佩的成就。誰說只有大學生才能出頭天，誰說只有名校畢業生才會有出息，從這些努力打拚的技職人身上，或許能讓你改變名校迷思，從而發現另一種台灣英雄的傳奇故事。

- 電玩大亨**王俊博**──穿梭在真實與夢幻之間
- 紅面番鴨王**田正德**──挖掘失傳古配方　名揚四海
- 快樂黑手**陳朝旭**──為人打造金雞母
- 永遠的學徒**林水木**──愛上速限十公里的曼波
- 傳統產業小巨人**游祥鎮**──用創意智取日本
- 自學高手**廖文添**──以實作代替空想
- 完美先生**張建成**──靠努力贏得廠長寶座
- 木雕藝師**楊永在**──為藝術當逐日夸父
- 拚命三郎**梁志忠**──致力搶救古文物
- 發明大王**鄧鴻吉**──立志挑戰愛迪生
- 回頭浪子**劉正裕**──從「極冷」追逐夢想
- 現代書生**曹國策**──執著當眾人圭臬
- 小醫院大總管**鄭琨昌**──重拾書本再創新天地
- 微笑慈善家**黃志宜**──人生以助人為樂
- 生活哲學家**林木春**──奉行兩分耕耘，一分收穫
- 折翼天使**李志強**──用單腳追尋桃花源
- 堅毅女傑**林文英**──用眼淚編織美麗人生
- 打火豪傑**陳明德**──不愛橫財愛寶劍
- 殯葬改革急先鋒**李萬德**──讓生命回歸自然